Alfred von Kremer

Ägypten

Forschungen über Land und Volk während eines zehnjährigen

Aufenthalts. Erster Teil

weitsuechtig

Alfred von Kremer

Ägypten

Forschungen über Land und Volk während eines zehnjährigen Aufenthalts. Erster Teil

ISBN/EAN: 9783943850697

Auflage: 1

Erscheinungsjahr: 2013

Erscheinungsort: Bremen, Deutschland

@ weitsuechtig in Access Verlag GmbH, Fahrenheitstr. 1, 28359 Bremen. Alle Rechte beim Verlag und bei den jeweiligen Lizenzgebern.

Cover: Foto © Dr. Meierhofer (Wikipedia)

weitsuechtig

AEGYPTEN

FORSCHUNGEN ÜBER LAND UND VOLK WÄHREND EINES
ZEHNJÄHRIGEN AUFENTHALTS.

VON

ALFRED von KREMER.

ERSTER THEIL.

PHYSISCHE GEOGRAPHIE. ETHNOGRAPHIE. AGRICULTUR.

LEIPZIG:

F. A. BROCKHAUS.

—

1863.

Vorrede.

Das Werk, welches ich hiermit der Oeffentlichkeit übergebe, soll Aegypten in seinem gegenwärtigen Zustande schildern, nach Forschungen und Beobachtungen, die ich während eines mehr als zehnjährigen Aufenthalts in diesem Lande anzustellen Gelegenheit hatte.

Ich fühlte mich zu diesem schwierigen Unternehmen um so lebhafter hingezogen, als das moderne Aegypten bei weitem seltener zum Gegenstand wissenschaftlicher Forschung gemacht worden ist als das alte. Die labyrinthischen Mumienkatakomben, wo ganze Geschlechter im ewigen Schlafe ruhen, die grossartigen Tempel, die im Schutte noch majestätischen Paläste der Pharaonen, vor allem aber die Pyramiden im Todtenfelde von Memphis übten stets auf die Wissbegierde grössern Reiz und lebhaftere Anziehungskraft aus als das moderne, im grellen Sonnenlicht der Gegenwart lebende Aegypten mit seiner so verkommenen und doch so merkwürdigen Bevölkerung. Die Vergangenheit sowie die Zukunft ist immer von einem geheimnissvollen Schleier umhüllt und besitzt hierdurch einen Zauber, dessen die nackte prosaische Gegenwart entbehrt. Und dennoch

enthält auch diese des Wunderbaren und Anziehenden
viel und Mannichfaltiges. Nur muss sie mit scharfem,
vorurtheilsfreiem und empfänglichem Auge betrachtet
werden. Das Land in seiner physischen Beschaffenheit,
das Volk in seiner durch Jahrtausende vielfältig gestal-
teten Zusammensetzung und Entwickelung, seine eigenthümliche Gesittung und Denkart, der Landbau, die administrativen und politischen Einrichtungen, die bürgerliche Gesellschaft und die socialen Verhältnisse, der
Handel, die öffentlichen Arbeiten, für die Aegypten von
jeher ein classischer Boden war, und schliesslich die
Volksbildung und die Unterrichtszustände — das alles
sind Gegenstände, welche der Forschung und Beobachtung wol ebenso würdig sind als Hieroglyphentexte und
archäologische Fragen, so gern wir deren Werth auch
anerkennen. Ich glaube daher hoffen zu können, man
werde es nicht ungerechtfertigt finden, wenn ich in diesem Buche für die lebenden Aegypter einen Theil der
Aufmerksamkeit in Anspruch nehme, die bisher den Mumien ihrer Vorfahren und den Ueberresten ihrer Kunst
in so reichem Masse zugewendet worden ist.

Zur Kenntniss des modernen Aegypten ist allerdings schon viel Werthvolles geleistet worden. Lane's
Schilderung der Sitten und Gebräuche wird immer unübertroffen bleiben; allein er befasst sich beinahe ausschliesslich mit dem mohammedanischen Volksleben in
Kairo und berührt die andern modernen Verhältnisse
nur vorübergehend. Zur Kenntniss des Volkes hat der
treffliche Burckhardt in verschiedenen Werken schätzens-
werthe Beiträge geliefert. Kostbares Material enthalten

die in dem grossen Werke der französichen Expedition
unter der Abtheilung «État moderne» niedergelegten
Abhandlungen. Vor allem aber sind es zwei Landsleute,
welche durch ihre Werke die Kenntniss des neuen
Aegypten gefördert haben: Prokesch - Osten durch
seine geistvollen und freimüthigen Schilderungen und
Russegger durch sein grosses Reisewerk, welches für
die Kenntniss der physischen Verhältnisse, namentlich
für die geologische Erforschung des Nilthals ein noch
immer unübertroffenes Hauptwerk ist, sowie für die
Flora Aegyptens die Arbeiten von Forskål und Delile.
Nächst diesen ist als scharfsinniger Beobachter und
treuer Berichterstatter Rüppell zu nennen. Auch der
um altägyptische Studien hochverdiente Sir Gardener
Wilkinson hat in seinen zahlreichen Werken viele höchst
werthvolle Beobachtungen gesammelt, ganz besonders in
dem Buche «Modern Egypt and Thebes». Verdienstvoll
sind die französischen Arbeiten von Mengin, welche die
neuere Geschichte und Statistik von Aegypten behandeln,
und Hamont's «L'Égypte sous Mehmet-Ali». Clot-Bey's
«Aperçu général de l'Égypte» ist nur in jenen Theilen
brauchbar, die nicht aus seiner Feder stammen. Ebenso
unzuverlässig ist Merruau's «L'Égypte contemporaine»,
dessen panegyrischer Schwung an den Klang ägyptischen
Goldes erinnert. Dasselbe ist bei den im «Journal des
deux mers», dem Organ des Agitators für den Suez-
kanal, des Herrn von Lesseps, enthaltenen Aufsätzen
über ägyptische Zustände der Fall, die durchweg ten-
denziöser Natur sind und meistens im grellsten Wider-
spruch mit dem wahren Sachverhalt stehen.

Die zahlreichen Schriften englischer, deutscher und
französischer Touristen sind zum grössten Theil zu sub-
jectiv gehalten, um auf wissenschaftlichen Werth Anspruch machen zu können. Unkenntniss der arabischen
Sprache veranlasst ausserdem unzählige Irrthümer. Aus
dem Rufe «Ja weled», d. i. He Junge! womit man die
Eseltreiber in Kairo anzurufen pflegt, macht ein italie-
nischer Tourist «diavoletti» und meint, man rufe die
Eseljungen deshalb so, weil sie sich durch dämonische
Intelligenz auszeichnen! Allerdings verzeihen wir solche
Misgriffe eher, als wenn Clot-Bey, der viele Jahre in
Kairo lebte, angibt, das Pferd heisse in Aegypten
«aoud», was dort nur Pfeifenrohr bedeutet.

Die «Personal Narratives», welche die Erlebnisse
eines Ausflugs in den Orient, die in den höhern Kreisen
der englischen Gesellschaft ganz obligat gewordene Niltour und Palästinafahrt zum Gegenstande haben, sind
in der englischen Literatur besonders stark vertreten.
Allein die Ereignisse einer Nilreise, einer Tour nach
dem Berge Sinai und über Wadi-Musa nach Palästina
und Syrien sind immer dieselben, alle erzählen ihre
Abenteuer in demselben conventionellen Tone, und ungeachtet des echt englischen Humors, der viele dieser
Schriften ziert, ist doch die Mehrzahl von einer töd-
lichen Langweiligkeit. Muss ja selbst der geistreiche
Burton im ersten Bande seines Reisewerks, wo er
seinen Aufenthalt in Aegypten schildert, nebst andern
pikanten Anekdoten zu einer heftigen Schlägerei mit
einem betrunkenen Arnauten Zuflucht nehmen, um die
Aufmerksamkeit seiner Leser anzuregen. Reisewerke

wie des trefflichen Parthey «Wanderungen im Nilthale» sind in allen Literaturen selten. —

Bei der vorliegenden Arbeit handelt es sich nun um keine Touristenskizze, sondern um eine objective Darstellung der jetzigen Zustände Aegyptens, sowol des Landes als des Volkes. Das Buch sollte aus dem Leben und der Wirklichkeit durch eigene Forschung und Beobachtung geschöpft werden. Die mir zugänglichen Vorarbeiten wurden hierbei nicht unbenutzt gelassen. Ich fühlte mich um so mehr hierzu bestimmt, als manche Partien, welche, sobald eine umfassende Darstellung gegeben werden sollte, nicht übergangen werden durften, meinen bisherigen Studien ferner lagen, wie die physische Geographie, die Agriculturzustände und die einschlägigen botanischen Fragen.

Von grossem Nutzen war mir bei dieser Arbeit die schöne Büchersammlung der Egyptian Society in Kairo. Diese kleine wissenschaftliche Gesellschaft war überhaupt für meine ägyptischen Studien von solchem Einfluss, dass ich nicht umhin kann, hier derselben Erwähnung zu thun.

Vor etwa zwanzig Jahren vereinigten sich mehrere gebildete Europäer in Kairo, der Mehrzahl nach Engländer, zur Gründung einer wissenschaftlichen Gesellschaft, welche den Zweck hatte, in Kairo selbst die ägyptischen Studien durch Errichtung einer Bibliothek, durch periodische Vorträge und Veröffentlichung von wissenschaftlichen Aufsätzen zu fördern. Die Geldmittel wurden durch Beiträge schnell aufgebracht, eine Bibliothek ward angelegt, welche besonders mit Werken über Aegypten sehr gut ausgestattet ward, Vorlesungen wurden gehalten, kleine Aufsätze in Druck gelegt, wovon ich nur eine Schrift hervorhebe, nämlich das «Mémoire sur le Lac Moeris» von Linant de Bellefonds. Leider trat mit Veröffentlichung dieser Schrift ein ungünstiger Umschwung ein. Die Kosten des Drucks hatten die Geldmittel der Gesellschaft so sehr in Anspruch genommen, dass seitdem keine Veröffentlichungen mehr stattfinden konnten. Die Theilnahme verminderte sich, ebenso die Zahl der Mitglieder, und in demselben Verhältniss sanken auch die Einkünfte. Als ich im Jahre 1850 zum ersten mal nach Kairo kam, fand ich die Bibliothek in einem sauber gehaltenen, in einer ruhigen Strasse des koptischen Stadtviertels gelegenen Häuschen untergebracht, wo dieselbe sich noch gegenwärtig befindet. Dort konnte man in aller Ruhe lesen und studiren, fern dem Geräusch der grossen Stadt. Schon damals war die Lage der Gesellschaft der Art, dass sie nur durch namhafte Opfer von seiten der wenigen in Kairo befindlichen Mitglieder, sowie durch die Beiträge der Reisenden erhalten werden konnte. Der Mehrzahl nach waren es Deutsche und Engländer, welche sich um ihr Fortbestehen Verdienste erwarben, die Zahl der Mitglieder schwankte zwischen 12—20. Ich nenne von diesen nur Dr. Theodor Bilharz, Mr. Brocke, Mr. Couldhart, Mr. Cyril Graham, Hekekyan-Bey, Dr. G. M. Lautner, Hrn. J. Lautz, Mr. Linant de Bellefonds, Rev. Mr. Lieder, Hrn. L. Müller, Baron R. Neimans, Dr. Reil, Prof. Dr. Alexander Reyer, Lord H. Scott, Suleiman-Pascha (Col. Sèves), Mr. Alfred Walne, Hrn. S. Zachmann. Ihren gemeinsamen Anstrengungen gelang es, die Bibliothek zu erhalten, zu vermehren und so im Herzen Kairos ein stilles, bescheidenes, aber wohlbestelltes und heimisches Asyl für wissenschaftliche Studien zu bewahren. Wesentliche Verdienste erwarb sich hierum auch die Buchhandlung F. A. Brockhaus in Leipzig, welche zu wiederholten malen die Bibliothek mit werthvollen Büchern beschenkte und auch sonst die lebhafteste Theilnahme bekundete.

Ohne die reiche literarische Beihülfe, welche ich in der Bibliothek der Aegyptischen Gesellschaft gefunden habe, würde manche Seite des ägyptischen Lebens nicht so genügend beleuchtet, würde manche Frage nicht so erschöpfend beantwortet sein. Namentlich über das ägyptische Alterthum, das so vielfach in die Gegenwart herübergreift, fand ich dort die wichtigsten Werke, durch deren Benutzung allein es möglich ward, manche eigenthümliche Erscheinung der Gegenwart zu erklären.

Anders verhielt es sich mit dem Sammeln von statistischen Angaben, welche zur Kenntniss des Landes so wichtig sind. Hier konnten keine Vorarbeiten zu Grunde gelegt werden und nur mit grösster Schwierigkeit wurden verlassliche Daten gewonnen. Denn in Aegypten geschieht ebenso wenig wie in andern mohammedanischen Staaten etwas für Statistik. Nur für die Bevölkerungsverhältnisse sowie für die Ein- und Ausfuhr findet eine Ausnahme statt. Erstere werden durch die Sanitätsintendanz von Alexandrien ermittelt, über letztere veröffentlicht das Zollamt Auszüge aus seinen Registern. Für alle andern Zahlenangaben wurden verlassliche und sachkundige Eingeborene befragt. Wo keine sichern Zahlenangaben zu erhalten waren, wurde eine approximative Schätzung gegeben, und nirgends erlaubte ich mir willkürliche Aenderungen, selbst wenn einzelne Beträge, wie in der Uebersicht der Bodenpro-duction Aegyptens im dritten Buch die Summe der Baumwollenernte, zu hoch angesetzt schienen. Wie gross die hierbei zu überwindenden Schwierigkeiten waren wird man bei Durchlesung des dritten, vierten und fünf-ten Buchs nicht verkennen. Zur Vermeidung von Mis-verständnissen füge ich noch hinzu, dass mit Ende des Jahres 1861 das Werk abgeschlossen worden ist. —

Hier erfülle ich noch eine meinem Herzen theuere Pflicht, indem ich dem Andenken meines unvergesslichen Freundes Dr. Theodor Bilharz, Professors der Anatomie an der medicinischen Schule von Kasr-el-Ain in Kairo, meinen innigen Dank für die freundschaftliche Weise ausspreche, in welcher er mir bei Ausarbeitung dieses Werks viele werthvolle Beiträge und Berichtigungen mittheilte, namentlich zu dem ersten und dritten Buch.

Am 2. März 1862 verliess ich Kairo, Dr. Bilharz, voll Lebenskraft, voll frischen, thatkräftigen Sinnes, mit wichtigen wissenschaftlichen Arbeiten beschäftigt, blieb zurück. Wir verabschiedeten uns heiter und fröhlich für kurze Zeit, auf ein baldiges Wiedersehen. Aber wenige Tage bevor die ersten Bogen dieses Werks, des-sen Erscheinen er mit Ungeduld erwartet hatte, in Leipzig unter die Presse kamen, verschied er in Kairo — für seine Freunde und für die Wissenschaft ein gleich schwerer Verlust!

Dr. Theodor Bilharz ist am 23. März 1825 zu Sig-maringen geboren, der älteste von neun Geschwistern.

Seine ersten Studien machte er im Gymnasium zu Sig-
maringen, wo er bald eine besondere Vorliebe für Natur-
wissenschaften an den Tag legte. Sammeln von Pflanzen, Insekten, Mineralien gehörte zu den liebsten Beschäftigungen seiner Mussestunden. Durch Stetigkeit
des Fleisses und festes Ausharren bei seinen Studien
machte er sich bald bemerkbar. Im Herbst 1843 bezog
er die Universität Freiburg und trieb dort mit Fleiss
philosophische und naturwissenschaftliche Studien. Er
entschied sich für die Medicin und verlegte sich besonders auf Anatomie unter seinem Lehrer Friedrich Arnold
(jetzt in Heidelberg). Diesem folgte er nach zweijähri-
gem Aufenthalt nach Tübingen, wo er im Frühjahr 1848
seine medicinischen Studien vollendete. Die erste Frucht
seiner anatomischen Studien war die Lösung einer Preisaufgabe: «Ueber das Blut einiger wirbelloser Thiere»,
worin er die ersten mikroskopischen Arbeiten nieder-
legte. Die goldene Medaille wurde ihm zuerkannt. Im
Winter 1848—49 machte er das Staatsexamen als prak-
tischer Arzt in Sigmaringen (damals noch Fürstenthum
Hohenzollern) und ging im Frühjahr 1849 nach Freiburg zur weitern Ausbildung, wo er sich unter Karl
Theodor von Siebold (jetzt in München) eingehender mit
zootomischen Arbeiten beschäftigte. Im Herbst desselben
Jahres wurde er zum Prosector an der anatomischen
Anstalt der Universität ernannt, aber schon nach halb-
jähriger Verwaltung dieses Amts erhielt er (im Frühjahr
1850) von seinem Lehrer, Professor Griesinger, den An-
trag, ihn nach Aegypten als Assistent zu begleiten. Er
entschloss sich hierzu. Das Doctordiplom wurde ihm

von der Universität Tübingen auf Grund der gelösten Preisaufgabe zugestellt. Anfang Juni 1850 betrat er den Boden von Aegypten. Schon nach zwei Jahren kehrte Professor Griesinger wieder nach Deutschland zurück, und Dr. Bilharz wurde bald dessen Nachfolger in der Professur der Medicin an der Schule von Kasr-el-Ain, die er im Jahre 1856 mit der Professur der Anatomie vertauschte, in welcher Stelle er bis zu seinem Tode verblieb.

Während seiner nahezu zwölfjährigen Thätigkeit im Lehrfach wirkte Dr. Theodor Bilharz mit seltener Ausdauer und Gewissenhaftigkeit. Bei einer ausserordentlichen Begabung für Sprachstudien lernte er bald das Arabische, sodass er der Uebersetzung seiner Vorträge, die er französisch hielt, während ein Dolmetsch sie arabisch wiedergab, genau folgen konnte. Seine Vorlesungen über Anatomie, welche er mit den neuesten Forschungen der Wissenschaft bereicherte, befinden sich in arabischer Uebersetzung in den Händen seiner Zuhörer, und noch vor kurzem hatte er beabsichtigt, dieselben zu veröffentlichen. Während er auf diese Art in seinem Lehrfache unverdrossen unter vielfältigen Schwierigkeiten fortwirkte und den Samen der Wissenschaft mit Sorgfalt auf ägyptischen Boden verpflanzte, war er nicht minder im Spitale von Kasr-el-Ain beschäftigt. In zwei heftigen Choleraepidemien (1850 und 1855) und mehreren Typhusepidemien entfaltete er eine aufopfernde Thätigkeit. Von einer der letzten wurde er selbst ergriffen (Winter 1855—56), und nur der liebevollen Pflege seiner Freunde, Professor Alexander Reyer und Dr. G. M. Lautner, gelang es, ihn zu retten. Seine freie Zeit widmete er wissenschaftlichen Forschungen und verzichtete deshalb auch fast ganz auf die ärztliche Praxis, die ihm leicht genügendes Einkommen und sorgenloses Leben hätte gewähren können. Zugleich war er der beste, liebevollste Sohn und Bruder und stand immer mit Hingebung hülfsbedürftigen, mittellosen Kranken zur Seite, besonders kranken Deutschen. So bethätigte er oft und ohne dass die Welt etwas davon erfuhr, die edelste Selbstaufopferung. Schöner als Dr. Theodor Bilharz konnte niemand durch das Thun und Wirken eines ganzen Lebens den grossen Gedanken des griechischen Weltweisen zur Anwendung bringen, dass jeder von uns nicht für sich allein geboren sei, sondern unsere Existenz zum Theil dem Vaterlande, zum Theil den Aeltern und zum Theil unsern Freunden gehöre.*)

Ungeachtet einer so lebhaften Thätigkeit fand er dennoch Zeit und Musse, um verschiedene bedeutende wissenschaftliche Arbeiten zu unternehmen, was um so grössere Anerkennung verdient, wenn man weiss, wie sehr geistige Anstrengung unter afrikanischem Himmel angreift und ermüdet. Durch eine mit grossem Fleiss angelegte Sammlung von Eingeweidewürmern, die er im Laufe der Zeit ausserordentlich vermehrte, gewann er Material zu einer höchst verdienstvollen Arbeit: «Ueber die Eingeweidewürmer» (Siebold und Kölliker, «Zeitschrift für wissenschaftliche Zoologie», Bd. IV). Sein Hauptwerk, das Ergebniss von jahrelangen, mit unglaublichem

*) .... ἕκαστος ἡμῶν οὐχ αὑτῷ μόνον γέγονεν, ἀλλὰ τῆς γενέσεως ἡμῶν τὸ μέν τι ἡ πατρὶς μερίζεται, τὸ δέ τι οἱ γεννήσαντες, τὸ δὲ οἱ λοιποὶ φίλοι. Plato an Archytas, IX.

Fleiss angestellten mikroskopischen Untersuchungen, ist die Schrift «Ueber das elektrische Organ des Zitter-welses» (Leipzig 1857), welche ein Meisterstück von gewissenhafter Forschung und scharfsinniger Auffassung ist. Hierdurch wurde zuerst das Wesen des elektrischen Organs in klarer, streng wissenschaftlicher Weise er-gründet und dargestellt. Leider unvollendet und unver-öffentlicht blieben seine vielfältigen Arbeiten über Aegy-ptologica, besonders eine mit Vorliebe begonnene Arbeit: «Systematische Bestimmung der auf den ägyptischen Denkmälern vorkommenden Thiere.» Werthvolle mikro-skopisch-anatomische Untersuchungen über die Filaria medinensis stellte er im Jahre 1859 an, als viele Fälle dieser Krankheit in einem Negerregiment vorkamen; diese Arbeit ist unvollendet geblieben. In dem letzten. Jahre hatte er den Plan zu einer Darstellung und Classifica-tion der menschlichen Sprachlaute vom physiologischen Standpunkte entworfen und manches hierzu gesammelt. Ausser der bereits erwähnten höchst werthvollen Samm-lung von Eingeweidewürmern hatte er auch eine sehr vollständige Sammlung von Negerschädeln der verschie-densten afrikanischen Völkerstämme zusammengestellt.

Nach dem Gesagten mag man beurtheilen, wie hoch Dr. Bilharz als Mann der Wissenschaft stand; aber nicht minder seltene Eigenschaften zierten ihn im täglichen Leben. Zurückhaltend und wortkarg im Verkehr mit Menschen, von welchen er sich nicht angezogen fühlte, erschloss er hingegen im Kreise seiner Freunde alle Schätze eines herrlichen, seelenvollen Geistes und Ge-müths. Mit den vielseitigsten Kenntnissen ausgerüstet,

begeistert für alles Gute und Schöne, war er die Seele
eines kleinen deutschen Kreises, der am Ufer des Nil
in Alt-Kairo sich zusammengefunden hatte. Dort trafen
deutsche Reisende, die im fernen Aegypten sich verlassen und freundelos geglaubt hatten, mit Ueberraschung
eine warme, landsmännische Aufnahme, welche sie wol
nie vergessen werden. Für sie war er der liebenswür-
digste, zuvorkommendste und erfahrenste Führer und
Rathgeber. Die Nachricht von seinem Hinscheiden wird
für viele in allen Gauen des deutschen Vaterlandes und
darüber hinaus ein schwerer Schlag gewesen sein, und
aus manchem Auge, das nicht gewohnt war, feucht zu
werden, wird eine stille Thräne um den Verblichenen
sich entrungen haben. Als im Februar dieses Jahres die erste Kunde von
der beabsichtigten Reise des Herzogs Ernst von Koburg-
Gotha nach Aegypten drang, besprach man noch das
abenteuerliche Reiseproject, welches gerade in die un-
günstigste Jahreszeit fallen sollte, und Dr. Bilharz war
der letzte zu ahnen, dass er sein Leben dafür einsetzen
würde. Vom Vicekönig dem Herzog auf dessen Ansuchen beigegeben, entschloss er sich erst nach langem
Zögern, denselben zu begleiten, nachdem er von seinem
Vorhaben ihm entschieden abgerathen und die klimatischen Gefahren einer afrikanischen Reise in dieser
Jahreszeit vorgestellt hatte. Allein es war vergeblich.
Er täuschte sich nicht über die Grösse der Gefahr, und seine
Gesinnungen kennend, zweifle ich keinen Augenblick,
dass nur ein Grund ihn bestimmte, dem Herzog zu folgen: er als Deutscher wollte nicht den deutschen

**

Fürsten allein ziehen lassen und sich den Vorwurf auf-
laden, dass er ihn in der Gefahr verlassen habe. Die
Reisegesellschaft ging auf einem englischen Kriegsdam-
pfer nach Massawa ab. Dort angelangt, unternahm der
Herzog einen Jagdausflug ins Innere. Die Herzogin,
Dr. Bilharz und das Gefolge blieben zurück und cam-
pirten im Dorfe Umkullu an der abyssinischen Küste in
der Nähe von Massawa in zwei Hütten, der glühenden
Sonne und allen Einflüssen des Klimas ausgesetzt, welchen durch manche Unvorsichtigkeit, gegen die Dr. Bilharz vergeblich ankämpfte, Vorschub geleistet ward. Sei
es nun, dass sich der Keim der Krankheit hier entwickelte, sei es, dass er ihn von einer am Typhus ret-
tungslos daniederliegenden armen Deutschen einathmete,
welcher er in Massawa Hülfe leistete: schon auf der
Rückreise entwickelte sich ein typhöses Fieber bei ihm
und mehreren der Gesellschaft. Das ihm so theuere
Kairo, wohin er sich so lebhaft zurückgesehnt hatte, erreichte er zwar noch lebend, aber todmatt am 3. Mai
nachmittags, und ungeachtet aller Pflege seines treuen
Freundes Dr. G. M. Lautner entschlief er schon am
Abend des 9. Mai 1862. Eine kleine, tief bewegte
Schar von Freunden gab ihm das Geleit zur letzten
Ruhestätte auf dem katholischen Friedhof von Kairo.
Dort ruht der Edle, nur durch eine Mauer von ein paar
werthen Freunden getrennt, die auf dem dicht daneben
liegenden protestantischen Friedhofe vor ihm ihre ewige
Wohnung bezogen haben.

So starb ein Mann, dessen Andenken in den Herzen
vieler fortleben wird. Möchten doch diese Worte den

tiefgebeugten Aeltern und Angehörigen des Verewigten Trost und Linderung in dem Kummer gewähren, welchen ihnen der Verlust desjenigen bereitete, der als Sohn, als Bruder und als Freund gleich unersetzlich ist! —

Es erübrigt mir nun noch, weniges über die in diesem Werke eingehaltene Orthographie sowie über die Umschreibung arabischer Wörter zu bemerken. Für die deutsche Rechtschreibung machte ich der Verlagsbuchhandlung gern das Zugeständniss, das seit Jahren in ihrer Officin übliche orthographische System auch hier zur Anwendung zu bringen. In Uebereinstimmung hiermit wurden auch solche arabische Wörter, welche sich bei uns eingebürgert haben, in der allgemein üblichen, wenn auch nicht philologisch richtigen Schreibart. wiedergegeben, z. B. Khalif statt Chalīfeh, Vezier statt Wazīr, Moslem statt Muslim, Divan statt Diwān, und an einigen Stellen Mehemed-Ali statt Mohammed-Ali.

Zur Umschreibung der arabischen Buchstaben hat die Deutsche Morgenländische Gesellschaft ein System eingeführt, laut welchem jene Buchstaben des arabischen Alphabets, wofür in lateinischer Schrift die Aequivalenten fehlen, durch besondere Zeichen (Punkte, Häkchen) unterschieden und bezüglich der Vocale nur die drei Grundlaute a, i, u angenommen werden. Dieses System empfiehlt sich durch grosse Klarheit und Gleichförmigkeit und verdient wirklich bei allen philologischen Arbeiten zur Anwendung zu kommen. Dennoch lässt es sich nicht in Abrede stellen, dass hierdurch dem Lautwesen der arabischen Sprache ein mislicher Zwang

angethan wird. Ausser den Vocalen a, i, u und den
Doppellauten ai und au, richtiger ei und ou, hat die
arabische Sprache, und dies in der reinsten Aussprache,
wie sie bei dem Koranlesen beobachtet wird, auch noch
die Vocale e und o. Dennoch ist die durch das System
der Deutschen Morgenländischen Gesellschaft angebahnte
Gleichförmigkeit der Transscription ein so grosser Gewinn, dass wir allen Gelehrten dessen Annahme drin-
gend anempfehlen, indem sie sonst in die schranken-
loseste Willkür verfallen, wie dies bei manchen neuern
Arbeiten sich zeigt. Die Mannichfaltigkeit des arabischen Lautwesens lässt sich eben nicht von jenen dar-
stellen, welche das Arabische nicht als lebende Sprache
kennen und sprechen. Diese werden am besten thun,
sich streng an die von der Deutschen Morgenländischen
Gesellschaft aufgestellten Grundsätze zu halten. Nur
wenigen ist das Glück vergönnt, ihre Studien im Orient
zu machen; aber für diese muss ich nun allerdings die
Berechtigung in Anspruch nehmen, ja ich halte es selbst
für ihre Pflicht, die lebende Sprache zu berücksichtigen,
und dies ganz besonders in Werken, welche die Schilderung moderner Verhältnisse zum Gegenstand haben.
Ich bin daher dem System gefolgt, welches ich bereits in
frühern Arbeiten («Mittelsyrien und Damascus», Wien 1853)
beobachtet habe, das den Zweck hat, die Volksaussprache
wiederzugeben, zugleich aber sowol den Orientalisten in
die Lage versetzen soll, arabische Wörter in arabische
Schrift zurück zu umschreiben, als den mit orientalischen
Sprachen nicht vertrauten Leser, arabische Wörter richtig auszusprechen. Ich bezeichne die emphatischen Con-

sonanten mit einem Apostroph. Es ergibt sich somit
für das arabische Alphabet folgende Umschreibung:

ا	a, i, u (e, o)	ض	d'
ب	b	ط	t'
ت	t	ظ	z'
ث	th (ϑ), t, s	ع	'a, 'i, 'u
ج	g	غ	gh (γ)
ح	h'	ف	f
خ	ch	ق	k'
د	d	ك	k
ذ	d (δ), z	ل	l
ر	r	م	m
ز	z (ƶ)	ن	n
س	s	ه	h
ش	sch	و	ū, w
ص	s'	ى	ī, j

Die Buchstaben د und ذ werden beide mit d
und nur der letztere wird manchmal mit z umschrieben, da sie in der modernen Aussprache fast immer
gleichlautend sind. Der Philolog wird leicht ermitteln,
wo der eine oder der andere Buchstabe zur Anwendung
kommt. Der Buchstabe ج, der in der ägyptischen Aussprache wie g lautet, wird in einigen Fällen durch dsch
umschrieben, z. B. Dscheddah. Ich richte mich hierin
nach der allgemein üblichen Aussprache. Der allgemeinen Schreibweise Rechnung tragend, schrieb ich auch
Suez und Kosseir, obgleich nach dem Arabischen Suweis

und K'us's'eir geschrieben werden sollte. Ich muss hin-
zufügen, dass der Apostroph, womit ich die emphatischen
Buchstaben kennzeichne, nicht durchgängig, sondern nur
dort gesetzt wurde, wo es zur Vermeidung von Irrthü-
mern wünschenswerth schien. Für den europäischen
Mund bleibt die Aussprache doch immer gleich, und wer
nicht arabisch spricht, wird ت und ط, د und ض, ق
und ك ganz auf dieselbe Weise aussprechen. Das am Ende
von abgeleiteten Beiwörtern vorkommende ﻯ ist immer
durch i umschrieben worden, wenngleich die Umschreibung durch ijj richtiger ist, denn der Araber schreibt
und spricht: Misrijj, Halebijj, Schamijj, nicht aber Misri,
Halebi, Schami. Dennoch entschied ich mich für die
letztere Schreibweise, weil sie allgemein üblich und kür-
zer ist. Das in arabischen Eigennamen so oft vorkommende Wort Ibn, Sohn, habe ich immer so umschrieben
und nicht ben oder bin, wie alle unsere Orientalisten
mit seltener Einstimmigkeit thun, denn ein solches Wort
ben oder bin ist unarabisch.

Wien, am 1. August 1862.

Der Verfasser.

Inhalt.

Erstes Buch.

Das Land in seiner physischen Beschaffenheit.

Zweites Buch.

Das Volk in seiner Entstehung und Zusammensetzung.

Drittes Buch.

Agriculturzustände.

Erstes Buch.

Das Land in seiner physischen Beschaffenheit.

Einleitung. — Unterägypten. — Die Nilarme. — Das Delta. —
Charakter des Delta. — Die Küstenseen. — Die Grenzen Unter-
ägyptens. — Das Thal der Natronseen. — Wadi Tumeilat. —
Oberägypten. — Das Gefälle des Nil. — Die arabische und libysche
Gebirgskette. — Das Kataraktengebirge. — Die Libysche Wüste. —
Die Oasen. — Die Arabische Wüste. — Deren Bergwerke. —
Primitive Gebirge. — Der Isthmus. — Küstenbildungen.

„Aegypten gilt den Aegyptern als ein erworbenes Land
und Geschenk des Flusses." So berichtet uns Herodot,
und in der That, die Entstehungsgeschichte keines Landes ist mit so verständlichen Zügen von der Natur selbst
hingezeichnet, als die von Aegypten. Im Hochlande
Abyssiniens sind die Quellen des Blauen Nil. Durch
Regenwasser und Bergströme verstärkt, vereinigt er sich
an der Spitze des Sennar-Delta, knapp ober welchem
Chartum liegt, mit dem Weissen Nil, über dessen Quellen noch immer geheimnissvolles Dunkel schwebt, obwol
der Strom bis über 4° nördl. Br. schon von Europäern
befahren worden ist. Nachdem er bei Damer den Atbara
in·sich aufgenommen, macht er von Abu Hammed bis
Korosko einen unregelmässigen Bogen gegen Westen, der

sich über mehr als 4 ½ geogr. Grade ausdehnt, strömt
dann unter geringern Krümmungen durch das enge Fel-
senthal Unter-Nubiens und betritt bei Syene das eigentliche Aegypten durch ein Labyrinth von Granit- und Sand-
steinfelsen — die sogenannte erste Katarakte. Von hier
an beginnt Oberägypten. Zwischen zwei parallel dem
Flusse folgenden Hügelzügen eingeengt, welche den Rand
des arabischen und libyschen Wüstenplateau bezeichnen,
fliesst der Strom unter mannichfaltigen Krümmungen dahin, deren bedeutendste zwischen Hermonthis (Erment)
und Diospolis parva (Hau) fällt. Leben und Cultur ist
dort, wo seine befruchtenden Wellen die Erde benetzen;
alles andere ist Wüste. Eng oben, erweitert sich das
Nilthal gegen Norden. In der Höhe von Kairo verlassen
die beiden Hügelketten ihre parallele Richtung. Die
libysche verflacht sich und zieht gegen Nordwesten fort,
die arabische hingegen biegt fast rechtwinkelig ab und
erstreckt sich von Nordwesten nach Ost-Südosten gegen
Suez hin. Hier ist die natürliche Grenze Oberägyptens
und beginnt Unterägypten und das Delta.

Drei verschiedene Gesteinarten sind für die geologische Structur von Aegypten massgebend. Bei Assuan wird der Sandstein, der sowol ober- als unterhalb
der ersten Katarakte vorherrscht, von gewaltigen Granit-
massen durchbrochen, die querüber das Nilthal durchschneiden. Unterhalb Assuan bis Esne in der Entfernung von 85 engl. Meilen ist Sandstein das vorherrschende Gestein; er ist identisch mit dem Sandsteine
Nubiens. [1]) Von Esne an verschwindet er unter einer
Decke von Kalkstein, welche der Kreidebildung angehört.
Dieselbe Bildung geht auf beiden Flussufern bis Siut
fort, in einer Länge von beiläufig 130 engl. Meilen.
Von hier an beginnt das Gebiet des Nummulitenkalks,
welcher der grossen Tertiärformation angehört, die Süd-

europa, Nordafrika und einen Theil von Asien umfasst.
Nördlich von Kairo schliesst sich daran ein compacter
Sandstein, der sich als flachhügeliges Plateau bis Suez
und über den Isthmus hinzieht. Er ist nach Russegger
eine diluviale Meeresbildung, während Unger ihn für
eine Süsswasserbildung hält. ²)

Wenn nun schon Oberägypten dem Flusse Cultur
und Leben verdankt, so ist das Delta ganz eine
Schöpfung und im vollsten Sinne des Wortes ein Geschenk des Nil.

Die im Hochlande Abyssiniens sowie in den Tro-
pengegenden des innern Afrika niedergehenden perio-
dischen Regengüsse bedingen ein Steigen des Stroms in
seinem ganzen Laufe bis zum Meere, welches in Aegypten Mitte August so zugenommen hat, dass das Land
nach allen Richtungen hin reichlich bewässert wird; bis
Mitte oder Ende September ist der höchste Wasserstand
erreicht, und mit Ende October beginnt das allmähliche
Fallen. Während dieser Zeit ist das Wasser röthlich
gefärbt, infolge der feinen Erdtheile, die es in seinem
Laufe mit sich führt. Durch die hieraus sich bildenden
Niederschläge wird der Boden erhöht, das Thal flacher,
das Land immer mächtiger. Dort, wo der mit Schlamm
und Sand reichlich genährte Strom sich ins Meer ergiesst, musste sich ebenfalls der Meeresboden heben;
denn das Flusswasser verliert bei dem Eintritte in das
Meer alle eigene Bewegung, sein Inhalt fällt zu Boden
und bildet immer zunehmende Schlammablagerungen.
Da aber derselbe Process, dem das Delta seine Entstehung verdankt, ununterbrochen fortwirkt, so hat sich
dasselbe auch fortwährend an der Basis vergrössert, während es in der Breite durch mangelhafte Bewässerung
und Cultur abgenommen hat. Auf derselben Wechsel-
wirkung des Stroms und Meerwassers beruht auch der

Ursprung der grossen, durch schmale Landzungen vom Meere getrennten Wasserbecken.

So legte der Nil mit dem ersten Schlammtheilchen, das er aus dem Innern Afrikas herabtrug, den Grund zu dem immer grösser werdenden Bau des Delta. Und gerade hier, auf der zwischen Meer und Fluss angeschwemmten Ebene, sollte sich ein wichtiger Abschnitt in der Geschichte der Menschheit erfüllen. Ein kleines Fischerdörfchen in der westlichen Ecke des Delta fesselte den Blick des macedonischen Eroberers. Er befahl und Alexandrien erstand. Bald überholte die jüngstgeborene Tochter das hundertthorige Theben, das mächtige Memphis und das altberühmte Heliopolis. Aegyptische Cultur vermählte sich da mit griechischer Kunst und Wissenschaft, und schnell ´wetteiferte Alexandrien mit den mächtigsten Städten der Alten Welt. H i e r war es, wo bei dem allmählichen Verfalle der griechischen Civilisation die Wissenschaft und Kunst des Alterthums zum letzten. mal aufblühte, bevor sie für immer erlosch; h i e r wurde die alexandrinische Gelehrtenschule begründet, und durch s i e sollte bei dem endlichen furchtbaren Schiffbruche, der die alte Cultur verschlang, jener Schatz griechischer Wissenschaft in den Werken der grössten Geister der Alten Welt uns aufbewahrt werden, auf welchem fussend die moderne Gesittung sich entwickelt hat. Ohne die alexandrinische Gelehrtenschule, welche emsig die geistigen Schätze des Alterthums aufspeicherte, würde unsere Cultur vielleicht eine andere Richtung genommen haben. So knüpft sich an die erste Scholle festen Deltabodens, welche sich über die Wasser emporhob, eine Kette von Ereignissen, unter deren Einflüssen wir selbst noch jetzt stehen.

Unterägypten.

In Form eines auswärts gekehrten Bogens, dessen beide Enden auf die Stellen fallen, wo sich die Nilarme von Rosette und Damiette in das Meer ergiessen, stellt sich der vorspringendste Theil der Küste Unterägyptens dar. Sie liegt fast parallel mit 31 ½° nördl. Br., eingesäumt von einer langen Kette von Dünen und Felsenriffen. Diese bilden die Grenze zwischen dem Meere und den Brackwasserseen, welche theils den bei hoher See in das Land eindringenden Meereswellen, theils den Nilüberschwemmungen ihre Entstehung verdanken. Es sind dies in einer fast ununterbrochenen Kette von Westen nach Osten der Mariutsee, der See von Etko, von Brullos und der Menzaleh, welche nur bei hohem Wasserstande des Nil oder bei stürmischer See sich füllen, sonst aber zum Theile zu Morästen werden und sich meist tief in das Land erstrecken, als letzte Spuren des Bildungsprocesses, aus dem das Delta hervorging.

Die Küste von Unterägypten dehnt sich in einer Länge von 36,4 geogr. Meilen oder beiläufig 73 Stunden von der kanopischen Mündung bis zur pelusischen aus. ³) Die Nilarme von Rosette und Damiette, welche gegenwärtig dieses Gebiet durchströmen, sind jetzt die einzigen, durch die sich der Nil ins Meer ergiesst. Sie entsprechen dem bolbitinischen und dem bukolischen oder phatnitischen Arme der Alten. Von den übrigen im Alterthume bekannten fünf Nilmündungen, der kanopischen, sebennytischen, mendesischen, tanitischen und pelusischen, sind nicht mehr alle nachweisbar; die äussersten waren die kanopische und pelusische, welche das einstige Delta begrenzten. Das jetzige eigentliche Delta oder das Land zwischen dem Arme von

Rosette und dem von Damiette ist von geringerm Um-
fange als im Alterthume, denn damals ward das ge-
sammte Land zwischen dem kanopischen und pelusischen
Arme als zum Delta gehörig betrachtet und enthielt ein
Netz von zahllosen Kanälen, welche es zu einem grossen,
prachtvollen Garten machten. Es scheint sogar, dass in
vorhistorischer Zeit ein Theil des Nil durch jenen Strich
der Libyschen Wüste abgeflossen sei, der jetzt unter dem
Namen der Natronseen und des Bahr-bela-Ma bekannt
ist. Dieser Arm müsste sich westlich von Alexandrien
bei Taposiris ins Meer ergossen haben. Somit fiel ein
grosser Theil der jetzigen Libyschen Wüste in den Bereich des damaligen Culturlandes. Das zwischen den
Armen von Rosette und Damiette begriffene Delta hat
in seiner Dreieckbasis, d. i. in der Länge der Küste
zwischen den beiden Mündungen, deren Krümmungen
eingerechnet, 19 geogr. Meilen, und die gerade Linie
des Dreiecks vom Meere bis zur Gabelungsstelle des Nil
bei Batn-el-bakarah, zwei Meilen nördlich von Kairo,
beträgt 20,2 geogr. Meilen, woraus sich für das heutige Nildelta ein Flächeninhalt von 200 Quadratmeilen
ergibt. [4]) Da das Land westlich und besonders östlich
vom Delta durch viele Kanäle noch immer in einer
Ausdehnung culturfähig erhalten wird, die der des
Delta zu Herodot's Zeiten ziemlich gleichkommen mag,
so bezeichnet man mit dem Namen Unterägypten sowol das eigentliche zwischen den Armen von Rosette
und Damiette gelegene Delta, als auch die auf dessen
westlicher und östlicher Seite, besonders auf letzterer,
befindlichen culturfähigen Striche. Unterägypten umfasst also das ganze grosse Dreieck, dessen Küsten-
ausdehnung von Alexandrien bis Pelusium 36,4 geogr.
Meilen, dessen Länge aber von 31° 35′ 30″ bis
fast zu 30° nördl. Br.; vom Mittelmeere bis Kairo,

17 Myriameter oder gegen 23 geogr. Meilen beträgt.
Sein Flächeninhalt beläuft sich auf nahe an 400 Quadratmeilen. Dieser ganze Landstrich ist eine weite Ebene ohne
jede bedeutende Erhebung, nur wenig über den Meeresspiegel emporsteigend, einzig und allein durch die Anschwemmungen des Nil gebildet, der die weite Bucht
zwischen den Hügelzügen der Libyschen und den Bergen
der Arabischen Wüste mit culturfähigem Schlamm ausfüllte, diese Ausfüllung noch fortwährend vergrössert
und gegen das Meer hin ausdehnt. Der Charakter der
Landschaft entspricht ihrer Entstehungsart: eine unabsehbare Ebene, bedeckt mit üppigen Feldern, durchschnitten von zwei mächtigen Flussarmen und einer
Menge kleinerer und grösserer Kanäle, gegen Osten und
Westen von den Sandhügeln der Wüste begrenzt und
gegen das Meer hin in Sümpfe und Moräste ausartend
— das ist der landschaftliche Anblick von Unterägypten.
Einzelne Palmen-, Sykomoren- und Akaziengruppen, aus
Lehm aufgebaute elende Dörfer, die eher alten Ruinen
gleichen, dann und wann ein Schutthügel, die Stelle
einer alten Ansiedlung bezeichnend, halb unter Wasser
stehende Felder, belebt von Heerden von Rindern, Ziegen, Büffeln und Schafen, unterbrechen kaum die Einförmigkeit der Landschaft, die nur bei den Morästen und
Seen der Küste durch unzählige Scharen von Wasservögeln, worunter sich die herrlichen Flamingos besonders
bemerkbar machen, etwas belebter wird. Die oben angegebene Flächenausdehnung des Culturlandes von Unterägypten von beiläufig 400 geogr. Quadratmeilen wird
durch die angeführten grossen Lagunen, die sich längs
der Küste hinziehen, sehr erheblich vermindert. Die
Länge des Menzaleh von der Landspitze bei Damiette
bis Ras-el-Moje beträgt 15,4 die grösste Breite 5,4

geogr. Meilen. Kleinere Seen sind die Natronseen der
Makariuswüste bei Terraneh, die durch einige Monate
im Jahre austrocknen und bei hohem Nil sich wieder
füllen: Birket-el-Akrasch bei Abu Za'bel, der nur im
Winter Wasser enthält; der Bahr Ballāh, eine Fortsetzung des Menzaleh, und der Bahr Timsah (Krokodilsee)
im Isthmus. Während so Moräste und Salzseen an der
Meeresküste den Bereich des Culturlandes nicht unwe-
sentlich einschränken, zerstört der Flugsand der Libyschen Wüste manchen Morgen ergiebigen Nilbodens. Unter der langen, fast ununterbrochen verderblichen Herrschaft der mohammedanischen Dynastien wurden die alten
Kanäle vernachlässigt, die Palmenpflanzungen, oft durch
schwere Abgaben gedrückt, lichteten sich, und von diesen beiden Schutzwehren entblösst, drang an vielen Stellen der Sand der Wüste auf das flache Land ein. Es
erhellt von selbst, dass mit Eröffnung von neuen Kanälen und entsprechender Bewässerung schnell die Wüste
in ihre alten Grenzen und selbst noch weiter zurückge-
wiesen werden könnte. Uebrigens setzte die Natur dem
Andringen des libyschen Sandmeers durch das tiefe Thal
Bahr-bela-Ma, das aus Südost in Nordwest längs des
ganzen Landes sich hinzieht, einen gewaltigen Damm entgegen. Die Gefahr droht also nur von dem Theile der
Wüste, der zwischen dem Bahr-bela-Ma und dem Nil liegt.
Der Boden ist aber hier fest und hat keinen Flugsand.
Die Erhebung, welche den Rand der Libyschen Wüste
bezeichnet und die Thäler Bahr-bela-Ma und der Natronseen bildet, ist ein höchstens 300 Fuss über das
Meer ansteigender Bergrücken ohne pittoresken Ausdruck.
Er schliesst sich an das Wüstenplateau an, das die
grossen Becken der Oasen umgibt, und verliert sich
zuletzt in dem hügeligen Wüstenlande der nordafrikani-
schen Küste.

Der geologische Charakter der Libyschen Wüste ist: Tertiärgebilde, Nummulitenkalk, Grobkalk, Diluvialsand und Sandstein mit Salzthon.

Von Osten wird Unterägypten durch die Arabische Wüste begrenzt, sowie durch die Ausläufer des Gebirgssystems, das sich unter dem Namen der arabischen Bergkette durch das ganze Nilthal hinzieht. Es erreicht in dem Mokattam bei Kairo eine Höhe von 420 pariser Fuss über dem Meeresspiegel. Durch eine fortlaufende Kette niederer Berge steht es mit den höhern Bergen der Küste des Rothen Meers im Zusammenhange und schliesst namentlich an den Gebel Attakah an. Weiter nördlich folgt ein welliges Hügelland, wechselnd mit Ebenen, von denen einige unter dem Meeresspiegel liegen, die zusammen die Landenge von Suez bis zur Nordküste bilden. Sandstein ist auf dem ganzen Isthmus vorherrschend; er bildet meist flachhügelige Plateaux, steigt auch hier und da zu isolirten Berggruppen empor (z. B. der Rothe Berg bei Kairo), deren Höhe jedoch nicht die des Mokattam erreicht. Letzterer sammt · seinen Ausläufern gehört dem Tertiärgebilde an (Nummulitenkalk, Grobkalk).

Aus dem Culturlande ziehen sich sowol auf der Ost- als Westgrenze verschiedene Wadi oder Thäler in die Wüste hinein. Besondere Erwähnung verdienen das Thal der Natronseen auf der libyschen und das Wadi Tumeilat auf der arabischen Seite. Das erstere wird vom Thale Bahr-bela-Ma durch einen niedern Bergrücken geschieden, der eine Breite von 1½ Stunde hat. Das Thal der Natronseen, vom östlichen Gehänge dieses Bergrückens angefangen, auf dem die koptischen Klöster liegen, bis zu der Reihe von Sandhügeln, welche es gegen das Nilthal abgrenzen, hat eine Breite von mehr als 7000 Meter und enthält in seinen Niederungen jene Was-

serbehälter, welche als die Natronseen bekannt sind, so
benannt von dem Natron, das in grosser Menge daselbst
gewonnen wird.

Das zweite Thal, Wadi Tumeilat genannt, ist um
so merkwürdiger, da nicht blos der alte Verbindungskanal des Nil mit dem Rothen Meere durchfloss, sondern auch die Israeliten vor dem Auszuge hier ihre Wohnsitze gehabt zu haben scheinen. Es zieht sich in östlicher Richtung bis zum Krokodilsee (Birket-Timsah) hin,
und seinem Laufe folgte der alte Kanal, der durch den
Krokodilsee in das Becken der Bitterseen mündete und
dann durch ein 13 ½ Meilen langes Wadi gerade zum
nördlichsten Ende des Meerbusens von Suez gelangte.

Das Wadi Tumeilat bis zum Wadi Abbaseh, wo das
eigentliche Culturland beginnt, ist unbebaut, aber die
zahlreichen Ruinen alter Städte beweisen, dass es früher
wohlbevölkert war. Der Nil sendet bei hohem Wasserstande in dies Thal seine befruchtenden Wellen, die in
dem Krokodilsee ihren Abfluss finden.

Oberägypten.

Eine eigentliche Grenzscheide zwischen Unter- und
Oberägypten gibt es nicht. Ein Mittelägypten, von dem
in vielen Werken gesprochen wird, besteht weder in geo-
graphischem noch politischem Sinne. Hingegen bieten
die klimatischen Verhältnisse den besten Anhalt zur
Grenzscheidung. Während das Klima an der Seeküste und
im Delta sich sehr wenig von dem südeuropäischen unterscheidet, liegt Kairo mit seiner Umgebung bereits
vollkommen unter den klimatischen Einflüssen, welche
die unterscheidenden Merkmale des afrikanischen Klimas,
der trockenen Zone, ausmachen. [5]) Es stellt sich daher
als die passendste geographische Grenze für Unterägypten

die Gabelungsstelle des Nil bei Batn-el-Bakarah dar, die mit dem Anfang des eigentlichen Nilthals zusammenfällt, welches letztere nun ausschliesslich Oberägypten angehört.

Von Kairo an bis an die Grenze Nubiens in einer Ausdehnung von nahe sechs Breitengraden zieht sich Oberägypten als ein zwischen zwei felsigen Gebirgsketten eingeengtes Thal hin, das der Nil aus Süd nach Nord durchströmt. Seiner Structur. nach zerfällt es in drei Theile: das eigentliche Nilthal, die Arabische Wüste, östlich, und die Libysche, westlich vom Strome. Im Osten bildet die Grenze das Rothe Meer, dessen Küste fast parallel mit dem Strome sich hinzieht, gegen Westen die Libysche Wüste, deren Ausdehnung von dem jeweiligen politischen Einflusse Aegyptens abhängt; jetzt gehören zur ägyptischen Herrschaft die Oasen Charigeh, Dachileh, Farafrah, Baharijjeh und die Oase Siwah.

Die ganze Culturfläche Oberägyptens kann zu vier Millionen Feddan angenommen werden. [6])

Das Nilthal zwischen den beiden Bergketten, die wie zwei mächtige Wälle es einengen, hat eine sehr verschiedene Breite, indem sowol die eine wie die andere Kette sich bald dem Strome nähert, bald wieder davon entfernt. Die grösste Breite bei Beni-Suef, Abu-Girge und Mellawi beträgt zwischen 3—4 geogr. Meilen. Am schmalsten ist es am Gebel Selseleh, wo der Nil durch einen Pass hindurchströmt, der nicht breiter als 300 Schritte ist. Im Durchschnitte mag die Thalbreite 1—2 Meilen betragen. Das libysche Gebirge mit dem linken Uferrande verflacht sich viel sanfter gegen den Fluss hin als das arabische. Es wirkt daher auf die Stromrichtung wie eine Böschung und wirft den Andrang des Wassers ganz auf die arabische Seite. Daher kommt es, dass in ganz Oberägypten das libysche Gebirge meist

ein ebenes Uferland von beträchtlicher Breite vor sich
hat, während das arabische Gebirge sich häufig mit senkrechten Felswänden dicht am Ufer erhebt und höher erscheint als die libysche Kette. Sowol in seiner Breite
als in Bezug der Anzahl und Grösse der Inseln zeigt
sich der Nil nicht von jener Mächtigkeit, die er im südlichen Nubien erreicht, und er ist dem Ansehen nach
weniger gross dort, wo er dem Meere näher ist, als ent-
fernter davon im Innern des Landes. Diese merkwürdige
Erscheinung dürfte besonders darin begründet sein, dass
der Strom, von der Mündung des Atbara angefangen, unter
17° 38' nördl. Br., also in einer Strecke von beinahe 14
Breitegraden keinen Seitenfluss mehr aufnimmt, folglich
auf diesem langen Wege unter einem so heissen Himmel durch die starke Verdunstung viel Wasser verliert.
In Aegypten selbst wird durch die Cultur dem Strome
eine grosse Wassermenge entzogen, indem alle Kanäle
eine Wassermasse von nahe 100 Millionen Kubikmeter
fassen. Ein grosser Theil des Stromwassers versiegt ausserdem und bildet das Grundwasser der Oasen. Die
Breite des Stroms in Oberägypten dürfte nirgends über
1500 Klafter betragen, und der Flächeninhalt aller seiner
Inseln im Bereiche dieses Landes ist ungefähr gleich
20 geogr. Quadratmeilen. Das Nilthal hat eine sehr
sanfte Neigung und der Fluss daher ein schwaches Gefälle. Der Höhenunterschied zwischen Kairo und Assuan beträgt nicht mehr als 246 pariser Fuss. Vertheilt
man das auf die Länge des Stroms zwischen beiden
genannten Punkten zu beiläufig 484 nautischen Meilen,
so berechnet sich für jede Meile im Durchschnitt ein
Gefälle von 0,508 pariser Fuss. [7]) Nach den Angaben
Talabot's, welcher als Mitglied der internationalen Expedition zur Erforschung des Isthmus im Jahre 1847
genaue Messungen in Kairo vornahm, war der niedrigste

Wasserstand in diesem Jahre am Nilometer in Rodah
14,08 Meter höher als die niedrigste Wassermarke des
Mittelmeers in Tineh. Da die Entfernung von Kairo
bis zur Mündung des Damiette-Arms 149 engl. Meilen
beträgt, so stellt sich für diese Strecke ein Gefälle von
fast 0,10 Meter für die Meile heraus. [8])

In den Bergen der arabischen Kette liegt mehr Ausdruck der Form als in denen der libyschen. Letztere
bilden einen langgezogenen Rücken und erheben sich einförmig wie eine Mauer, nur an wenigen Orten zu Kuppen und Spitzen von schärfern Umrissen emporsteigend. [9]) Die libyschen Berge, kahl und von aller Vegetation entblösst, wie die arabischen, bilden den Rand
eines grossen Wüstenplateau, welches östlich gegen den
Nil, westlich gegen die Oasen zu abfällt. Wenige Seitenthäler von Bedeutung durchsetzen dieses Gebirge rechtwinkelig auf die Richtung des Nilthals; aber jenseit
seines westlichen Abfalls liegt ein grosses Längenthal,
welches aus Süd in Nord in mannichfachen Krümmungen
sich hinzieht und dem die sämmtlichen Oasen und das
grosse Becken von Fajum angehören. Das arabische Gebirge
lässt häufig eine sehr pittoreske Gestaltung seiner Formen wahrnehmen. Scharfe Spitzen, senkrecht gegen den
Nil zu abfallende und deswegen so hoch erscheinende
Felswände, wilde, tiefe Bergschluchten, phantastisch gebogene und gekrümmte Schichten, verbunden mit der äussersten Nacktheit, geben ihm neben dem Grün der Saaten
im Nilthal eine ganz eigenthümliche Schönheit und einen
in Mondbeleuchtung fast zauberhaften Anstrich. Hinter
diesem steilen Kamm streichen tiefe Längen- und Querthäler, zwischen einem Chaos von Bergen, die das arabische Gebirge mit dem Küstengebirgssysteme des Rothen
Meers verbinden. Einige Seitenthäler durchsetzen es
rechtwinkelig auf das Stromthal des Nil, unter welchen

von besonderer Bedeutung natürlich jene sind, die vom
Nil bis fast zur Meeresküste die ganze Arabische Wüste
der Breite nach durchschneiden, wie das Wadi Tih, d. i.
das Thal der Verirrung, bei Kairo, ferner das Thal Hamamat, welches sich von Kenne nach Kosseir zieht, und
jenes, welches Edfu gegenüber sich in der Richtung nach
dem alten Berenice erstreckt. Beide Gebirgszüge vereinigen sich mit dem Hauptgebirgsstock der Katarakten,
der Aegypten von Nubien trennt.

Bei Kairo sind die beiden Gebirgsketten 1 ½ — 2
geogr. Meilen voneinander entfernt. Das libysche Gebirge liegt weiter vom Strome und zieht sich als niedere Hügelkette in nordwestlicher Richtung in die Libysche
Wüste hinein. Die arabische Kette beginnt bei Kairo
mit dem Mokattam, der dessen nördlichstes Vorgebirge
bildet. Derselbe erhebt sich dicht an der Ostseite von
Kairo, und ein Theil seines Gehänges wird theils durch
die Stadt selbst, theils durch die Citadelle eingenommen.
Hier, oberhalb der Citadelle, erreicht er seine grösste
Höhe von 420 pariser Fuss über dem Mittelmeer. Durch
eine fortlaufende Kette niederer Berge steht er mit den
höhern Gebirgen der Westküste des Rothen Meers, namentlich dem Gebel Attakah im Zusammenhange. Nördlich stösst an den Mokattam die malerische Sandstein-
gruppe des Gebel-el-Ahmar; an diese schliessen sich Hü-
gelreihen an, welche den Isthmus durchziehen. Von dem
arabischen Nilgebirge wird der Mokattam durch das Thal
der Verirrung (Wadi-t-Tih) geschieden. Es mündet südlich von Kairo bei dem Dorfe Basatin. Von hier an
zieht das arabische Gebirge in geringer Entfernung vom
Strome hin, über dessen Spiegel es sich beiläufig 400
pariser Fuss erhebt, und bildet geradlinige, einförmige
Rücken. Am Rande der untersten Terrasse sieht man
häufig einzelnstehende und kegelförmig gestaltete Berge.

Bei Turrah, wo sich die labyrinthischen Steinbrüche der
Pyramidenbauer befinden, kommt das Gebirge ganz nahe
an den Strom; hingegen tritt es bei Gamäset-el-Kebir
ins Innere zurück und das Stromthal wird sehr weit,
aber schon bei Sol-el-burumbil nähern sich die Berge
dem Strome wieder. Zwischen letzterm Orte und Beni-
Suef steigen die arabischen Berge bis zur Höhe von 600
Fuss über das Strombett empor; auf der libyschen Seite
sieht man in der Entfernung einiger Stunden niedere
Berg- und Hügelzüge, welche das Nilthal von der Oase
Fajum trennen. Oberhalb Karamat treten am rechten
Ufer Berge und Wüste bis an den Strom, letztere Hügelzüge von Sanddünen bildend. Auf der libyschen Seite
ist Culturland. Bei Beni-Suef zeigen die Berge der arabischen Kette scharfe Formen mit Kuppen und Spitzen,
die bis zu 700 Fuss über das Stromthal ansteigen. Sie gehören den tertiären Bildungen des Mokattam an und einer
harten kieseligen Kreide, die das Grundgebirge bildet.
Sechs bis sieben Stunden ostwärts von Beni-Suef im arabischen Gebirge wird am Gebel-Urakam auf einem Lager
im tertiären Gebiete jener herrliche orientalische Ala-
baster gefunden, der zur Ausschmückung der neuen
Moschee der Citadelle von Kairo verwendet wurde. Von
Beni-Suef bis Feschn besteht das arabische Gebirge aus
dem Nummulitenkalk des Mokattam. Oberhalb letztern
Ortes treten die Terrassen des arabischen Gebirges am-
phitheatralisch im weiten Bogen zurück und geben einen
malerisch schönen Anblick. Südwestlich von Feschn auf
der libyschen Seite sieht man die nördliche Fortsetzung
des Gebel-Makrum, des östlichen Randgebirges der Oase
Baherijjeh, das derselben Formation angehört wie das
arabische Gebirge. Dem Dorfe Majaneh gegenüber steigt
der Nummulitenkalk mit mächtigen Thonstraten wechselnd
am Gebel-esch-Scheich-Mubärek zu mehr als 600 Fuss

über das Strombett empor. Am Dorf Kolôsane beginnt
auf der arabischen Seite die sieben Stunden lange Felswand des Gebel-Teir, welche senkrecht gegen den Nil
abfällt, sich Minieh gegenüber aber wieder ins Innere
zurückzieht. In der Nähe von Beni-Hassan und Scheich
Abadeh fällt der Nummulitenkalk in senkrechten Wänden
gegen den Nil hin ab. Zwischen hier und Manfalut erhebt sich der Gebel-Abu-Foda mit seinen nackten Felswänden, durchfurcht von zahlreichen Höhlen und Schluchten. Er bildet eine 5—6 Stunden lange Felsenmauer den
Nil entlang.

Bei Siut nähert sich das libysche Gebirge dem Strome
und steigt zu einer Höhe von 370 pariser Fuss auf. Das
gegenüberliegende arabische Gebirge dürfte etwas niedriger sein. Am Gebel-Siut, der sich in geringer Entfernung westlich von der Stadt, jenseit des Joseph-
kanals erhebt, bemerkt man die Nummulitenkalke und
übrigen Straten des Mokattam nicht mehr. Die herrschende Formation bildet daselbst ein weisser erdiger
Kalkstein, der Kreideformation angehörig, voll Kiesel-
und Kalkconcretionen.

Dem Ansehen nach gehört das arabische Gebirge
Siut gegenüber zu derselben Bildung. An der Kreide bei
Siut setzen Thonstraten auf, deren plastische Masse den
Stoff zur Fabrikation der berühmten siuter Pfeifenköpfe
liefert. Das arabische Gebirge von Siut bis zum Gebel-
esch-Scheich-Haridi gehört der Kreide an, von derselben
Beschaffenheit wie im libyschen Gebirge bei Siut.

Bei El-Barub öffnet sich im arabischen Gebirge ein
weites Thal; der Abfall des Gebirges gegen den Strom
ist fortwährend steil und schroff. Am Kloster Deir Em-
bagsag, oberhalb Achmim, steigt das arabische Gebirge
zu einer Höhe von 7—800 pariser Fuss über das Stromthal empor. Ein gewaltiger Vorsprung des arabischen

Gebirges, der Gebel-Scheich-Musa, liegt Manschiet-en-Neil gegenüber und bildet gegen den Strom eine hohe fast senkrechte Felswand. Einen ähnlichen Vorsprung macht das libysche Gebirge bei Abydos zwischen Girge und Farschut. Gegenüber letzterm Orte erhebt der Gebel-esch-Scheich-Monjeh auf der arabischen Seite sich zu 500 Fuss über das Strombett. Der zerrissene Bau seiner Fels-massen ist höchst malerisch: Zacken wie Thürmchen reichen in die Luft und tiefe Schluchten ziehen sich wie Furchen von der Höhe zum Strome nieder. Der Rücken dieser Berge bildet ein langgezogenes einförmiges Plateau. Dieselben Verhältnisse zeigen sich bei Kasr Sajjad auf der arabischen Seite und am libyschen Gebirge bis nach Denderah. Die schroffen Formen der Berge um Den-derah und Kenne auf beiden Uferseiten fallen schon in bedeutender Entfernung auf. Oberhalb Kenne nimmt das libysche Gebirge einen sehr wilden Charakter an.

Bei Theben steigt das Gebirge beiderseits zu grosser Höhe empor und erhebt sich meistens 1000 pariser Fuss über das Stromthal oder nahe an 1300 pariser Fuss über das Meer. Die Ebene von Hermonthis und Theben theilt der Fluss in zwei fast gleiche Theile. Hier treten zum ersten mal von der Katarakte an die beiden Bergketten, die das Nilthal einsäumen, weiter zurück und lassen einen culturfähigen Zwischenraum von beiläufig einem Myriameter im Durchmesser frei. Die Ebene zwischen dem Strom und dem Gebirge ist theils angeschwemmtes Land, theils ist sie mit dem Schutt der hundertthorigen Stadt erfüllt. Im libyschen Gebirge ist die Kreide das herrschende Gestein, sowie auch im gegenüberliegenden arabischen.

Während sich bei Gebelein, oberhalb Theben, das arabische Gebirge dem libyschen nähert und das Thal bis auf 1000 Fuss verengt, zieht sich letzteres bei Asfun

(Asphynis) ins Innere zurück. Bei Esne ist das libysche Gebirge ferner, während das arabische dicht am Strom fortläuft; beide Ketten gehören auch da noch der Kreidebildung an, haben aber sehr an Ausdruck und Form verloren. Sowol bei Eilethyia als auch gerade gegenüber auf dem linken Ufer beginnen zwischen dem Strom und den beiden Bergketten niedrige Hügelzüge, die weiter gegen Süden an Höhe zunehmen und eine mächtige Entwickelung zeigen. Diese Punkte bezeichnen die nördlichste Grenze der grossen Sandsteinformation Oberägyptens und Nubiens, die durch mehr als zehn Breitengrade die herrschende Formation bleibt und nur durch jene Züge krystallinischer Gesteine durchbrochen wird, die als Zweige von dem Gebirgssystem der Küste des Rothen Meers ausgehen, oder wie Inseln sich im Sandstein erheben. [10]) Bei Edfu bildet der Sandstein schon die Berge beider Ufer und ist das herrschende Gestein der Arabischen und Libyschen Wüste, soweit man vom Nilthal aus sich überzeugen kann.

Am Gebel-Selseleh, wo der Nil durch die Berge beider Ufer in eine Schlucht von nur 300 Schritt Breite zusammengedrängt wird, ist dieser Sandstein ausgezeichnet geschichtet. Hier hatten die alten Aegypter ihre grössten Steinbrüche angelegt. Die ganze Thalenge beträgt. annähernd 1200 Meter. Die Berge dieser Sandsteinbildung sind sanft gerundet, bilden niedere Plateaux und steigen selten zu mehr als 200 Fuss über das Strombett empor. Die Höhe der Berge nimmt von der nördlichen Sandsteingrenze gegen Süden, also stromaufwärts, ab, sodass sie zuletzt nur sanfte Rücken der Arabischen und Libyschen Wüste bilden. Unmittelbar vor der Katarakte erheben sie sich jedoch wieder. Oberhalb Gebel-Selseleh ziehen sich die Berge beider Ufer weit zurück, und die wellige Oberfläche der Sandwüste tritt bis an

den Strom. Bei Kom-Qmbu bilden niedere Hügelzüge
des Sandsteins beide Ufer und ziehen bis Assuan fort,
wo sie sich dem Syenit- und Granitzug des Katarakten-
gebirges anschliessen.

Unter 24° nördl. Br. erstreckt sich als Ausläufer des Gebirgssystems der Küste des Rothen Meers
ein mächtiger Gebirgszug von Osten nach Westen in der
Breite von zwei Tagereisen — es ist das Kataraktengebirge. In seinem Hauptstock aus gewaltigen Felsen von
Granit und Syenit bestehend, bezeichnet dieser mächtige
Damm die südlichste Grenze Aegyptens gegen Nubien.
Hier, zwischen den beiden Inseln Elephantine und Philæ,
von denen die letztere schon auf der nubischen Seite liegt,
bricht sich der Nil durch die granitenen Felsenmassen
seine Bahn und bildet die erste Katarakte, welche von
der knapp unterhalb gelegenen Stadt Assuan (Syene) den
Namen erhielt. Wenn sich auch jetzt, wie im Alterthum, die ägyptische Herrschaft weit hinauf in das Innere erstreckt, in die Länder, welche die Alten unter
dem gemeinsamen Namen Aethiopien zusammenfassten;
so ist doch das Kataraktengebirge von Assuan die natürliche und politische Grenzmarke des ägyptischen Landes und Volkes.

Die Gebirgskette besteht aus einem in die Länge
gezogenen Knäuel von Bergen, durchschnitten von tiefen
und engen Schluchten. Einzelne Granitkuppen erheben
sich auf der östlichen Seite des Flusses bis zu 1000 pariser
Fuss über das Nilthal und setzen unabsehbar gegen
Osten fort, ohne Zweifel an die Granitberge der Küste
des Rothen Meers sich anschliessend, während auf der
westlichen Seite des Flusses die Granit- und Syenitmas-
sen sich unter dem Sandstein der Wüste verlieren. Zwischen steilen Ufern, die sich zu ungefähr 200 Fuss
über das Strombett erheben, durch unzählige Felsblöcke,

die wie Inseln in die schäumenden Fluten hineingesäet
sind und in der Entfernung von beiläufig einem halben
Myriameter oberhalb Assuan den Fluss wie eine Barre quer
durchziehen, erzwingen sich die Wasser ihren Weg. [11])
Schwarz glänzende Felsen, die überall emporragen, stechen
grell gegen die Wellen ab, welche sich tosend daran
brechen. Es ist ein dünner, nicht vom Stein zertrenn-
licher Ueberzug, der dem Granit diese Farbe gibt, wahrscheinlich Eisenoxydul, ein Product der durch gemeinsamen Einfluss des Wassers und der Luft bewirkten lang-
samen Zersetzung des Gesteins. Das steile rechte Ufer
oberhalb Assuan besteht aus Granitblöcken von ungeheue-
rer Grösse, die wild übereinander gethürmt sind. Granit
bildet auch das linke Ufer; aber schon in der Entfernung
weniger Klafter beginnt der Sandstein der libyschen
Bergkette. Assuan gegenüber, beiläufig in der Mitte des
Flusses, liegt die Insel Elephantine, welche ebenso wie
die zahlreichen im Strom zerstreuten Felsengruppen der
Granitbildung angehört. Einzelne Trümmer desselben
Gesteins im Strombett zeigen sich noch auf einige Entfernung von Assuan hinab, hingegen beginnt gleich nördlich hiervon an beiden Ufern die Sandsteinformation.

Die Libysche Wüste.

Nach Ehrenberg und andern Reisenden, welche die
Libysche Wüste in der Breite von der Meeresküste bis
zum 29. Breitengrad und gegen Westen über die Oase
Siwah bis zur Grenze der Regentschaft Tripolis durchzogen haben, dehnt sich die Tertiärformation des Nilthals über diesen ganzen Landstrich aus. In dem
grossen, 3—400 Fuss über das Meer sich erhebenden
Wüstenplateau zwischen der Meeresküste und dem Oasen-
zug treten die tertiären Kalke Aegyptens in einer

ausserordentlichen Ausdehnung auf. Gegen Westen und Süden entsteht durch eine Senkung dieser Wüstenhochebene ein Thal, dessen Boden nicht nur durchgehends tiefer ist als der in der gleichen Breitenparallele auf der östlichen Seite des Plateau befindliche Theil des Nilbettes, sondern auch an vielen Stellen unter dem Spiegel des Mittelmeers liegt. Diesem Thal gehören die unter ägyptischer Botmässigkeit stehenden Oasen der Libyschen Wüste an.

Die erste Oase ist die gewöhnlich noch zum Nilthal gerechnete Provinz Fajum. Ein niedriger Hügelzug der libyschen Kette trennt sie vom Nil, von dem sie eine Tagereise entfernt ist. Fajum ist in jeder Beziehung eine Oase, ein rings von den Bergen der Libyschen Wüste umschlossenes Becken, das durch die üppigste Fruchtbarkeit berühmt ist. Es hat die Form eines länglich runden Thals, welches sich sanft aus Süd nach Nord verflacht und in letzterer Richtung mit dem Wüstenthale Bahr-bela-Ma in unmittelbarer Verbindung steht. Es ist allgemein die Sage, dass einst der Nil oder ein Arm desselben hier durchgeflossen sei, eine Ansicht, die nach der Structur des Bahr-bela-Ma sehr viel für sich hat. An der Westseite des Beckens von Fajum bildet der Boden eine grosse Niederung, die beständig mit Wasser gefüllt ist. Dieser See, der einen Umfang von 36 Stunden hat, führt den Namen Birket-el-Kurn (auch Birket-Keirun) und wurde häufig für den See Möris der Alten gehalten, bis Linant de Bellefonds das Irrige dieser Ansicht nachwies. Der wirkliche Mörissee war ein ungeheueres, durch grossartige Dammbauten und Ausgrabungen gebildetes Wasserbecken, welches in der südöstlichen Ecke des Fajum lag. Die Spuren der alten riesigen Kanalbauten lassen sich noch bei Selle, Zawijet-el-Ellam, Ebgig, Attamne, Minjet-el-Cheit, Schidimo bis Birket-Gharak verfolgen, von wo sie über Scheich Ahmed, Kalamsche, Hawaret-ekilan, Illahun, Geddala sich nordwärts ziehen und an ihren Ausgangspunkt bei Selle anschliessen. Das ganze innerhalb dieser Orte gelegene Land war der See Möris, der jetzt, wie er es ehemals war, ehe dieses riesige Wasserbecken durch Menschenhände geschaffen wurde, fruchtbares Ackerland ist. Sein Wasser erhielt er aus dem Bahr-Jusuf, der bei Illahun ins Fajum mündete. Um bei hohem Wasserstande des Nil die überflüssigen Gewässer des Sees abzuleiten, diente der jetzige Birket-el-Kurn. Zu diesem Behuf bestanden verschiedene Schleusen, wahrscheinlich eine im Bahr-bela-Ma bei Selle und eine andere im Bahr-el-Wadi bei Nezleh; auf diese Art entleerte sich der Möris theils in den See Keirun, theils, wie schon Herodot erzählt, in die libysche Syrte. Die Wasser des Bahr-Jusuf, der, wo er den Nil verlässt, 46 Meter höher liegt als bei Hawarat-el-Makta, ergossen sich in den See durch die Schleuse von Illahun und erfüllten ihn bis zur Höhe der Dämme; die beiden Dämme von Billawan und Gedalla verhinderten das Ausströmen gegen das Nilthal zu. Wenn unterdessen das Wasser im Bahr-Jusuf sich verringert hatte und man zum Behuf der Bewässerung einen höhern Wasserstand brauchte, so öffnete man eine Schleuse, wahrscheinlich bei Gedalla, und liess eine hinreichende Wassermenge in den Bahr-Jusuf zurückströmen, wodurch das Land bis in die Nähe von Alexandrien bewässert werden könnte. Auf diese Art ist vollkommen richtig, was Strabo sagt, dass «bei niederm Nil das Wasser aus dem Mörissee durch zwei Mündungen dahin zurückströmte».

Die Ursachen, welche die Zerstörung dieses grossartigen Werks herbeiführten, sodass jetzt dessen Spuren nur mit Mühe aufzufinden sind, lassen sich leicht nachweisen. Als der Mörissee gebaut wurde, waren die

Gründe nicht so hoch wie jetzt. Jede Ueberschwemmung
erhöhte aber das Land, auch die Dämme und Schleusen
wurden unter spätern Dynastien nicht immer in gutem
Stand erhalten. Während auf diese Weise durch Schlamm-
ablagerung der Boden des Sees sich erhöhte, lieferte der
Bahr-Jusuf immer dieselbe Wassermenge. Bei einer starken Nilschwelle durchbrachen endlich die Gewässer die
Dämme und strömten den Niederungen zu. So entstanden die zahlreichen Wasserrinnen, die das Fajum gegen
den See Keirun hin durchfurchen.

Das Wasser des Birket-Keirun ist sehr salzhaltig,
was sich durch Auflösung der salzführenden Thonstraten
erklärt, die dem tertiären Felsgebiet jener Gegend eigen
sind. Dessenungeachtet wimmeln die Ufer des Sees von
Wassergeflügel und werden daselbst bedeutende Quantitäten Fische gefangen. Die Abnahme des Wassers und
verhältnissmässige Zunahme des Landes ist sehr beträchtlich und vollkommen genau nachweisbar. Uebrigens hat
die Gefahr einer allzu grossen Ueberschwemmung in neuerer Zeit wiederholt die Anlegung neuer Schleusen nothwendig gemacht, um den Zufluss allzu grosser Wasser-
massen zu verhindern. An seinem Nordostende scheint
der See früher bis zu dem jetzt $2\frac{1}{2}$ Stunde von seinem
Ufer entfernten Dorfe Tamieh gereicht zu haben, welches
am Eingang des Bahr-bela-Ma liegt. [12])

Fajum, das Land der Rosen, ist noch heutzutage
einer der schönsten Theile Aegyptens. Das Klima ist
vortrefflich, selbst die Pest kam selten dahin. Was die
Fruchtbarkeit des Bodens anlangt, so wetteifert Fajum
mit den besten Districten des Delta. Baumwolle, Reis,
Zuckerrohr, Indigo, Hanf, Flachs, Dattelpalmen, Rosen,
Oliven u. s. w. gedeihen daselbst nach der Verschiedenheit des Bodens in üppiger Fülle, so auch der Weinstock
und alle Obstarten des gemässigten Süden. Das Cul-

turland von Fajum beschränkt sich seiner grössten Ausdehnung nach vorzüglich auf jenen Theil des flachen
weiten Thals, der auf der Ost- und Südostseite des Sees
Birket-Keirun liegt. Daselbst befindet sich ausser einer
Menge von Dörfern die Hauptstadt der Provinz, Medinet
Fajum, am Josephskanal im schönsten Theil des Landes gelegen. Die Umgebung derselben ist ein weiter
Garten. Hier werden grosse Massen von Rosenöl, Ro-
senwasser und Rosenessig gewonnen, zum Gebrauch der
schönen Bewohnerinnen von Kairo.

Die nächste Oase ist die Kleine Oase, Wah-el-Bah-
rijjeh oder Wah-Behnesa, welche auch Wah-Mendischeh
oder Wah-el-Gharbi genannt wird. Das arabische Wort
Wah, welches Oase bedeutet, entspricht dem altägyptischen «Ouahe», aus dem das griechische Oasis oder
auch Avasis entstanden ist. Die Kleine Oase enthält
einige warme Quellen und ist reich an Fruchtbäumen.
Reis, Gerste, Weizen, Durra, wilde Baumwolle und die
Culturpflanzen des Nilthals gedeihen hier vortrefflich,
besonders aber eine ausgezeichnete Art von Datteln.
Kasr, Zabu, Bawitte, Marieh mit je 3500, 300, 3000
und 400 Einwohnern sind die Hauptorte. Diese Oase
liegt 109 pariser Fuss über dem Spiegel des Mittelmeers
und 40 pariser Fuss tiefer als der Nil in ungefähr derselben Breitenparallele. [13])

El-Haiz ist eine kleine Oase in der Entfernung
eines schwachen Tagemarsches südlich von El-Bahrijjeh.
Eine Quelle ist daselbst und bebautes Land, das von
Leuten aus letzterer Oase besorgt wird.

Farafreh liegt drei Tagereisen südlich von El-Haiz mit
einem gleichnamigen Dorf, das bei 60 Einwohner enthält. Es gedeiht hier auch der Oelbaum. Im Alterthum war sie unter dem Namen Trinytheos Oasis bekannt. Sie liegt 103 pariser Fuss über dem Spiegel des

Mittelmeers und in ungefähr derselben Breitenparallele
der Nil 97 pariser Fuss höher. [14])

Fünf bis sechs Tagereisen westlich von Farafreh ist
eine andere Oase, Wadi Zerzurah, die beiläufig die Grösse
der Kleinen Oase haben soll. Die Einwohner sind Neger
und sie gehört nicht mehr zum ägyptischen Gebiet.

Gebábo, eine andere Oase, liegt noch sechs Tage
weiter in derselben Richtung. Eine Kette solcher Oasen
läuft gegen Westen hin.

Vier Tage südlich von Farafreh ist die Oase Wah-
el-Gharbi, auch Wah-ed-dachli, die innere Oase, genannt.
Der Weg von Farafreh dahin führt zwischen hohen Hü-
gelreihen von Flugsand, die fast parallel von Süden nach
Norden ziehen. El-Kasr und Kalamun sind die vorzüglichsten Orte; im erstern befindet sich ein Tempel aus
Sandstein mit den Namen Titus und Nero in Hieroglyphen. Zahlreiche andere Ruinen beweisen, dass im Alterthum hier ziemlich vorgeschrittene Cultur- und Bevölkerungsverhältnisse herrschten. Die Bevölkerung beträgt beiläufig 6250—6750 Seelen, die in elf grössern und kleinern
Dörfern wohnen, wovon El-Kasr und Kalamun die grössten sind. Diese Oase ist reich an Früchten, auch Reis
wird daselbst in ziemlicher Quantität cultivirt. In El-
Kasr ist eine warme Quelle, deren Temperatur 102°
Fahr. hat. Die Länge der Oase von Osten nach Westen
beträgt 28, die Breite von Norden nach Süden 15 engl.
Meilen. Dieselbe liegt nach Russegger 170 pariser Fuss
über dem Spiegel des Mittelmeers und beiläufig 100
pariser Fuss tiefer als der Nil in ungefähr derselben
Breitenparallele. [15])

Drei kurze Tagereisen östlich von der Wah-ed-dachli
ist die Grosse Oase gelegen, die auch Wah-el-Charigeh
oder Menamun genannt wird, welcher letztere Name
vielleicht altägyptischen Ursprungs ist und Ma-n-Amun,

d. i. Wohnort Ammon's, bedeutet. Ein grosser altägyp-
tischer Tempel sowie zahlreiche alte Ruinen finden sich
hier vor. Für den Sklavenhandel von Darfur ist diese
Oase eine wichtige Exportstation auf dem Wege nach
Aegypten. Die Bevölkerung beläuft sich im ganzen auf
4290 Seelen. Der Hauptort ist El-Charigeh, in der Entfernung von beiläufig 13 engl. Meilen von den Hügeln
gelegen, welche im Osten die Grenze gegen die Wüste
bilden. Die Länge der ganzen Ebene beträgt von Süden
nach Norden bei 60 engl. Meilen; jedoch finden sich die
culturfähigen Stellen nur hier und da zerstreut in dem
Wüstenboden vor; ihre Existenz hängt von den Quellen
ab. Die Erzeugnisse sind dieselben wie die der Kleinen
Oase mit Hinzufügung der Dumpalme (Cucifera Thebaica),
der wilden Senna und einiger wenigen andern Pflanzen;
an Fruchtbarkeit steht diese Oase gegen letztere zurück.
Sie liegt 320 pariser Fuss über dem Spiegel des Mittelmeers und 20 pariser Fuss tiefer als der Nil in ungefähr
derselben Breitenparallele. [16])

Von allen unter ägyptischer Herrschaft stehenden
Oasen ist Siwah oder die Oase des Jupiter Ammon die am
weitesten gegen Westen gelegene. Mehemed-Ali eroberte
sie im Jahre 1820. Der Hauptort Siwah-Kebir liegt
nach Minutoli unter 29° 9' 52" nördl. Br. Die Länge des
fruchtbaren Gebiets beträgt über zwei deutsche Meilen,
die Breite dagegen nirgends über eine halbe. Zahlreiche
süsse und salzige Quellen bewässern den Boden, der an
einigen Stellen von kleinen Salzseen bedeckt ist. Mannichfaltige Fruchtbäume gedeihen daselbst; berühmt sind
die Datteln von Siwah. Ausser dem Hauptort Siwah-
Kebir zählt man noch drei Dörfer: Siwah-Scharkijjeh,
Ost-Siwah, Siwah-Gharbijjeh, West-Siwah, und Maschieh.
Die ganze Bevölkerung beträgt an 8000 Köpfe. In der
Entfernung einer halben deutschen Meile südöstlich von

Siwah-Kebir liegen die Ruinen des altberühmten Tempels des Jupiter Ammon. Andere alte Ueberreste finden sich an verschiedenen Orten. [17])

Bemerkenswerth ist, dass man auf allen Oasen Spuren des Christenthums findet. Mehrere derselben enthalten Seen, mitunter von beträchtlichem Umfang und mit brackigem Wasser, eine mit der Depression ihres Bodens natürlich verbundene Erscheinung. Vorzüglich zeichnet sich in dieser Beziehung Siwah durch die Anzahl seiner Seen, Fajum durch die Grösse des Birket-Keirun und Bahrijjeh durch die tiefe Lage seines Sees aus.

Das libysche Wüstenplateau hat in der Umgebung des Oasenzugs eine sehr verschiedene Erhebung über die Meeresfläche. So fand Russegger die östlichen Randgebirge desselben bei Siut bis 570 pariser Fuss über dem Strombett des Nil, während einige Stunden westlicher Cailliaud diese Höhe nur auf 372 Fuss feststellt. Letzterer bestimmte die Höhe der Berge, welche den Ostrand der Oase von Charigeh bilden, zu 697, die des Wüstenplateau bei Ain-el-Murr aber zu 1143 pariser Fuss über der Fläche des Oasenthals.

Die Arabische Wüste. [18])

Die Arabische Wüste Aegyptens, wahrscheinlich wegen ihrer östlichen Lage zwischen dem Nil und dem Arabischen Meerbusen oder Rothen Meer so genannt, zeigt sich unter ganz andern physischen Verhältnissen als die Libysche. Sie erstreckt sich zwischen dem Nilthal und dem Rothen Meer von der Parallele von Kairo und Suez an bis zu dem Gebirgszug der Katarakten von Assuan in einer mittlern Breite von 26 geogr. Meilen und einer Länge von ungefähr sechs Breitengraden. Sie ist ein wildes Gebirgsland, ein chaotisches Gewirr von Bergen und Felsmassen, getrennt durch tiefe, mit Sand erfüllte Thäler, ohne Ebenen von grosser Ausdehnung und ohne Oasen. Die Arabische Wüste ist sehr wasserarm, enthält wenige Quellen, und die, welche zu Tage treten, verlieren sich nach kurzer Strecke wieder im Sande oder münden im ganz nahen Meere. Kein Fluss, kein See, kein Kanal bringt das nothwendige Element der Cultur dahin. Hoch über dem Meere und dem Strombett des Nil gelegen, besitzt sie keine Niederungen, wo aufsteigende Grundwasser zu erwarten wären. Der culturfähige Boden des rechten Uferlandes des Nil beschränkt sich, da das aus Ost nach West gerichtete Gefälle des nordöstlichen Afrika und das westliche Verflachen der Gesteinschichten die Grundwasser des Nil alle der Libyschen Wüste zuwenden, nur auf das Ufer selbst und zwar in einer sehr geringen Ausdehnung, soweit nämlich natürliche und künstliche Bewässerung reichen. Alles Uebrige, die mit Mühe herangezogenen Gärten an den wenigen Klöstern und einige Punkte der Meeresküste abgerechnet, ist dürre, wasserlose Wüste. Nur in einigen Thälern zeigt sich eine kümmerliche Vegetation, bestehend in Mimosen, wenigen Palmen und spärlichen Wüstenpflanzen, die kaum als Weide für die Ziegen- und Kameelheerden der wandernden Beduinenstämme genügen. Die Arabische Wüste ist daher mit Ausnahme des Uferlandes des Nil und weniger Punkte der Meeresküste, wie einst im Alterthum, so auch heutzutage nur von Wanderstämmen bevölkert, und als feste Wohnsitze kann man blos die zerstreuten Klöster betrachten, in denen koptische und griechische Mönche in einer wilden Einsamkeit dem Drang und den Genüssen des Lebens entsagen.

Im Alterthum waren verschiedene Orte in der Ara-

bischen Wüste Schauplatz eines regen und lebhaften
bergmännischen Betriebs. Am Gebel-Duchan ward jener
herrliche rothe Porphyr gebrochen, der zu ˙Kunstdenk-
malen in die ganze Alte Welt versandt wurde. Der Ge-
bel-Fatireh lieferte rothen Granit, der ganz dem der
Katarakte glich und ebenfalls einen nicht unerheblichen
Ausfuhrartikel abgab. Die zu Baudenkmalen gebrochenen
Monolithen wurden der Lokalverhältnisse wegen nicht in
das Nilthal transportirt, sondern nahmen den nächsten
Weg zur Küste des Rothen Meers nach Myos Hormos,
wurden zur See nach Suez und sodann auf dem Kanale
und dem Nil nach dem Mittelmeer gebracht. Am Süd-
abhang des Gebel-Chalala bei Reigata Mireeh fand Wilkinson die Reste sehr bedeutender alter Kupfergruben;
solche befanden sich auch am Gebel-Hemm-Telabd, so
auch an dem Granitberge Dara. Drei Stunden südlich
von diesem Berg liegen alte Kupfergruben, die von
nicht minderer Bedeutung gewesen zu sein scheinen.
Südwestlich vom Berg Ghareb befinden sich Schwefel-
lager, wie auch auf der Halbinsel Gimscheh. [19]) Bei
Hamamat wurden viele der schönsten Arten des Verde
antico gebrochen, ebenso in der Nähe zwischen Hamamat und Wadi-el-Fakir Basalt. Bei Gebel-Baram,
östlich von Assuan, sollen sich Kupferminen befunden
haben, sowie am Gebel-Sabarah, 4—5 Tagereisen südlich
von Kosseir, der berühmte Fundort der ägyptischen Sma-
ragde war. In der Entfernung von sechs deutschen Meilen
von Kosseir befinden sich Smaragdgruben am Gebel-Zu-
murrud (bei Lepsius irrig G.-Ismund). Der Edelstein
bricht dort meist als Beryll, und dunkel gefärbte durch-
sichtige Stücke sind äusserst selten. Spuren des alten
Bergbaus, Reste grossartiger Kunststrassen, Bassins in
Granit gehauen, als Regenbehälter, kurz Beweise eines
sehr regen Betriebs finden sich am Sabarah an vielen

Stellen. Kupferminen sollen in dem Wadi Magharah in der sinaitischen Halbinsel bereits im 4. Jahrtausend vor unserer Zeitrechnung bearbeitet worden sein. [20]) Das Metall zu den unzähligen Bronzestatuetten, die man im Todtenfeld des alten Memphis, zwischen den Pyramiden von Gizeh und Sakkara findet, mag wol daher stammen. Nach Heuglin's Angabe befinden sich aber diese Kupferminen im Wadi Nasb und nicht im Wadi Magharah, wo blos Türkisgruben sind. Bleibergwerke sind am Gebel-Rusas, und Steinöl findet man am Gebel-Zeit. Im Gebirge Gebel-Allaki befanden sich noch zu Makrizi's Zeit, d. i. im 15. Jahrhundert, Goldminen. Auch Abulfeda und Edrisi, die beiden bekannten arabischen Geographen, erwähnen dieselben. [21])

Die Mehrzahl dieser Bergwerke wurde schon im höchsten Alterthum bearbeitet, wie die ausgedehnten Schachte und mächtige Schlackenanhäufungen beweisen. Nur eine Frage ist schwer zu lösen: Woher nahmen die Alten in der vegetationslosen Wüste das nöthige Brennmaterial? Es scheint, dass damals die Ausbeutung der Bergwerke so einträglich war und der Preis der Metalle so hoch stand, dass sich die Zufuhr von Holz, sei es von der Seeseite oder vom Nil her, noch immer rentirte. Auch warme Quellen finden sich in der Arabischen Wüste. Zwischen Gebel-Attakah und Gebel-Abu-Derrageh, südwestlich von Suez, beiläufig unter 29° 37′ 30″ nördl. Br., ist eine weite Bucht an der afrikanischen Küste des Rothen Meers, Kubbet-el-Bus, die Schilfkuppel, genannt, in die ein immerfliessender Bach von brackigem Wasser mündet, der aus Westen und Nordwesten kommt und seinen hauptsächlichsten Zufluss einer zwei Meilen im Innern gelegenen thermalen Quelle verdankt, die sehr starke Strömung hat und deren Wassermenge sechs Kubikfuss in der Secunde beträgt. Sie ist bittersalzhaltig und hat keine höhere Temperatur als die Quellen von Ain Musa bei Suez (zwischen 19 und 23° R.). [22])

Die Centralkette der Arabischen Wüste zwischen dem Nilthal und dem Rothen Meer bildet ein mächtiger Rücken sogenannten primitiven Gesteins (Granit, Gneis, Glimmerschiefer, Porphyr und Diorit), der die jüngern Auflagerungen an seinen beiden Seiten durchbricht und die Wasserscheide längs des ganzen Küstenlandes bildet. Es ist der alte Hochrücken des Ostrandes von Afrika, der seine Zweige nach Westen ausbreitet, sich bis zur Parallele des Sinaigebirges im Norden erstreckt und steil gegen Osten abfällt, entweder unmittelbar die Küste bildend oder durch terrassenförmige jüngere Ablagerungen vom Meere getrennt. Diese Gebirgskette steigt fast bis zu 6000 Fuss über dem Meer empor. Mehrere Querthäler durchziehen die Arabische Wüste von Westen nach Osten. Das südlichste Thal ist im Granitgebiet Esne gegenüber und führt zu den Smaragdminen am Gebel-Sabarah, ein zweites im Sandsteingebiet ist bei Gebel-Selseleh; ein anderes folgt im Kalkstein bei Theben, dann ein weiteres das Thal von Hamamat, das als Karavanenstrasse zwischen Kenne und Kosseir dient, noch nördlicher bei Tarfe ein schmäleres, und den Schluss macht im Norden, 1 ½ Stunde südlich von Kairo, bei Basatin, das Thal der Verirrung (Wadi-t-Tih). [28])

Der Isthmus von Suez.

Gegen Norden läuft die Arabische Wüste in das Gebiet des Isthmus aus. Nur wenig über das Rothe Meer erhaben, erhält es seinen Charakter vorzüglich durch Felsengrund aus Grobkalk und Sandstein, dessen Zerfall hier und da bewegliche Dünen erzeugt.

Der Isthmus von Suez ist eine Landenge von
120 Kilometer Breite, die Afrika mit Asien verbin-
det. Die beiden äussersten Punkte sind der Golf von
Pelusium und der von Suez. Der erstere dehnt sich von
Osten nach Westen bis zur Landspitze von Damiette aus
und hat eine Breite von 60 Kilometer. Der Golf von
Suez ist ein enger Kanal, der von Süd-Südosten nach
Nord-Nordwesten zwischen Aegypten und die Sinaihalbinsel sich einschiebt; er hat eine Länge von 290 Kilometer und eine mittlere Breite von 44 Kilometer. Der
Isthmus bildet auf einer Länge von beiläufig 16 deutschen
Meilen von Pelusium nach Suez eine längliche Einsen-
kung, welche die Grenze der beiden Ebenen, der ägyptischen und arabischen, die hier sich durchschneiden, bezeichnet. Jetzt ist die ganze Strecke Wüste, doch waren
im Alterthum hier zahlreiche Ansiedelungen, die Ruinen
mehrerer Städte, persische und ägyptische Monumente
beweisen, dass diese Gegenden damals bewohnt und bebaut waren. Vom Wadi-Tumeilat heraus gegen Suez zu
bemerkt man die Spuren des alten Verbindungskanals.
Drei grosse Einsenkungen nehmen den grössten Theil
des Isthmus ein: die Bitterseen, der Krokodilsee (Birket-
Timsah) und der Menzaleh. Das Becken der Bitterseen,
das Suez am nächsten liegt, ist 30 Kilometer von dieser
Stadt entfernt. Die Senkung ist anfangs wenig bemerkbar, aber zuletzt erreicht sie eine Tiefe von 12 Meter
unter dem Meeresspiegel der Ebbezeit. Dieses Becken
ist ganz ausgetrocknet, aber die Schichten krystallini-
schen Seesalzes, welche man bei Aufgrabung findet, die
Muscheln, die den Boden bedecken und von denen dieselben
Arten sich jetzt im Rothen Meer vorfinden, sind der beste
Beweis, dass ehemals das Meer sich hierher erstreckte.
Je mehr man sich dem Krokodilsee nähert, desto mehr
treten Flugsandbänke hervor, welche jedoch mehr ihre

Form als ihre Stelle ändern. Der Krokodilsee liegt so
ziemlich in der Mitte des Isthmus und in gleicher Entfernung von beiden Meeren; er ist einige Meter unter
deren Ebbestand, und ringsherum ist eine reichliche Vegetation von Wüstenpflanzen und Gestrüpp. Das Wasser ist salzhaltig. In den ausgetrockneten Theilen des
Sees findet man Muscheln von denselben Arten, die im
Rothen Meer vorkommen. Westlich davon öffnet sich
eine lange Terrainsenkung: das Wadi-Tumeilat, welches
von Osten nach Westen zieht und ins Nilthal führt.
Jetzt ist diese Gegend unbebaut.

Im Norden des Isthmus liegt der Menzalehsee, nur
durch ein schmales Lido von Sand vom Meere getrennt,
welches bei hoher See von den Wogen überflutet wird.
Der mit dem Menzaleh zusammenhängende See Ballah
ist vom Krokodilsee nur 12 Kilometer entfernt. Im Westen dehnt sich der Menzaleh bis zu dem Damiettearm
aus und steht durch die Oeffnung des Boghaz (Passes)
von Gemileh mit dem Meere in Verbindung. Im Osten
stösst er an die Ebene von Pelusium, die während der
Nilschwelle von dieser und bei hoher See vom Meere
unter Wasser gesetzt wird. In der Mitte dieser Ebene,
bei 3000 Meter vom Meere entfernt, liegen die Ruinen
von Pelusium (Farama). Die Erderhöhungen, welche
diese verschiedenen Becken voneinander trennen, haben
im allgemeinen eine Erhebung von 1,50 bis 2,50 Meter
über dem Meeresspiegel. Nur zwei Punkte sind höher.
Diese sind: das Serapeum und El-Gisr. Ersteres, zwischen den Bitterseen und dem Krokodilsee, erhielt seinen
Namen von einem jetzt in Ruinen liegenden Monument,
welches dem Serapis geweiht gewesen sein soll. Die
Erhebung beträgt 14—15 Meter. Der Punkt Gisr liegt
mitten zwischen dem See Ballah und dem Krokodilsee, die grösste Erhebung ist 15 — 20 Meter; er

kann als Culminationspunkt des Isthmus angesehen werden. [24])

Bei der Vornahme von Sondirungen traf man in der Tiefe von 10 Meter fast überall reinen Sand, Kiesel, Kalk, Thon und Lehm. Der tertiäre Kalkstein des Mokattam ist im allgemeinen gegen Norden und Osten mit einem Sandstein bedeckt, der von Russegger für eine diluviale Meeresbildung angesehen wird. Unger erklärt ihn auf Grund der darin gefundenen Versteinerungen für eine Süsswasserbildung und hat darin die Lagerstätte jenes merkwürdigen verkieselten Holzes (Nicolia aegyptiaca, Unger) nachgewiesen, dessen gewaltige Stämme eine grosse unter dem Namen des versteinerten Waldes bekannte Strecke der Wüste zwischen Kairo und dem Rothen Meer bedecken. [25]) Dieser Sandstein ist das vorherrschende Gestein im Isthmus, wo immer es sich über den Wüstensand und anderes Meeralluvium erhebt. [26])

Die Gegend um Suez herum ist eine vegetationslose Wüste, aus Meersand und Meerschutt bestehend. An der Küste sehen wir Riffe von jüngstem Meersandstein, jüngstem Meerkalk und Korallenbildungen, Alluvionen von fortwährender Entstehung. Die fortdauernde Umbildung des Meersandes zum vollendeten Sandstein lässt sich an der Küste Schritt für Schritt verfolgen. Manche Kalke der Riffe bestehen ganz aus Schalthierresten. [27]) Die Bildung von Korallenbänken an der Küste des Rothen Meers, wo Madreporenfelsen oft Riffe von beträchtlicher Höhe bilden, wird häufig als Ursache der angeblichen schnellen Veränderung der Küsten angeführt. Hierauf gründet sich auch die Aussage der Araber, dass das Rothe Meer alle 20 Jahre seine Küste verändere. Diese Angaben scheinen jedoch sehr übertrieben zu sein. Ehrenberg verglich die ältesten Berichte der Seefahrer, namentlich des Don Juan de Castro aus dem Jahre 1541

mit dem Zustand des Hafens von Tor in der Gegenwart und fand so wenig Veränderungen, dass hervor-
geht, die Korallenthiere hätten dort gar keinen irgend
beträchtlichen Einfluss ausgeübt, obwol zwischen beiden
Beobachtungen ein Zeitraum von fast vollen 300 Jahren
liegt und alle Gelegenheit und Ruhe zur Vermehrung
dieser Thiere in Tor vorhanden ist. Auf gleiche Weise
stimmt die Beschreibung der Rhede von Kosseir aus jener Zeit völlig auf die heutige Form. Aehnliche Beobachtungen an den drei Inseln von Massawa an der abyssinischen Küste gaben dasselbe Resultat. Die Verschlech-
terung des Hafens von Dscheddah, worüber die Bewohner dieser Stadt gern Klage führen, schreibt Ehrenberg
dem Versanden und dem ungestraften Auswerfen des Bal-
lastes der Schiffe im Hafen zu. Forskål's Bemerkungen
über das Zunehmen des Landes an der arabischen Küste
und bei Suez stimmen mit der Ansicht von dem Versanden überein. Bei Suez ist es ausser allem Zweifel. [28])
Zugleich wollen aber neuere Forscher auch eine regelmässige Erhebung der Küsten des Rothen Meers erkannt
haben, die noch gegenwärtig fortdauert. [29]) Die Ruinen
des alten Kulzum liegen jetzt mehrere hundert Meter
landeinwärts; dasselbe lässt sich an andern alten Kü-
stenstädten jener Gegenden bemerken.

Aehnliche Veränderungen machen sich an der Nordküste Aegyptens geltend, die ohne Ausnahme aus einer
hier und da von Sanddünen bedeckten Kette von Felsenriffen besteht. Das Gestein dieser Riffe ist ein aus lauter zerriebenen Conchylienschalen und mikroskopischen
Conchylien zusammengesetzter jüngster Meersandstein.
Man findet unter den organischen Resten, welche denselben bilden, auch häufig Süsswasser- und Landcon-
chylien, die vom Nil ins Meer geführt und von diesem,
vermengt mit Meermuscheln, wieder an die Küste

getrieben werden. Die Farbe dieses Meersandsteins ist ein schmuziges Grauweiss, seine Consistenz zeigt sich nicht sehr stark, doch stellenweise ist er so fesst, dass er als Baustein benutzt wird. In dieses Gestein sind die Katakomben bei Alexandrien eingebrochen, welche gewöhnlich die « Bäder der Kleopatra» genannt werden. [30])

Anmerkungen und Berufungen zum ersten Buch.

1) Da dieser Sandstein fast keine Versteinerungen ein-
schliesst, so ist sein geologischer Werth noch nicht entschieden.
Russegger hält ihn für ein Glied der Kreideformation. Unger ist
dagegen auf Grund eines von ihm daselbst entdeckten versteinerten Holzes — Dadoxylon aegyptiacum — geneigt, ihn in die
Permsche Formation zu stellen. Vgl. Unger, Der versteinerte
Wald bei Kairo. Aus den Sitzungsberichten der k. k. Akademie
der Wissenschaften, XXXIII (Wien 1858), S. 18 fg.

2) Unger, a. a. O., S. 9 fg.

3) Russegger, Reise in Griechenland, Unterägypten, dem
nördlichen Syrien und südöstlichen Kleinasien (Stuttgart 1841),
I, 249.

4) Russegger, a. a. O., I, 251. L. Horner, An account of
some recent researches near Cairo undertaken with the view of
throwing light upon the geological history of the alluvial Land
of Egypt, S. 112 fg. (From the Philosophical transactions, Part I
for 1855, S. 105—138; Part II for 1858, S. 53—92.)

5) Ueber das Klima von Aegypten handeln: A. Henry Rhind,
Egypt, its climate, character and resources as a winter resort
(Edinburgh 1856); J. P. Uhle, Der Winter in Oberägypten als
klimatisches Heilmittel (Leipzig 1858).

6) Ein Feddan ist gleich 7333 Quadratpiks und 1 Pik =
75 Centimeter.

7) Geographische Mittheilungen, Ergänzungsheft Nr. 6,
Karte und Memoir von Ostafrika (Gotha 1861), S. 11 fg.

8) Horner, a. a. O., S. 114.

9) Russegger, II, 271 fg.

10) Russegger, II, 313.

11) Horner, S. 110, gibt das Gefälle des Nil zwischen Philä
und Elephantine auf 85 Fuss an, in den Geographischen Mittheilungen (Ergänzungsheft, Nr. 6, S. 12) wird es auf 80 Fuss
geschätzt. Nach Jomard, Description de Syène, S. 151, in dem
grossen Werk: Description de l' Egypte (Paris), beträgt das Gefälle auf der ganzen Strecke von Philä bis Elephantine nicht mehr
als 6—7 Fuss. Mit dieser Ansicht stimmt auch Sir Gardener
Wilkinson in seinem Werke: Modern Egypt and Thebes (London

1843), II, 294, überein. Bei so widersprechenden Angaben wären neue, genaue Messungen sehr erwünscht. Wer die Katarakten von Syene gesehen hat, muss die erstern Angaben für viel zu hoch halten. Ein eigentlicher Wasserfall ist nirgends da, es gibt nur Stromschnellen.

12) Linant de Bellefonds, Mémoire sur le lac Moeris. Publié par la Société Egyptienne (du Caire) (Alexandrie 1843).

13) Russegger, I, 2, 287.

14) Russegger, a. a. O.

15) Russegger, a. a. O.

16) Russegger, a. a. O. Ueber die Oasen vgl. man Wilkinson, a. a. O., II, 353 fg.

17) Minutoli, Reise zum Tempel des Jupiter Ammon etc. (Berlin 1824), S. 88 fg.

18) Ueber den geologischen Charakter der Arabischen Wüste befindet sich eine anerkennenswerthe Arbeit von A. B. Orlebar M. A. in dem Journal of the Bombay Branch of the Royal Asiatic Society (Juli, 1845), welche bei der geringen Anzahl der über diesen Gegenstand veröffentlichten Arbeiten Erwähnung verdient.

19) Lepsius, Briefe aus Aegypten (Berlin 1852), S. 322.

20) Lepsius, a. a. O., S. 336.

21) Wilkinson, II, 389. Russegger, II, 361.

22) Nach Th. von Heuglin's mündlicher Mittheilung.

23) Pruner, Die Krankheiten des Orients (Erlangen 1847), S. 13.

24) Journal des deux mers (Paris 1856), S. 6 fg. Nach verlässlichern Angaben beträgt die Höhe des Gisr über dem Meeresspiegel bis 22 Meter.

25) Russegger, I, 265. Unger, a. a. O.

26) Horner, S. 111.

27) Russegger, II, 350.

28) C. G. Ehrenberg, Ueber die Natur und Bildung der Koralleninseln und Korallenbänke des Rothen Meers (Berlin 1834), S. 43.

29) Note sur le soulèvement des côtes de la Mer Rouge et l'ancien Canal des Rois. Extrait d' un voyage en Abyssinie par M. M. Ferret et Galinier, officiers d' état-major (Paris 1847), S. 39.

30) Russegger, I, 263. Horner, S. 113.

Zweites Buch.

Das Volk in seiner Entstehung und Zusammensetzung.

Ethnographische Uebersicht. — Die semitischen Einwanderer. — Die Griechen und Römer. — Die koptische Sprache. — Der Name Aegypten. — Die arabische Einwanderung. — Die Bewohner des flachen Landes. — Der Aegypter. — Der Araber. — Die somatischen Verhältnisse der Aegypter im Gegensatz zu denen der Araber. — Die Tracht. — Charakter, Sitten. — Bauernhochzeit. — Die Bewohner der Städte. — Der Araber und der Semitismus. — Charakteristik der Städter. — Kleidung. — Die Türken. — Denkungsart und Sitten der Städter. — Die Christen. — Deren Sekten. — Der koptische Typus. — Charakter der Kopten. — Geschichte der christlichen Kopten. — Die Europäer in Aegypten. — Die Nubier. — Deren Sprache und geographische Verbreitung. — Nubische Sprachproben. — Die Bewohner der Wüste. — Charakter. — Typus der Beduinen. — Lebensweise. — Tracht. — Die Stämme der sinaitischen Halbinsel. — Die Stämme der arabisch-ägyptischen Wüste. — Die Bischari und Ababdeh. — Bischarisprache. — Ababdeh. — Diebssprache. — Die Stämme der Libyschen Wüste. — Die Stämme in Fajum. — Die oberägyptischen Beduinen. — Hr. Mariette und die Hyksos. — Die Zigeuner in Aegypten.

Sowie wir aus dem vorhergehenden Ueberblick der physischen Geographie Aegyptens die mannichfaltigen Bildungsarten des Bodens in den aufeinander folgenden Schichten seiner Ablagerung kennen lernten, so möge nun die eigenthümliche ethnographische Zusammensetzung der Bewohner des Nilthals der Gegenstand unserer Betrachtung sein.

Nicht leicht hat die Bevölkerung eines Landes so viele fremde Elemente in sich aufgenommen, und auch bei keinem Volk lassen sich die Niederschläge und Ablagerungen, welche die hin- und herwogende Menschenflut im Verlauf der Geschichte von nahezu 4000 Jahren zurückliess, mit grösserer Sicherheit nachweisen. Die Aegypter sind das Monumentalvolk der Weltgeschichte; ihre Cultur, ihre Religion, ihre Geschichte, ja selbst ihr häusliches Leben und die Leichname ihrer Verstorbenen haben sie mit einer Sorgfalt der Ewigkeit zu überliefern gesucht, als hätten sie den Beruf gefühlt, späten Geschlechtern als Wegweiser in dem Labyrinth der Urgeschichte der Menschheit zu dienen — und es gelang ihnen. Wie die Mumien ihrer Leichen jetzt noch als Zeugen verschwundener Jahrtausende vor uns liegen, so hat uns ihre für die Ewigkeit berechnete Bauart, ihre kindliche, aber dennoch nicht unenträthselbare Hieroglyphenschrift das Skelet ihrer Geschichte und Cultur erhalten, alles zwar in mumienhafter Form, aber doch so kenntlich und fassbar, wie wir in der Mumie selbst den Menschen erkennen und beurtheilen. Derselbe Volksstamm, welcher seit den Anfängen der Geschichte das Nilthal innehatte, bewohnt es noch jetzt, zwar nicht mehr rein und unvermischt, aber dennoch in seinen eigenthümlichen Merkmalen wesentlich verschieden von den umwohnenden Völkern, sowie von jenen, welche im Lauf der Zeiten Aegypten theils vorübergehend beherrschten, theils daselbst sich niederliessen und in der Folge mit den eigentlichen Aegyptern vermischten.

Dass die alten Aegypter jenem grossen Zweig des Menschengeschlechts angehören, den man mit dem Namen des kaukasischen zu bezeichnen pflegt, scheint kaum zu bezweifeln, sowie es nicht minder feststeht, dass die ersten Bewohner Aegyptens von Osten her, über den Isthmus, eingewandert sind. Ob diese ersten Einwanderer damals schon Ureinwohner im Nilthal vorfanden oder nicht, ist eine Frage, die zu lösen nicht im Bereich menschlicher Wissenschaft liegt. [1]) Der Volksstamm, der, von Osten kommend, das Nilthal besetzte und hier in Zeiten, die weit über jede historische Entwickelung anderer Völker, mit Ausnahme der Chinesen, hinaufreichen, eine hohe Stufe der Cultur und Bildung erstieg, bediente sich einer Sprache, die uns zum Theile in den hieroglyphischen Denkmälern erhalten ist, zum Theil aber in der koptischen Sprache überliefert wird. Dieselbe unterscheidet sich ungeachtet der steten Berührung der Aegypter mit fremden Völkern, ungeachtet der wiederholten Einwanderungen solcher wesentlich von allen andern Nachbardialekten. Wie wir aus den hieroglyphischen Inschriften, welche die Eroberungszüge der grossen Pharaonen der XVIII. Dynastie zum Gegenstand haben, mit Bestimmtheit nachweisen können, waren die Grenzländer Aegyptens schon in den ältesten Zeiten von Völkern andern Stammes bewohnt. Namentlich waren Arabien, Syrien und die Sinaihalbinsel von Völkern des semitischen Stammes besetzt. Zahlreiche Einwanderungen dieser nach Aegypten fanden von jeher statt. Ein altägyptisches Monument aus der XII. Dynastie ist schon mehrmals veröffentlicht worden, worin die Ankunft einer solchen Volkstruppe dargestellt wird. [2]) Dass die Hyksos, welche die altägyptische nationale Dynastie stürzten und das Nilthal durch dritthalbhundert Jahre beherrschten, sicher Semiten waren und wahrscheinlich einer philistäischen Völkerschaft angehörten, ist ausser Zweifel. Die Einwanderung und der lange Aufenthalt der Israeliten sind bekannt. Die Eroberung des Pharaonenreichs durch die Perser unter Kambyses und deren zweihundertjährige Herrschaft, welcher der macedonische Eroberer

ein Ende machte, mischten sogar arische Elemente in
sicher nicht unerheblicher Menge unter die ägyptische
Bevölkerung; denn persische Besatzungen lagen die ganze
Zeit hindurch im Lande. Die zweite Eroberung Aegyptens durch die Perser unter Pervaż um 616 n. Chr. war
nur zu vorübergehend, um einen nachhaltigen Einfluss
ausüben zu können.

In Unterägypten hatten seit Psammetich's Herrschaft
als Söldlinge und wahrscheinlich viel früher schon als
Kaufleute und Schiffer, wie wir aus Homer ersehen, die
Griechen sich heimisch gemacht. Seit Alexander dem
Grossen wurden sie die herrschende Nation in Aegypten;
unter den Ptolemäern verbreitete sich griechische Cultur
und Sprache mehr und mehr, letztere ward förmlich einheimisch im Lande und gleichberechtigt mit der Volkssprache, ja sogar Hofsprache im Palast der Könige.
Staatsurkunden, priesterliche Erlasse (Stein von Rosette)
Privatverträge wurden in beiden Sprachen abgefasst. Mit
dem Sturz der Herrschaft der Ptolemäer durch Cäsar
ward Aegypten römische Provinz, verwaltet von römischen Proconsuln und besetzt von römischen Legionen;
dennoch verschaffte sich die lateinische Sprache nie die
Geltung wie die griechische, welche letztere neben der
ägyptischen Volkssprache für amtliche Verhandlungen besonders in Unterägypten im Gebrauch blieb. Die Einführung des Christenthums brachte hierin keine Aenderung hervor.

Die Sprache, welche sich ungeachtet so mannich-
facher Wechselfälle unvermischt erhielt, lernen wir aus
den hieroglyphischen Inschriften kennen, die sich theils
auf Stein, theils auf Papyrusrollen, auf Holz und Lein-
wand, in einigen Fällen sogar mit griechischer Uebersetzung erhalten haben. Sie stimmt mit der Sprache
vollkommen in allen wesentlichen Merkmalen überein, die

wir mit dem Namen der koptischen, als Sprache der christlichen Bevölkerung Aegyptens bezeichnen.

Die koptische Sprache (ägyptische Sprache mit griechischer Schrift) tritt historisch (d. h. in schriftlichen Urkunden) erst mit dem um die Mitte des 3. Jahrhunderts geborenen heiligen Antonius auf. Es haben sich von diesem Vater des ägyptischen Asceten- und Mönchslebens noch Fragmente weniger an den Bischof Athanasius und an Theodor gerichteter Briefe erhalten. Antonius sprach, wie die meisten seiner christlich-ägyptischen Zeitgenossen, nur die ägyptische Sprache. Bei dem mündlichen und schriftlichen Verkehr mit den Griechen bediente man sich der Dolmetscher.

Als der altersmorsche Bau des Byzantinerreichs in Trümmer ging und die Araber unter Anführung des Amr-Ibn-el 'As'i [3]) im Jahre 638 n. Chr. Aegypten eroberten, war die koptische Sprache noch vorherrschend unter den christlichen Einwohnern. Allmählich mussten diese sich aber zur Erlernung des Arabischen bequemen; je mehr die arabische Sprache und die durch sie getragene Religion des Koran um sich griff, desto mehr kam die koptische Sprache ausser Gebrauch. Dennoch war im 10. Jahrhundert und später das Koptische selbst noch in Unterägypten gebräuchlich. Das dem arabischen Einfluss weniger ausgesetzte Oberägypten behauptete seine Sprache noch ungleich länger. Nach Makrizi, der seine Beschreibung Aegyptens im 15. Jahrhundert verfasste, sprachen damals selbst die Frauen und Kinder fast nur die Mundart des oberägyptischen oder sogenannten sahidischen Dialekts, wiewol denselben auch noch das Griechische geläufig war. [4]) Der Gottesdienst wurde von den Kopten schon frühzeitig dergestalt abgehalten, dass man die biblischen und liturgischen Abschnitte in koptischer Sprache vortrug, durch die arabische aber erklärte. Im 17. und 18. Jahrhundert erst ist das Koptische völlig aus dem Volksleben geschwunden.

Die Bevölkerung des alten Aegypten war mit der koptischen identisch, und die grosse Masse der heutigen Aegypter sind, obgleich sie die Sprache ihrer Vorväter mit dem Arabischen vertauscht haben, unmittelbare Nachkommen der alten Aegypter, der Kopten. Der Name Kopten oder Kibt, wie die Araber, als sie das Nilthal eroberten, dessen Einwohner nannten, und wie noch heutzutage die christlichen Eingeborenen heissen, hängt aller Wahrscheinlichkeit nach mit dem griechischen Namen des Landes zusammen, womit auch zugleich der Nil bezeichnet wird: *Αἴγυπτος*. Die passendste Erklärung für die Entstehung dieses Wortes schlägt der geistreiche Forscher H. Brugsch vor. Er spricht sich folgendermassen aus:

«Bekanntlich war der westlich gelegene Flussarm des Nil-Delta oder der kanopische, mit seinen beiden Mündungsarmen, dem gleichnamigen kanopischen und dem bolbitinischen, derjenige, in welchen allein im Alterthum die fremden Schiffe einfahren durften, theils um Handel zu treiben, theils um Kriegsvolk in das Innere des Landes zu führen, theils auch um Stürmen und sonstigen Gefahren auf hoher See auszuweichen. Der kanopische Arm bildete daher einen wichtigen Stapelplatz, ehe Alexandrien seine Bedeutung als Seeplatz und Handelsort erlangt hatte. In der Erzählung von der unfreiwilligen Ankunft des troischen Alexandros und der Helena bei Herodot (II, 113) lassen die ägyptischen Priester den Frauenräuber in die kanopische Mündung verschlagen werden und Thonis, den Wächter der Mündung, ihn nach Memphis zum König Proteus senden. Um diesem ältesten Beispiel das nächst jüngere folgen zu lassen, so erwähne ich noch, dass, nach Strabo, unter Psam-

metich die Milesier mit 30 Schiffen in die bolbitinische
Mündung einfuhren, auf dem kanopischen Arm in den
saitischen Nomos hinaufschifften und die Stadt Naukra-
tis gründeten. Dieser Arm musste daher den Griechen
zuerst genauer bekannt werden, und so konnte es nicht
fehlen, dass sie bereits frühzeitig seinen Namen oder
richtiger seine Namen erfuhren, die nach unserm Denkmal im Grabe Ramses' III. im Oberlauf Ha-ka-ptah,
«der von Memphis», im Unterlauf Saj, «der von Sais»,
waren. Der erstere scheint, trotzdem dass er den weiter
von der Mündung gelegenen Theil des kanopischen Flusses bezeichnete, dennoch allgemeinere Geltung erlangt
zu haben, da «der saitische» nie als Benennung des sogenannten kanopischen Armes auftritt, sondern in eigenthümlicher Verwirrung, die von Herodot ausgeht, von
Strabo erwähnt wird und in einer sehr merkwürdigen Stelle
in dem Manethonischen Auszug bei Africanus erscheint,
mit dem tanitischen geradezu verwechselt wird. Die
Bezeichnung des Arms des Ha-ka-ptah scheint es nun
gewesen zu sein, welche zu dem Namen *Aίγυπτος* Veranlassung gegeben hat, der sowol dem Fluss, wie bei
Homer, als dem Lande von den Griechen gegeben wird,
die mit den Aegyptern zuerst in Berührung gekommen
waren.» [5])

Ha-ka-ptah, wörtlich: das Haus der Verehrung des
Ptah, war der heilige Name der Stadt Memphis. [6])

Es ist eine eigenthümliche Erscheinung, dass, während das Christenthum die Nationalität der Aegypter, was
ihre Sprache anbelangt, nicht der geringsten Aenderung
unterwarf, dieselbe Nation, welche mit so grosser Zähigkeit unter fortwährenden Einwanderungen semitischer
Völker, durch die lange Epoche persischer und griechischer Herrschaft Sprache und Sitten der Vorfahren bewahrt hatte, dem Einfluss der Religion des Islam und

der Herrschaft der Araber so vollständig erliegen musste.
Die alte Sprache Aegyptens wird jetzt im Nilthal nicht
mehr gesprochen und hat sich nur in den liturgischen
Büchern der christlichen Kopten noch erhalten. Der
entgegengesetzte Charakter der beiden Religionen, des
Christenthums und des Islam, erklärt genügend diesen
Umstand. Das Christenthum ist die Religion der reinen
echt menschlichen Entwickelung, die alle Völker mit gleicher Milde umfasst, deren nationale Eigenthümlichkeiten
schont und freieste Entwickelung auf nationaler Grundlage
nicht ausschliesst. Der Islam ist eine Religion des ge-
waltsamen Proselytismus, die den unterjochten Völkern
die einzige Wahl lässt, beim Festhalten am alten Glauben
in der drückendsten Unterjochung das Leben als Gna-
dengeschenk aus der Hand der herrschenden Moslems
zu empfangen, oder mit Annahme des Islam zur vollsten
Gleichberechtigung mit den Eroberern zu gelangen. Die
Kopten, welche der byzantinischen Misregierung längst
satt waren, nahmen die arabischen Eroberer nicht ungern
auf, und die Masse der Bevölkerung leistete den neuen
Machthabern einen nur unerheblichen Widerstand. Dass
die Propaganda des Islam nun mit Erfolg thätig war,
ist um so leichter begreiflich, indem zur gleichen Zeit
die Araber sich auf die schon in Aegypten befindlichen
arabischen Stämme stützen konnten und auch ein unauf-
haltsamer Strom arabischer Einwanderer sich in das Nilthal ergoss, der bald in den Städten die entschiedene
Uebermacht hatte und auf dem flachen Lande durch Ansiedelung von Colonisten immer mehr und mehr alle Schichten der eingeborenen Bevölkerung durchdrang. Makrizi,
der bekannte arabische Geschichtschreiber, hat ein eigenes Werk über die Genealogie der in Aegypten eingewanderten Stämme hinterlassen. Nach demselben ist der
älteste Araberstamm, der schon mit Amr-Ibn-el-'As'i,

dem Eroberer Aegyptens, einzog, der Stamm Gudām, der auch in Syrien zahlreiche Verzweigungen hatte. [7]) Er siedelte sich im östlichen Theil Unterägyptens nahe am Wadi-Tumeilat bei Tell-Bastah (Bubastis) an. Eine Abzweigung dieses Stammes, die Benu-Kurrah, sassen in der Provinz Buheireh; später liessen sich daselbst auch Theile des Stammes Sinbis nieder und zerstreuten sich dann in der Provinz Gharbijjeh. Ein weiterer Zweig der Gudām, 'Aid genannt, wohnte von Kairo bis gegen Akabah in der sinaitischen Halbinsel. Andere Theile der Gudām hatten bei Minjet-Ghamr (Mit-Ghamr) und bei Birket-el-Hagg ihren Sitz, drei Stunden nordöstlich von Kairo, ebenso wie in Alexandrien, wo auch viele aus dem Stamm Lachm sich angesiedelt hatten, die durch ihre Tapferkeit berühmt waren.

In Oberägypten sassen bei Assuan und weiter südlich die Benu-Hilal, bei Achmim und weiter hinab die Bali, bei Manfalut die Guheineh und in Fajum die Benu-Kilāb. Die Benu-Sahm wohnten bei Alt-Kairo um die Moschee des Amr-Ibn-el 'As'i und hatten Antheil an den von Amr für seine Familie gestifteten Legaten. In Oberägypten sassen Nachkommen vom Stamm Kenz, die sich in den Besitz der Goldminen von 'Allaki setzten, im Gebiet der Begah-Völker. Auch Abkömmlinge der Ansār waren in Oberägypten ansässig und in der Umgegend von Kairo, bei Kaliub, Leute vom Stamm Fazārah. In der Provinz Dakahlijjeh hielt sich ein Araberstamm auf, der Hemāriseh hiess und vom Stamm Koreisch seinen Ursprung herleitete. Aber nicht blos arabische Stämme besetzten auf diese Art Aegypten, sondern auch Einwanderer von Westen aus der Libyschen Wüste her, der grossen Völkerfamilie der Berbern angehörend. Von dem Berberstamme Lewāta siedelten sich Leute in der Provinz Menufijjeh an. Ein Theil des Stammes Zenāta

bewohnte die Umgegend von Gizeh und die Provinz Behnesa. Der Stamm der Hawwārah, der noch jetzt meistens die irreguläre Reiterei des Vicekönigs liefert, ist
ebenfalls berberischer Abkunft und findet sich in Obér-
ägypten vor.

Wie systematisch die Einwanderung arabischer Stämme nach Aegypten von den Statthaltern der Khalifen betrieben ward, beweist am besten folgende aus Makrizi
genommene Erzählung. [8]) Als Obeidallah Ibn-el-Higāb
vom Khalifen Hischām mit der Statthalterschaft von
Aegypten betraut worden war, schickte er folgenden Be-
richt an den Khalifen: «Der Beherrscher der Gläubigen,
dem Gott langes Leben verleihe, hat den Stamm Kais
ausgezeichnet und zu Ansehen erhoben; nun ich nach
Aegypten gekommen bin, sehe ich daselbst von ihm keine
Spur, ausser einige Familien von Fahm. Es gibt aber
dort Districte, wo niemand wohnt, und wo eine Nieder-
lassung derselben neben den Eingeborenen diesen nicht
schaden und den Einkünften keinen Abbruch verursachen
wird: nämlich zu Bilbeis. Wenn der Beherrscher der
Gläubigen es für gut hält, dass der Stamm Kais sich
dort niederlasse, so soll es geschehen.» Der Khalif erwiderte: «Ich billige deinen Vorschlag.» Er
schickte nun in die Wüste und da kamen zu ihm hundert Familien des Stammes Benu-'Amir, ebensoviel
der Benu-Nasr und hundert vom Stamm Hawāzin. Er
befahl ihnen das Land zu bebauen und liess ihnen von
dem, was aus den Zehnten zu mildthätigen Zwecken ein-
gegangen war, etwas zukommen, so dass sie sich Kameele
kaufen konnten, mit welchen sie Lebensmittel nach Kulzum (Suez) brachten, wodurch ein Mann in einem Monat zehn Dinare und mehr verdiente. Dann kauften sie
nach des Statthalters Aufforderung junge Pferde, die
sie in kurzem zum Reiten benutzen konnten; das Futter

für ihre Pferde und Kameele machte ihnen keine Schwierigkeit, wegen der Vortrefflichkeit der Weidegründe. Als ihre Stammverwandten das erfuhren, stiessen fünfhundert Familienmitglieder aus der Wüste zu ihnen und nach einem Jahre kamen noch weitere fünfhundert. Auf diese Art ward Aegypten von zahllosen arabischen Einwanderern überflutet, die sich theils in den Städten, theils auf dem flachen Lande niederliessen, theils auch die in der Arabischen und Libyschen Wüste liegenden spärlichen Weidegründe als Nomaden durchzogen, oder die Grenzdistricte des Culturlandes gegen die Wüste mit ihren Heerden von Kameelen, Ziegen und Schafen besetzten. So zahlreich übrigens auch diese arabischen Einwanderer gewesen sein mögen, so reichten sie doch nicht hin, die einheimische Bevölkerung ganz in sich aufzunehmen und vollkommen zu arabisiren. Wenn man bedenkt, dass bei der Eroberung Aegyptens durch die Araber die eingeborene Bevölkerung doch sicher nicht unter fünf Millionen betrug (sie wird von arabischen Schriftstellern viel höher angesetzt), so kann dies auch nicht überraschen. Die arabischen Ankömmlinge vermischten sich äusserst schnell mit den Kopten, wozu wesentlich deren massenhafter Abfall zum Islam beitrug, und so entstand eine neue Generation, welcher die grosse Mehrzahl der heutigen Bewohner des Nilthals angehört. Sie trägt, wie uns die Vergleichung mit den Monumenten lehrt, die unverkennbaren Merkmale des altägyptischen Stammes an sich. An verschiedenen Stellen, namentlich in einigen Städten und Dörfern Oberägyptens, wo die koptische Bevölkerung bei dem Christenthum verharrte und dichter zusammenwohnte, hat sich die ursprüngliche Bevölkerung fast ganz unvermischt erhalten. Die heutigen Aegypter sind somit noch immer eine selbständige Nation, die sich unmittelbar an die alten Einwohner anschliesst und in

jeder Beziehung scharf von den Völkern der angrenzenden Länder trennt. Es ist ein ziemlich allgemein verbreiteter Irrthum, die heutigen Bewohner Aegyptens Araber zu nennen. Allerdings sprechen sie arabisch und
sind auch stark mit arabischem Blut vermischt; aber
dennoch ist das koptisch-ägyptische Element unleugbar
bei weitem vorherrschend. Ein heutiger Aegypter ist
noch jetzt auf den ersten Blick von einem Araber leicht
zu unterscheiden. *) Die Bevölkerung Aegyptens lässt
sich jetzt in drei grosse Klassen eintheilen: Bewohner
des flachen Landes, der Städte und der Wüste.

1. Die Bewohner des flachen Landes.

Der Bauer wird allgemein mit dem Namen Fellah
(von der arabischen Wurzel falaha, pflügen, ackern) benannt. Auch mit Ahl Fara'ūn, d. h. Volk des Pharao,
werden die Bauern von den Städtern verächtlich bezeichnet, wol nicht ohne Anspielung auf deren koptische Abstammung. So wegwerfend auch sonst der Name Fellah
in Aegypten gebraucht wird, wo er bei den Städtern als
Schimpfwort gilt und einen rohen, ungebildeten Menschen
bedeutet, so beruht doch auf dieser vielfach mishandel-
ten, verachteten und durch die Jahrhunderte lang auf
ihr lastenden Druck zum grossen Theil entwürdigten
Klasse die Macht des Landes, der Wohlstand der Regierung und die Zukunft der Nation. Die Fellah machen
sicher drei Viertel der ganzen Bevölkerung aus. Das
äussere Aussehen des Fellah, seine körperliche Bildung,
ist durch ganz Aegypten fast völlig gleichförmig und
deutet unverkennbar auf Einheit der ganzen Rasse und
deren gemeinsame Abstammung.

Der Fellah ist stark und kräftig gebaut, bei einer
durchschnittlichen Statur von 5—6 Fuss; doch ist sein

Körper mehr sehnig und muskelhaft als fett und dick;
der Gesichtswinkel beträgt selten über 80, fast nie unter 75°; die Stirn ist schmal, aber selten hoch, die Kiefer
und Backenknochen sind stark vorspringend; die Nase
ist meist breit und aufgestülpt, doch nicht immer; Kopf-
und Barthaare sind gewöhnlich schwarz, jene mehr, diese
weniger dicht, von grobem Gewebe und leicht gekräuselt;
der Bart ist selten üppig, meistens in der eigenthümlichen Spitzform, die schon den alten Aegypter kenn-
zeichnet, sodass er gerade vom Kinn absteht und sich
nicht über die Kehle erstreckt, sondern eben nur das
Kinn bedeckt; der Mund und die Lippen sind breit und
dick, der Schädel ist oval und länglich, das Gebiss vortrefflich. Die Zähne sind breit und oft aussergewöhnlich
stark entwickelt. Der Hals ist von mittlerer Länge, etwas im Nacken gebogen; die Schultern sind breit wie
die stark gewölbte Brust, Hände und Füsse gewöhnlich
klein, Arme und Beine kräftig und schön geformt. Der
Gesichtsausdruck des Fellah ist im allgemeinen mehr
schlau und verschlagen als verständig; doch kommt
manchmal ein gutmüthiger Zug hinzu. Leider lässt es
sich nicht in Abrede stellen, dass ein gewisser wilder,
ja thierischer Ausdruck fast unwillkürlich auffällt, sobald
man eine grössere Menge Fellah beisammensieht, wie
dies z. B. bei den Regimentern des Vicekönigs der Fall
ist, die durchgehends aus jungen Bauernsöhnen von 15—
20 Jahren zusammengesetzt sind, welche aus allen Theilen Aegyptens stammen. Ich bin weit entfernt, dieses
als allgemeinen Typus der ägyptischen Rasse aufstellen
zu wollen; denn die Urahnen der heutigen Aegypter waren sicher ein mit den höchsten und edelsten Eigenschaften der Menschheit reich ausgestattetes Volk. Wollte
man die in Frage stehende Erscheinung der Vermischung
mit den Arabern zuschreiben, so muss bemerkt werden,

dass es wenige Menschenstämme gibt, die sich durch einen edlern Ausdruck und durch regelmässigere Gesichtszüge auszeichnen als dieser Volksstamm. Es dürfte daher nicht ungerechtfertigt sein, wenn man die thierische Roheit, die Wildheit, die sich häufig im Gesichte des Fellah ausgeprägt findet, auf Rechnung des Jahrtausende alten Druckes setzt, unter dem die Landbevölkerung Aegyptens lebte und zum Theil noch lebt. Beispiele, dass Menschenstämme, welche mit den höchsten Gaben des Geistes geschmückt waren, deren Urahnen die Gipfelpunkte der Cultur und Gesittung erreichten, deren Kunstwerke wir jetzt noch bewundern, in ihren Nachkommen in Entartung und Entwürdigung versanken, fehlen nicht in der Weltgeschichte. Die Neugriechen und Hindu sind jetzt nur noch misrathene, verkommene Sprösslinge grosser und edler Ahnen; warum sollten die Aegypter nicht dasselbe Schicksal getheilt haben?

Die Bewohner des schwarzen Landes [p. to. n-kemi [10]), so nannten die alten Aegypter ihr Land] waren die Lehrmeister der Griechen in Wissenschaft und Kunst — ihre Nachkommen, die Fellah, sind jetzt aller Welt Knechte.

Die Hautfarbe des Fellah ist braun in verschiedenen Schattirungen aus dem Gelbbräunlichen in das Röthlichbraune hinüber. Die Bewohner Oberägyptens sind meistens etwas dunkler gefärbt als die von Unterägypten. Das Weib ist häufig von hellerer Farbe, von kleinerer Statur und zartern Formen. Die Gesichtsbildung desselben ist im ganzen mehr breit als oval, die Nase nur selten gerade und schön geschnitten, gewöhnlich breit, die Stirn niedrig und schmal, das Auge tiefliegend, langgeschnitten, gross und fast immer schwarz; sein Glanz wird durch den Kohl (Augenschminke), womit die Brauen und die Augenlider bestrichen werden, erhöht. Der

Ausdruck des Gesichts ist in der Jugend nicht ohne An-
muth; das Alter bringt aber oft wahre Schreckbilder zum
Vorschein. Als Grundtypus für die grösste Anzahl der
Frauengesichter kann die Sphinx gelten, an deren Ant-
litz man in Aegypten unendlich oft durch lebende Züge
erinnert wird. Die Körperbildung des Weibes ist sehr
schön und erinnert an antikes Ebenmass; die fortwährende Bewegung im Freien und die leichte Kleidung,
welche die Entwickelung nicht beengt, mögen hierzu viel
beitragen. Dicke Gestalten sind viel seltener als magere.
Echte, feine antike Gesichtszüge, welche an die ideali-
sirten Königsgestalten der ägyptischen Wandgemälde
erinnern, findet man nicht häufig, aber dann auch in
wunderbarer Vollkommenheit, öfter bei Weibern als an
Männern. Unter den altägyptischen Statuen, die im vice-
königlichen Museum aufbewahrt werden, trägt die herrliche Porträtstatue des Königs Schafra (Herodot's Che-
fren), des Erbauers der zweiten grossen Pyramide, auf
das überraschendste den soeben im allgemeinen geschil-
derten Charakter der ägyptischen Gesichtsbildung, ver-
edelt durch die Hand des Künstlers und den durch ihn
hineingelegten hohen geistigen Gehalt, aber dennoch lebhaft an den heutigen Bewohner des Nilthals erinnernd.
Die Kinder bis zum Alter von sechs Jahren sind hässlich
und ungestaltet durch die übermässig aufgedunsenen
Bäuche, ein Umstand, der eine Folge ihrer Nahrung ist.
Später entwickelt sich der Körper sehr schnell, und im
neunten bis dreizehnten Jahre ist das Mädchen, im dreizehnten bis funfzehnten der Knabe vollkommen ausgebildet.
Die Männer altern schon im fünfunddreissigsten, die
Frauen im fünfundzwanzigsten Jahre. Greise in dem Alter
von 90—100 Jahren kommen häufig vor auf den genauesten
Sterbelisten, die Aegypten besitzt, nämlich denen von Alexandrien; doch ist das Alter in Ermangelung von Geburts-

zeugnissen nie mit voller Sicherheit nachzuweisen. Die meisten Fälle von Longävität sollen in Oberägypten beobachtet werden. Am grössten ist die Sterblichkeit unter den Säuglingen, wol zwei Drittel der ganzen Anzahl betragend. [11]) Folgende Darstellung der somatischen Verhältnisse der ägyptischen Rasse im Gegensatz zur arabischen verdanke ich der freundlichen Mittheilung des Herrn Dr. Theodor Bilharz, Professors der Anatomie an der medicinischen Schule in Kairo.

«Aegypter. Statur zwischen 5—6 Fuss, Körperbau kräftig, grobknochig, derb, mehr muskulös als fett. Gesichtswinkel selten über 80, fast nie unter 75°. Gesicht breit, rund; Stirn schmal, niedrig; Augen gross, schwarz, langgeschnitten; Nase kurz, gerade oder aufgestülpt, stumpf, breitflügelig. Backenknochen stark nach aussen vortretend. Lippen dick, Mund gross, Kinnladen breit, stark; Zähne breit und fast immer vortrefflich erhalten. Bart dünn, spät erscheinend, fast nur Kinnbart. Ohren gross, abstehend; Schädel lang, oval; Haare schwarz und kraus; Hals kurz, dick; Schultern breit, Schulterlinie fast horizontal; Brustkorb breit, stark gewölbt, entsprechend der ungemeinen Entwickelung der Lungen. Arme und Beine kräftig und schön gebaut; Waden eher dünn; Hände und Füsse ziemlich gross, letztere lang und hoch. Geschlechtstheile stark entwickelt. Hautfarbe hellröthlichbraun, ähnlich der Farbe neu gegerbten Sohlleders. Gesichtsausdruck apathisch, gutmüthig, derb, nach der einen Seite in stumpfsinnige Roheit, nach der andern in Verschlagenheit übergehend.

Araber. Statur mittelgross, eher klein, schmächtig. Mangel an Fettbildung, dagegen kräftiges Hervortreten der Muskulatur. Gesicht lang, schmal; Stirn hoch, ziemlich breit; Augenbrauen gewölbt. Augen schwarz, lebhaft, von mittlerer Grösse. Nase scharf geschnitten,

dünn, gerade oder gekrümmt. Backenknochen wenig vortretend; Lippen dünn, Mund klein. Zähne schmal, fast
stets sehr gut erhalten. Kinn schmal, spitz; Bart ziemlich
stark. Schädel lang, oval; Haare schwarz, schlicht oder
kraus. Arme und Beine mager, aber mit strammer Muskulatur; Hände und Füsse klein, Hautfarbe meist dunkelbraun. Gesichtsausdruck energisch, intelligent, schlau,
wild.»

Die Tracht des Landbewohners ist sehr einfach: ein
weites blaues oder weisses Hemd (kamis) aus Kattun,
um die Mitte mit einem Gürtel oder auch einem Strick
zusammengehalten, eine Filzmütze (libdeh) oder ein ro-
thes Fes (tarbusch) als Kopfbedeckung, genügen ihm im
Sommer; im Winter trägt er einen groben schafwollenen,
meist weiss und braun oder schwarz gestreiften Mantel
(za'būt) oder auch blos eine schafwollene Decke (hurām)
oder ein grobes Kotzentuch. Gewöhnlich geht er bar-
fuss und trägt nur selten die rothen gespitzten (zerbün)
oder die breiten gelben Schuhe (balghah). Ein dicker
langer Knittel (nabbūt) ist seine einzige Waffe. Nur
der reiche Bauer, der Dorfschulze, Scheich-el-beled, der
Vorbeter in der Dorfmoschee, Imām, tragen den Turban,
entweder weiss oder roth; nur diese sieht man zu Pferde,
sonst legt der Bauer meistens auf kleinen, aber sehr
kräftigen Eseln die weitesten Strecken zurück.

Die Tracht der Weiber besteht in einem indigoge-
färbten, dunkelblauen, weiten Baumwollhemd mit gleichfarbigem Schleier; ihr Schmuck sind silberne oder auch
nur kupferne Armbänder, Ohrringe, dann und wann auch
grosse Nasenringe und Fussbänder, die über dem Knö-
chel getragen werden. Am Kinn, an den Armen und
vorn auf der Brust sind sie häufig blau tätowirt.

Die Fellah wohnen in Dörfern zusammen, die fast
alle am Rand des Nil oder seiner zahlreichen Kanäle

erbaut sind; sie stehen unter Dorfschulzen, Scheich-el-beled, welche der Regierung für die Eintreibung der Steuern und Beibringung der zu öffentlichen Arbeiten erforderlichen Werkleute verantwortlich sind. So sehr sich auch ein solcher Dorftyrann durch Erpressung zahlreicher Geschenke und stets willkommene Annahme von Bestechungen sein Amt zu verbessern sucht, so ist es doch weit entfernt, angenehm oder gefahrlos zu sein. Wenn die Regierung die Steuern abverlangt und er den Betrag nicht ganz abliefert, so wird ihm die Verantwortlichkeit seiner Stellung durch eine ganz erhebliche Bastonnade auf die Fussohlen eingebleut. Dieselbe Strafe bringt er hingegen den Bauern gegenüber mit Bereitwilligkeit zur Anwendung. Besonders bietet sich hierzu bei Eintreibung der Steuern Anlass. Der Geiz, welcher ein Hauptzug im Charakter des Fellah ist, geht so weit, dass er oft erst dann seine Steuern bezahlt, wenn er eine entsprechende Tracht Schläge erhalten hat; wer seine Steuern bezahlt, ohne vorher seine Bastonnade ausgehalten zu haben, würde in vielen Dörfern als feig und ehrlos betrachtet werden. Schon Ammianus Marcellinus erzählt uns, ein Aegypter würde erröthen, wenn er nicht zahlreiche Narben der Schläge auf seinem Körper aufweisen könnte, zum Zeichen, dass er sich der Bezahlung der Steuern möglichst zu entziehen versucht habe.

Bei solchem Sachverhalt ist es nicht zu verwundern, dass Geiz, Verschmitztheit, gemeine List, Betrug und Lüge fast allgemein dem Fellah eigen sind. Mit der Moralität der Bauern steht es nicht besser; ihre Religion ist reine Augendienerei und beschränkt sich auf mechanische Verrichtung der Gebete. Einen schönern Zug bildet ihre Anhänglichkeit an Verwandte, Liebe zum heimatlichen Dorf, Ausdauer bei schweren Arbeiten. Als Soldat ist der Fellah vortrefflich; er trägt Mühsal und

Strapazen mit Leichtigkeit, ist mit schlechter Nahrung zufrieden, tapfer und unerschrocken im Gefecht, wie Mehemed-Ali's Kriege und Siege zur Genüge beweisen. Die Dörfer der Fellah sind gewöhnlich an der Stelle alter Ansiedelungen, auf den Schutthügeln alter Städte in einer Höhe erbaut, die der Nilüberschwemmung nicht erreichbar ist. Von einiger Entfernung kann ein ungewohntes Auge oft kaum menschliche Wohnungen erkennen. Aus Lehm aufgebaute niedere Hütten, die Dächer mit Durra-Stroh bedeckt, bilden einen verworrenen Anbau, der von engen, unregelmässigen Gassen durchzogen wird. Erst Hundegebell und Hahnengeschrei machen oft die Nähe eines Dorfes bemerkbar. Die Wohnung des Fellah besteht häufig nur aus einer einzigen Stube, die manchmal auch zugleich als Stall für Hühner, Ziegen und Schafe dient. Der Rauch muss seinen Ausgang durch die Thür nehmen. Fenster fehlen ganz in diesen Hütten. Das Haus des Scheich-el-beled allein ist schöner gebaut und hat ein zweites Stockwerk. Nur in den grössern Dörfern findet man eine Moschee mit kleinem Minaret, aber auch aus Lehm erbaut. Bei den meisten Dörfern ist ein Wasserplatz, wo Gänse, Enten und Büffel sich gütlich thun und auch halb oder ganz nackte Kinder sich im Schlamm und Unflath wälzen. Millionen von Fliegen halten sich in den Dörfern auf und bedecken oft förmlich die Augenlider der Kinder, welche durch die Unreinlichkeit häufig ein Auge oder beide verlieren. Nirgends sieht man daher mehr Blinde und Einäugige als in Aegypten und besonders in den Dörfern. Selten fehlt bei dem Dorfe eine «Taubenburg» (ich nenne sie so absichtlich mit dem arabischen Wort, womit man die grossen Taubenschläge bezeichnet, welche von den Arabern Burg-el-Hamām genannt werden). Diese kolossalen Taubenschläge, deren oft vier bis fünf in einer Reihe aufgebaut wer-

den, geben den ägyptischen Dörfern einen eigenthümlichen
Anstrich. Es sind cylinderförmig, manchmal auch vier-
eckig gebaute, nach oben sich verjüngende Lehmthürme
in der Höhe von 15—20 Fuss, welche unzählige Tauben
beherbergen, deren Mist zum Düngen für die Sommer-
cultur verwendet wird. Wir werden noch später auf dies
Düngungssystem zu sprechen kommen.

Die Einfalt der Bauern, ihre unbehülfliche Aus-
drucksweise, ihr schwerfälliges Wesen, ihre Unerfahren-
heit in allen Dingen, die nicht mit dem Ackerbau zu-
sammenhängen, sind eine unversiegbare Quelle des Scher-
zes und der Witzeleien für die Städter. Besonders sind
es die arabischen Schöngeister und Literaten Kairos, die
ihre Ungehaltenheit über das ungeschlachte Wesen der
Bauernbevölkerung auf alle Weise ausdrücken. Ein
kairiner Literat, der Scheich Scherabini (wenn es nicht,
wie fast scheint, ein angenommener Name ist), hat ein
besonderes Werk über die Fellah geschrieben, das vor
kurzem im Druck erschien, und das Leben der Bauern,
ihre Gebräuche, Redensarten dann und wann sehr derb,
aber manchmal nicht ohne Geschick persiflirt und ein
bäuerisches Gedicht mit einem witzigen Commentar er-
läutert. Gleich zu Beginn des Werkes führt er die
Verse eines Dichters an:

> Halte nimmer das Landvolk in Ehren,
> Denn nur Reue wird's dir gewähren;
> Schon am Morgen beginnt das Streiten und Zanken;
> Tröpfe sind sie, die dem, der sie schont, mit
> Undank nur danken.

Von den Hochzeitsfesten der Fellah gibt er folgende
humoristische Schilderung:

«Die Hochzeiten, welche die Bauern veranstalten
— möchte man oft für Raubzüge halten — oder für

Gezänk, das die Hunde in den Strassen erhoben. — Den
Bräutigam führen sie herum mit Lärmen und Toben. —
An Geheul und Getöse darf es nicht fehlen, — dass einem die Ohren gellen, — wie wenn Hunde bellen, hört
man es klingen — oder als ob Dichter Loblieder singen.
— Da wird die Handtrommel geschlagen — während die
Leute sich drängen und plagen, — die Burschen fechten
mit Knitteln — die Kinder tanzen in zerrissenen Kit-
teln. — In Ernst verwandelt sich auch oft das Spiel —
und wenn der erste Schlag nur fiel, — so setzt es oft
zwei oder drei Todte ab — und aus der Hochzeit geht
man zum Grab — unter Weinen und Klagen — wird die
Leiche zum Dorf hinausgetragen. — Bald ist aber der
Kummer vergessen — Matten und Decken werden gebracht — und es wird dann niedergesessen — nachdem
man für den Bräutigam einen Ehrensitz zurecht gemacht.
— Endlich schreitet herein die Braut — fett und drall,
wie ein Büffelfüllen gebaut, — mit Tintentupfen und
Klecksen verziert; — vor ihr schreitet ein Sänger, der
die Fiedel rührt. — Ihr folgen die Dirnen mit trillern-
dem Geschrei, — die Buben gehen mit Laternen dabei. —
Salz pflegt man dann auf die Braut zu streuen — um sie
gegen den bösen Blick zu feien. [12]) — Ihr Gesicht ist
deshalb auch schwarz und roth beschmiert; — so wird
sie herausgeführt — dann lässt sie den Schleier fallen —
und zeigt sich allen. — Dies ist die ärgste ihrer Schänd-
lichkeiten — und das Anstössigste ihrer Hochzeiten; —
denn weder der Koran billigt es — noch der Commentar
bewilligt es. — Für die Braut wird nun ein Sitz herbei-
getragen, — dann beginnen sie die Pauken zu schlagen
— und ein Liedchen vorzutragen:

Brautlied.

Oh, Umm Ghāli, Bräutchen fein,
Lasse jetzt das Traurigsein.
Lache, du Eulengesicht,
In der Nacht muss die Eule ja schrein.
Seh' ich dein geflecktes Gesicht,
So fällt die Hyäne mir ein.
Du hast einen Schopf von Haaren,
Wickle den Kopf dir hinein.
Du gleichst so der alten Natter,
Die sich windet am Rain.
Nun, Bräutigam, geh, nimm die Braut,
Bring' sie ins oberste Kämmerlein.
Bereitet dort das Lager, schlaft wohl;
Die Nacht, sie hüllet euch ein.
Du Bräutchen, scherze und kose,
In beiden, so Wonne als Pein.
Du Bräutchen, sei willig und fromm,
Lass fröhlich das Ende des Festes sein.

Plötzlich wird nun der Bräutigam von ihnen um-
ringt — und ein Kerl tritt vor — der in der Hand einen brennenden Fetzen bringt — da schreit der ganze
Chor: — Das Festgeschenk gebührt uns noch — der
Brautvater lebe hoch! — Da kommen nun die Dirnen
und Burschen herbei — der eine gibt einen Groschen,
der andere zwei — der eine einen Pfennig, der andere
mehr — keine Hand bleibt leer. — Darauf umringen sie
mit Bocksgesichtern — den Bräutigam, jeder gibt ihm
einen Schmatz — es verlöschen die Lichter — und sie
räumen den Platz. — Am andern Morgen versammeln sie
sich wieder und es wird eine Art Scheinprocess abgehan-
delt; da wird der eine verurtheilt, Brot und Käse her-
beizuschaffen; der andere muss Taback liefern, und dann
wird unter Spässen und Scherzen der Tag zugebracht.
Diesen Tag nennen sie Jaum-el-Hurūbeh (Tag der Flucht).

Nach drei Tagen wird die Braut herbeigeführt und zum zweiten mal entschleiert. Bei dieser Gelegenheit werden wieder Festgeschenke eingesammelt.»

So schildert Scherabini die Hochzeitsgebräuche der Fellah. Lustige Schwänke, wozu bäuerische Einfalt den Stoff liefert, theilt uns derselbe in Menge mit.

2. Die Bewohner der Städte.

Aus viel verschiedenartigern Bestandtheilen ist die Bevölkerung der Städte zusammengesetzt. In den grössern Städten, wie Kairo, Alexandrien, Rosette, Damiette, Siut, ist entschieden das arabische Element vorherrschend, in den kleinern Städten Unter- und Oberägyptens hingegen unterscheidet sich das Volk nicht wesentlich von den Fellah. Am reinsten hat sich die arabische Rasse vor allem in Kairo erhalten und trägt auch hier die unverkennbaren Abzeichen der semitischen Abstammung. Bekanntlich begreift man unter dem Namen der Semiten alle jene Völker, als deren gemeinschaftlicher Vater Sem, der Sohn Noah's, angenommen wird. Richtiger würde man dieselben mit dem Namen der syro-arabischen Völker bezeichnen, weil sie alle Sprachen reden, die unter dem gemeinsamen Namen der syro-arabischen zusammengefasst werden können. Mitglieder der grossen semitischen Familie sind die Araber, die Hebräer, die Syrer, die alten Chaldäer, Phönizier u. s. w. Die Verwandtschaft dieser Völker wird nicht blos durch äusserliche körperliche Kennzeichen, die dem ganzen Stamm eigen sind, sondern eben so sehr durch die Analogie der Sprachen und ihrer geistigen Entwickelung auf das unzweifelhafteste nachgewiesen. Sowie die semitischen Sprachen sich kaum ferner stehen als die verschiedenen germanischen Dialekte, so nicht minder zeigt der Ideengang und die Cultur dieser Völker eine oft überraschende Uebereinstimmung. Während aber im Alterthume die syrische Familie des semitischen Stammes (worunter ich die Hebräer vorerst, dann die Phönizier und Chaldäer zusammenfasse) berufen zu sein schien, Trägerin des Fortschritts, der Cultur und des höhern geistigen Lebensprincipes der semitischen Menschheit zu sein, so ging dieser Beruf seit dem Beginne des Christenthums auf den arabischen Stamm über, der in dem Islam den höchsten Ausdruck seiner Geistesentwickelung fand und seitdem an der Spitze der semitischen Familie als herrschender Stamm geblieben ist. Die andern Stämme der Semiten gingen entweder gänzlich unter (Phönizier, Syrer u. s. w.) oder fristen nur noch in spärlichen Fragmenten ein kränkelndes Dasein (Juden, Samaritaner, Abyssinier, Himjaren). Die drei Religionen, welche am folgenreichsten in die Schicksale der Menschheit eingegriffen haben, das Judenthum, das Christenthum und der Islam, sind ein Ergebniss des reinen semitischen Geistes.

Die Araber bewohnten, soweit die Geschichte zurückreicht, die nach ihnen benannte Halbinsel zwischen dem Persischen Golf und dem Rothen Meere und dehnten als Nomadenvolk ihre Wanderungen bis in die Euphratländer sowie in die syrischen Ebenen aus. In Syrien wie am Euphrat und Tigris scheinen sie schon im Alterthume einen vorzüglichen Theil der eingeborenen Bevölkerung ausgemacht zu haben; die peträische Halbinsel war schon sicher in den ältesten Zeiten von ihnen besetzt. [13]) Das Christenthum und das Judenthum theilten sich in den Besitz Arabiens; bei verschiedenen Stämmen herrschte Götzendienst. Mit dem Erscheinen Mohammed's trat eine neue Epoche für das arabische Volk ein. Wie die mosaische Religion als grosses Grundprincip die Lehre von einem einzigen Gotte hinstellte, so belebte Mohammed aufs neue diese Idee des Semitismus. Seine neue Religion, die nicht die Ausgeburt philosophischer Grübeleien und Forschungen, sondern die Blüte des dem semitischen Volke unverlöschlich innewohnenden religiösen, monotheistischen Geistes war, verjüngte und vereinigte die bisher in Hunderte von Stämmen zersplitterte arabische Nation. Der arabischen Rasse scheint die Natur das seltene, ja einzige Vorrecht verliehen zu haben, dass sie durch Jahrhunderte zurückgezogen in ihren Wüsten und Gebirgen, abgeschlossen von der übrigen Welt, ein Schlummerleben führt, aber dann, urplötzlich von dem elektrischen Funken einer Idee berührt, in vollster Jugendkraft zur gewaltigsten Thätigkeit wiedererwacht. Während andere Nationen im Lauf der Jahrhunderte verkümmern, Sitte, Sprache, ja selbst den Namen verlieren, bleibt der Araber immer gleich kräftig, regsam, fest an den überlieferten Sitten der Vorfahren hangend, unerschütterlich treu seinem Glauben, seinen Vorurtheilen, seiner Sprache. So erweckte Mohammed's begeistertes Wort die schlummernde Nation; wie ein gewaltiger Strom brach sie in die angrenzenden Länder herein, und in dem kurzen Zeitraum von wenigen Jahren erstreckte sich die Herrschaft der Araber und des Islam über Persien, Mesopotamien, Syrien, Palästina und Aegypten und dehnte sich unaufhaltsam noch weiter aus. Seit jenem Zeitpunkt bildet in Aegypten der Araber die herrschende Nation und ist der Islam Staatsreligion.

Schon früher ist die Einwanderung der Araber nach Aegypten besprochen worden. Aber während sie sich auf dem flachen Lande mit der koptischen Bevölkerung bald vermischten, wohnten sie in den grössern Städten in compacterer Masse und erhielten sich reiner. Die Araber sind ohnehin kein ackerbautreibendes Volk. Die Mehrzahl der arabischen Einwanderer kam entweder als Krieger oder Kaufleute und lebte in den Städten beisammen. Vor allem war Fostät (Alt-Kairo), durch Amr-Ibn-el-'As'i gegründet, der Brennpunkt des arabischen Lebens in Aegypten. So bildete sich in den grössern Städten eine feste arabische Bevölkerung, welche, wenn sie auch durch die klimatischen Einflüsse modificirt ward, dennoch nicht aufhörte, echt arabisch zu sein und die unterscheidenden Merkmale des arabischen Stammes an sich zu tragen. Der reinste und edelste Ausdruck des arabischen Typus findet sich noch immer bei den Beduinen, die in der Abgeschlossenheit ihrer Wüsten, bei vollster Sitteneinfalt, sich vor jeder Entartung zu bewahren gewusst haben. Breite, hohe Stirn, gewölbte Augenbrauen, scharfgeschnittene, kleine, nicht immer gekrümmte Nase, kleiner Mund, kleines, dünnes, zartes Kinn, wohlgeformte Hände und Füsse, ovale, regelmässige Gesichtsform, tiefliegende, lebhafte Augen, leichter Bart, im ganzen mittlere Statur, ein mehr sehniger und muskulöser als starker Körperbau zeichnen den Beduinen aus. Die Hautfarbe desselben ist durch steten Aufenthalt im Freien meistens sehr dunkelbraun. Bei den arabischen Städtebewohnern Aegyptens, namentlich den Bewohnern Kairos, sind nun zwar diese äussern Abzeichen der arabischen Rasse wesentlich abgeschwächt, ja zum Theil fast verwischt worden; dennoch sieht man echt arabische Gesichtszüge und Gestalten nicht selten. Die Hautfarbe der Städter ist viel heller als die der Beduinen, ja oft nur durch einen gelblichen Anflug von der Gesichtsfarbe der Europäer zu unterscheiden. Die Frauen haben häufig eine sehr helle Hautfarbe und ausgezeichnet schöne Gesichtszüge. In allen Städten Aegyptens, wo eine compactere arabische Bevölkerung ansässig ist, gehört dieselbe dem Mittelstande an; der Kleinhandel, die verschiedenen Gewerbe, das Lehramt in den Elementargegenständen, die Cultur der arabischen, theologischen und literarischen Studien liegt fast ausschliesslich in ihren Händen. In den verschiedenen Regierungsdivans finden viele ihre Anstellung; medicinische Studien sind ihnen auch nicht fremd. Bei dem Militär ist die herrschende türkische Rasse in den höhern und Offizierposten, bei der Truppe aber das Fellah-Element bei weitem überwiegend. Die untern Klassen der Bevölkerung der Städte sind mit dem Fellah so ziemlich identisch, gegen den sie jedoch in körperlicher Entwickelung, Ausdauer und Thätigkeit wesentlich zurückstehen. Namentlich hat die grosse Verbreitung des Haschischrauchens, gegen welches Laster die Regierung auch nicht die geringste Prohibitivmassregel ergriffen hat, den verderblichsten Einfluss auf die untern Volksklassen der Städte, die dadurch unbeschreiblich verthiert werden. Die nicht minder allgemein verbreitete Prostitution trägt mächtig zur Entsittlichung des gemeinen Volkes bei. Auf vielen Gesichtern sind die Spuren dieser Ausschweifungen unvertilgbar eingeprägt. Geistlos, verdummt durch Haschischrauchen, macht ein solcher Mensch, deren man in den Strassen Kairos viele sehen kann, einen widerlichen Eindruck. Das Opiumessen gilt für anständiger und ist in den mittlern und höhern Klassen üblich, aber doch nicht sehr stark verbreitet.

Die Kleidung der Städter der mittlern und höhern Klassen besteht aus folgenden Stücken: weiten Unterbeinkleidern aus Wollstoff, die mit einer Schnur, meistens von Seide, um den Leib befestigt werden, darüber ein Hemd aus Wollstoff mit weiten Aermeln, oder im Winter und bei kühlem Wetter eine Jacke ohne Aermel, meist von gestreiftem Seidenzeug (Sudeiri). Hierüber wird der Kaftan, ein langes baumwollenes oder seidenes Gewand mit weiten Aermeln, das bis zu den Knöcheln reicht, angezogen; um die Mitte wird es durch einen Gürtel zusammengehalten, statt dessen oft ein Shawl verwendet wird. Ueber den Kaftan zieht man, wenn man ausgeht, das Obergewand (Gubbeh) an, meistens aus Tuch und von dunklerer Farbe, das vorn offen ist und bis zu den Knöcheln hinabreicht. Die Kopfbedeckung ist eine weisse Schweisshaube (Arakijjeh) und darüber die rothe Mütze Tarbusch, um welche gemeiniglich der Turban gewunden wird.

Die Türken tragen gewöhnlich einen gleichfarbigen Anzug, bestehend in einer vorn offenen Jacke mit unten aufgeschlitzten Aermeln, darunter eine Weste von gleichem Stoff, um die Mitte einen breiten Gürtel aus Seide, Pumphosen, die bis zum Knie reichen, vom Knie hinab enganliegende Kamaschen und rothe Schuhe. Den Tarbusch tragen sie ohne Turban. Dies ist auch die Tracht der meisten Divansbeamten. [14])

Die Türken bilden zwar der Zahl nach das unbedeutendste, aber in Betreff der socialen Stellung das wichtigste Element unter der Bevölkerung der grössern Städte Aegyptens. In grösserer Anzahl ist eine türkische Bevölkerung nur in Kairo und Alexandrien vorhanden. Ungeachtet der jetzige Vicekönig-Statthalter den Türken nicht so hold ist wie seine Vorgänger, so sind sie doch unstreitig immer noch im Besitz des grössten Einflusses auf die Landes- und Regierungsangelegenheiten und scheinen auf die bedeutendsten Aemter sowol im Civil- als Militärdienst ein noch unbestrittenes Anrecht zu besitzen. Die Familie des Vicekönigs selbst ist türkischer Abkunft, und türkisch ist die Hofsprache, deren sich auch der Vicekönig in seinen schriftlichen Erlassen an die Provinzialstatthalter mit Vorliebe bedient.

Seit dem 23. Januar 1517, an welchem Tage der Osmanen-Sultan Selim in der Schlacht von Ridanijjeh bei Kairo den letzten Mamluken-Sultan Tumanbāi schlug, ist Aegypten eine türkische Provinz und sind die Türken die herrschende Nation. Bis Mehemed-Ali die reguläre ägyptische Armee gründete und dazu die eingeborene Bevölkerung herbeizog, standen immer türkische Truppen im Lande und ward der Kriegsdienst blos von Türken versehen. Zahlreiche türkische Einwanderer strömten jährlich aus allen Theilen des Osmanischen Reichs, besonders aber aus dem nahen Candia und aus Albanien, dem Vaterlande der tapfern Arnauten, in das reiche Aegypten, um dort auf Kosten des unterdrückten Fellah ihr Glück zu machen. Wenn man die Zahl der türkischen und tscherkessischen Einwanderer bedenkt, die theils freiwillig, theils als Sklaven (Mamluken) nach Aegypten gekommen sein müssen, so kann man sich des Erstaunens nicht entschlagen, dass ungeachtet dieser fortwährenden und noch immer anhaltenden Einwanderung die türkische Bevölkerung Aegyptens nur so wenig zahlreich ist. Ein Umstand erklärt jedoch diese Erscheinung zur Genüge. Es ist Thatsache, dass die Kinder, welche aus Ehen der Türken mit eingeborenen Frauen entspringen, fast ohne Ausnahme der Nationalität der Mütter folgen; die Söhne der Türken sprechen daher schon Arabisch als Muttersprache, lernen nur dann und wann Türkisch, aber sind und fühlen sich als Aegypter; in der zweiten Generation sind solche Abkömmlinge türkischer Väter von den Eingeborenen schon nicht mehr zu unterscheiden. Dem türkischen Element fehlt somit die Zähigkeit, im Contact mit dem arabischen Volke seine nationale Selbständigkeit zu behaupten. Uebrigens versichert man auch, dass eine ähnliche Erscheinung an den Europäern beobachtet werden kann, deren Kinder in der zweiten und dritten Generation entweder aussterben oder ganz zu Aegyptern werden. Als Ueberrest der alten Zeit, in der die Türken ausschliesslich die Kriegerkaste des Landes

bildeten, ist nichts mehr erhalten als die Polizeimann-
schaft, die unter dem Namen Kawassen den Sicher-
heitsdienst in der Stadt versieht und die noch jetzt ausschliesslich aus Türken besteht. Ebenso sind die Kawassen (wörtlich: Bogenschützen), d. i. Schutzwachen der
europäischen Consuln, immer Türken.

Wir haben nun die drei Hauptklassen, in welche die
städtische Bevölkerung zerfällt, besprochen; es bleibt
noch der eingeborenen christlichen Sekten, der Juden und
der Fremden Erwähnung zu thun. Bevor wir jedoch
hierzu übergehen, dürfte es nicht unpassend sein, einige
Bemerkungen über den ägyptischen Volkscharakter in
Beziehung auf die Städter vorauszusenden.

Die heutigen Aegypter sind ein mohammedanisches
Volk, und es hat ihr Charakter im grossen daher jenen
Einflüssen sich nicht zu entziehen vermocht, welche der
Islam auf alle jene Völker ausübte, die er sich unterwarf,
und deren Einwirkung am besten durch die Uebereinstimmung und durch die Gleichförmiget erkannt wird, welche
zwischen allen mohammedanischen Völkern herrscht,
gleichviel, welchem Stamm sie angehören. In der Ueberzeugung von der Vortrefflichkeit des Islam, von der Pro-
phetengabe Mohammed's, der Ehrwürdigkeit seiner Nachfolger, von der Göttlichkeit des Koran, dessen Verse als
Gotteswort gelten, in dem Glauben an die absolute Einheit Gottes, im Gegensatz zur christlichen Anschauung,
in der Erhabenheit des Mohammedaners über Christen
und Juden — in allen diesen Fragen herrscht zwischen der
mohammedanischen Bevölkerung Aegyptens und den übrigen Moslems die grösste und innigste Uebereinstimmung.
In einem Punkt zeichnet sich aber der Charakter des
Aegypters vortheilhaft aus: er ist gegen Andersgläubige
sehr tolerant. Wir lassen es dahingestellt sein, ob die
Toleranz der jetzigen Aegypter eine Folge der fran-

zösischen Occupation, der erleuchteten Massregeln Mehemed-Ali's oder des immer lebhaftern Handelsver-
kehrs mit den Europäern sei, sicher ist aber Aegypten
jetzt dasjenige Land, wo der Islam sich durch die ver-
söhnlichste Haltung auszeichnet. Nicht dass Fälle von
Fanatismus, vom blindesten, bittersten Hass gegen Andersgläubige nicht vorkämen, aber die grosse Masse des
Volkes in den Städten und auf dem flachen Lande ist
gegen den Europäer nicht geradezu feindselig gestimmt.
Ausserdem hält die Furcht vor Bestrafung viele Ausbrüche von Glaubenseifer zurück. Dieser günstige Stand
der Dinge ist aber erst seit Anfang dieses Jahrhunderts
eingetreten; vor dieser Zeit war der Glaubenseifer der
Aegypter nicht minder lebhaft als in den übrigen Ländern des Orients und äusserte sich bei jeder Gelegenheit
in Gewaltthätigkeiten: Christen- und Judenverfolgungen
waren im Mittelalter in Kairo nichts Seltenes; sowol die
einen wie die andern lebten unter dem furchtbarsten
Druck. Nur einmal kam ein merkwürdiger Fall der
Toleranz vor. Aziz Billah, der fünfte fatimidische Sultan
von Aegypten, ernannte zum Statthalter über Aegypten
einen Christen, Nestorius mit Namen, und über Damascus
setzte er den Juden Nescha. Aber bald gewann die
streng islamitische Partei die Oberhand und stürzte beide
Statthalter, die nun gekreuzigt wurden. [15]) Zur Brechung
dieses mohammedanischen Fanatismus trug sicher die ei-
serne Energie eines Mehemed-Ali und Ibrahim-Pascha
sehr viel bei, und sind die Verdienste dieser beiden Re-
genten nicht mit genug Lob anzuerkennen. [16])

Stolz auf die Religion des Islam und auf den grössten
der Propheten, Mohammed, ist ein Hauptzug im Charakter
des ägyptischen Mohammedaners. Der Koran selbst lehrt
ihn schon jeden Andersgläubigen verachten; denn es
heisst daselbst (Sur. V, v. 56): «O ihr, die ihr den Glau-

ben annehmt, wählet nicht die Christen und Juden zu Freunden; sie sind Freunde untereinander, und wer von euch sich ihnen nähert, der ist sicherlich zu ihnen gehörig, denn Gott leitet nicht die Ungerechten.»

Den Kindern selbst soll schon in den Schulen eine ganze Reihe von Flüchen und Verwünschungen gegen die Ungläubigen gelehrt werden; natürlich ist hier nur von Privatschulen und nicht von Regierungsanstalten die Rede. In der That muss es dem der arabischen Sprache Kundigen auffallen, wie oft, wenn er durch die Strassen von Kairo reitet, noch kleine Knaben und Mädchen ihm Verwünschungen und Schmähungen nachrufen; sie haben hierin einige ganz feststehende Phrasen, die man überall zu hören bekommen kann, wie: «Ja Nas'râni, ja Kasis» (o Christ, o Pfaffe) oder: «Ja Nas'râni kelb awâni» (o Christ, du kläffender Hund). Die Erwachsenen sind vorsichtiger, doch kann man auch hin und wieder einen alten Moslem sehen, der bei dem Anblick eines Europäers sich wegwendet und ein «Allahu akbar» (Gott ist der grösste) oder: «Aschhadu la iläh ill-alläh wa Mohammad Resûl-Alläh» (das mohammedanische Glaubensbekenntniss) in den Bart murmelt. Eigentliche Ausbrüche altmohammedanischer Roheit kommen jetzt nur sehr selten vor und werden meist von der Regierung streng geahndet. Es kann daher der Europäer in Kairo die meisten Moscheen ohne Anstand besuchen, nur bei einigen besonders heilig gehaltenen muss er sich von einem Polizei-Kawassen begleiten lassen.

Sowie Hass gegen die Andersgläubigen ein allgemeiner Zug des Islam ist, so führt er überall, wo er auftritt, ein nicht weniger hässliches Ergebniss herbei: die elendeste Frömmelei und Augendienerei. Es liegt überhaupt die Macht des Islam vor allem in den Aeusserlichkeiten. Die regelmässige Verrichtung der fünf-

maligen täglichen Gebete mit den vorgeschriebenen Ceremonien nach strengem rechtgläubigen Ritus, das ge-
dankenlose, aber dennoch als blosse religiöse Handlung
schon von den Mohammedanern für höchst verdienstlich
und gottselig gehaltene Ablesen des Koran unter der
üblichen Hin- und Herschaukelung des Oberleibes —
darin besteht die Religion eines grossen Theils der Mohammedaner. Dieses Prunken mit frommen Gesinnungen
ohne echte, in guten Werken sich aussprechende Fröm-
migkeit gibt schon dem grossen Religionsgelehrten Ghazali Anlass zu den eindringlichsten Ermahnungen. «Wenn
ein Mann» — spricht er — «mit zwölf indischen Schwer-
tern bewaffnet durch die Wüste reist und selbst noch
andere Waffen mit sich führt, und er auch kühn und
tapfer ist und selbst kriegserfahren, und es überfällt ihn
ein furchtbarer Löwe: glaubst du wol, er würde sich
desselben erwehren können, wenn er die Waffen nicht
anwendet und keinen Gebrauch davon macht? Wol denn,
was soll die Religion nutzen, wenn ihr sie nicht durch
gute Werke in Anwendung bringt?» [17]) Religiöse Redensarten, Betheuerungen bei Gott, bei dem Propheten
werden zum Ueberdruss ins Gespräch eingeflochten. Ci-
tationen aus dem Koran sucht jeder soviel als möglich
bei passender Gelegenheit anzubringen.

Die Verehrung, welche die Mohammedaner für ihren
Propheten hegen, ist wahrhaft abgöttisch. Das Schwören
bei dem Namen desselben in den Ausdrücken: «wan-
nebi» (bei dem Propheten) oder: «wa hajāt-en-nebi»
(bei dem Leben des Propheten) ist gäng und gebe.
Seine Vermittelung und Fürbitte bei Gott wird unab-
lässig von Leuten aus allen Klassen angefleht. Die Pilgerreise zum Grabe des Propheten in Medina und zum
heiligen Hause Gottes in Mekka, wie die Ka'bah genannt wird, ist eine Pflicht, deren Erfüllung das Streben

jedes guten Mohammedaners ist. In Aegypten findet man übrigens in den untern Volksklassen mehr Leute, welche die Pilgerreise vollbracht haben, als in den höhern Kreisen der Gesellschaft, wo religiöser Indifferentismus in den letzten Jahren um sich gegriffen hat und im steten Zunehmen ist. In diesen wird es immermehr Mode, ganz nach europäischem Zuschnitt zu leben; die Kinder erhalten europäische Erzieher und Gouvernanten und bekommen nur nebenbei einen dürftigen Unterricht in religiösen Dingen; ja in mehreren der ersten Familien werden die Kinder fast ganz europäisch gekleidet. Die abgöttische Verehrung des Propheten, die bei den Moslems von jeher bestand, von der man schon Beispiele bei den Gefährten und Jüngern Mohammed's finden kann, artete übrigens wirklich oft ins Absurde aus. So wollte der Imam Ahmed Ibn Hambal, der Stifter der einen der vier orthodoxen Sekten des Islam, der Hambeliten, keine Wassermelone essen, weil, obwol ihm bekannt war, dass der Prophet sie ass, er dennoch nicht hatte in Erfahrung bringen können, ob er sie mit oder ohne Schale gegessen, ob er sie zerbrochen, geschnitten oder gebissen. Er verbot einem Weibe, das ihn darum befragte, ob es nicht unerlaubt wäre, nachts in der Strasse beim Licht der Vorübergehenden zu spinnen, diese Beschäftigung, weil der Prophet sich nicht darüber ausgesprochen habe, ob dies erlaubt wäre oder nicht, und es nicht bekannt sei, dass derselbe sich des Lichtes einer andern Person ohne deren Erlaubniss bedient habe. Gegen die mit dem Namen des Propheten getriebene Abgötterei erhob sich übrigens aus dem Schose des Islam selbst eine gewaltige Bewegung, und die Wahhabiten, die Puritaner des Islam, stellten sich als Reformatoren der entarteten Religion hin. Der bedeutendste Unterschied ihrer Gebete und ihrer religiösen Formeln von denen der übrigen Mohammedaner war der, dass sie die Worte: «Gott segne den Propheten!» wegliessen, welcher Zusatz zum ·Gebet aus dem 8. Jahrhundert der Flucht stammen soll. [18]) Ihre politische Macht ward zwar im Jahre 1818 durch Ibrahim-Pascha vernichtet, aber die Ueberreste der Wahhabi leben noch fort im Hochlande Arabiens, um vielleicht einst nicht minder furchtbar abermals hervorzubrechen.

Auch in der Verehrung der Heiligen bleiben die Aegypter hinter andern mohammedanischen Völkern nicht zurück, sondern feiern sogar deren besondere Festtage mit einem Pomp und einem Zulauf von Menschen, der in andern mohammedanischen Ländern nicht vorkommt. Man möchte fast glauben, es beruhe diese Art von Heiligenfesten, die sich eben nur in Aegypten vorfindet, noch auf Bräuchen, die aus der Zeit des alten Heidenthums stammen, wo die Aegypter bekanntlich ihre Götterfeste, Panegyrien, mit einem Aufwand von Pracht feierten, welcher sie zu wahren Volksfesten stempelte und nur in den Götterfesten der Hindu ein Seitenstück findet. Das Fest der Diana (Pacht) in Bubastis, der Isis in Busiris, der Minerva (Neith) in Sais, der Sonne in Heliopolis, der Latona in Buto, des Mars in Papremis, das Lampenfest, das Fest des Toth am 19. Tage des ersten Monats, das Fest zu Ehren der Tochter des Mycerinus, das in Sais gefeiert wurde, und unzählige andere Festlichkeiten zeigen, dass die alten Aegypter für solche feierliche Aufzüge und Schaugepränge besondere Vorliebe hatten. Ihre modernen Nachkömmlinge sind hierin nicht zurückgeblieben und scheinen unter mohammedanischer Uebertünchung der Sitte ihrer heidnischen Ahnen nicht ungetreu geworden zu sein. Fast jeder Heilige hat ein jährliches Geburtsfest, das mit dem Namen Mauled (Moled) bezeichnet wird. Bei solchen Gelegenheiten wird das Grab mit

Lampen verziert, es werden Koranleser gemiethet, viele fromme Besucher stellen sich ein, sogenannte Zikr werden abgehalten, und Massen von Volk versammeln sich oft bis tief in die Nacht hinein, die mit Rauchen und Kaffeetrinken sich unterhalten. [19]) Die bedeutendsten dieser Feste sind nach dem des Hassan und Hussein, der Enkel des Propheten, die Hasanein genannt werden, und dem der Sitti Zeineb, der Enkelin Mohammed's, das Fest des heiligen Sejjid Ahmed-el-Bedawi in Tanta, zu dessen Ehre drei Moled jährlich gefeiert werden, von denen jedes acht Tage dauert. Eine Woche später als diese fallen die drei Moled des heiligen Ibrahim ed-Deisuki. Die Moled dieser beiden Heiligen sind zugleich die Zeitpunkte für die grossen Handelsmessen von Tanta. Andere Feste, wie die zu Anfang des Ramadan, das Fest der Rückkehr der Pilgerkaravane, das Geburtsfest des Propheten, Moled en-Nebi, das Fest der Himmelfahrt des Propheten (Leilet-el-Mi'rag), das Moled des Imam Schafi'i u. s. w., werden unter grosser Theilnahme des Volkes abgehalten und als wahre Feiertage betrachtet. Bei dieser Gelegenheit zeigt sich auch der im ganzen sehr heitere und zu frohem Lebensgenusse gestimmte Charakter des ägyptischen Volkes.

Auf die Fürbitte der Heiligen setzt der moderne Aegypter sicher ebenso viel Vertrauen als sein heidnischer Urahn auf die gnädige Einwirkung des Osiris, der Isis und anderer Gottheiten. Heiligengräber in Form eines kleinen, mit einer Kuppel überdachten viereckigen Gebäudes trifft man allenthalben in den Städten und auf dem flachen Lande. In Kairo ist in der Strasse Bein es-Surein eine Moschee, die nach einem Heiligen Scha'rāwi benannt wird; in die Fugen zwischen den Steinen der Mauer sind unzählige Nägel mit kleinen Fetzen eingetrieben. Das Einschlagen eines Nagels mit einem Stückchen Zeug soll die gnädige Einwirkung des Heiligen in Krankheit und andern Leiden herbeiführen. [20]) Ja selbst in der Wüste findet man hier und da einen alten Baumstamm oder eine zwischen Haufen von Steinen befestigte Stange, die mit zahllosen alten Fetzen verziert ist. Jeder Pilger pflegt ein Stück hinzuzufügen. Auch in andern mohammedanischen Ländern kommt dieser Brauch vor. [21]) Vielleicht ist dies einer der mannichfachen Ueberreste altheidnischer Gebräuche, denen der Islam nur einen andern Namen gab.

Der Aegypter bezeugt für den Koran die grösste Verehrung, er betrachtet ihn als Gottes leibhaftiges Wort, und das Buch selbst als solches ist ihm heilig. Es ist daher der Koran auch bisher in Kairo noch nicht im Druck erschienen, weil es unwürdig wäre, Gottes Wort unter die Presse zu bringen. Der Glaube an die Vorherbestimmung ist allgemein verbreitet und verleiht in Unglück und Bedrängniss dem Moslem viele Fassung; dennoch ist sehr häufig diese Gemüthsruhe nur eine äusserliche und geht plötzlich in die rathloseste Verzweiflung über. Solch augenblickliches Umspringen von einem Extrem in das andere ist ein bemerkenswerther Charakterzug der Aegypter. Aus einer mit anscheinender Ruhe geführten Unterredung bricht er plötzlich den heftigsten Streit vom Zaune; mit den leidenschaftlichsten Geberden droht er seinem Gegner zu Leibe zu gehen, aber siehe da, ebenso schnell ist der Zorn verraucht und Friede wird gemacht. In Bezeugung des Kummers und der Trauer sowie des Zorns sind die Weiber von einer furchtbaren Leidenschaftlichkeit. In Schimpfwörtern sind beide Geschlechter unerschöpflich und misbrauchen hierin den Reichthum der arabischen Sprache. Ehre im europäischen Sinn des Worts ist ein unbekannter Begriff. Einen Vortheil vor dem Europäer gewährt dem Aegypter

die Lehre von der Vorherbestimmung; er geniesst die
Gegenwart, wenn sie geniessbar ist, und lässt sich nicht
durch die Zukunft beunruhigen, die doch schon vor-
ausbestimmt ist. Daher erklärt sich auch die voll-
kommene Gleichgültigkeit, mit welcher der Moslem in
Städten verweilt, wo eine Epidemie wüthet, wie früher
in Kairo während der Pest; er geht ohne Sorgen und
Befürchtungen ruhig, wie immer, seinen Geschäften nach
und lässt dem Schicksal seinen Lauf.

Mildthätiger Sinn gegen Arme und Bettler ist ein
ziemlich allgemein verbreiteter schöner Zug, der übrigens
schon durch den Koran aufs nachdrücklichste eingeschärft
wird. Hingegen ist die Unbarmherzigkeit, mit welcher
die Thiere behandelt werden, wirklich empörend. Pferde
und Esel, die unter zu schwerer Last zusammenbrechen,
werden geschlagen und gestossen, bis sie sich wiederauf-
raffen. Lastthiere, deren Rücken oft durch die schreck-
lichsten Wunden entstellt ist, werden auf das rohe
Fleisch hin, ohne Rücksicht, beladen, bis sie verenden.
Die Katze, ein Thier, das schon Mohammed sehr liebte
und das daher jeder fromme Mohammedaner schätzt,
wird sehr gut behandelt, ja es gibt in Kairo bei einer
Moschee sogar Stiftungen zum Unterhalt der Katzen
und ein sogenanntes Katzenspital. Mit den Strassenhunden theilt mancher Moslem sein Brot, und in gewissen
Stadttheilen bekommen dieselben von frommen Leuten
regelmässig Nahrung. Die Strassenhunde Kairos sind aber
eine ganz eigene Rasse; sie wohnen in streng geschiede-
nen Districten, und wenn ein Hund aus einem Stadttheil
sich in den andern verlauft, so wird er, auf das furcht-
barste zerzaust, schnell wieder in seine Grenzen zurück-
gewiesen. Oft auch werden Hunde selbst in den Häusern geduldet. Einen sonderbaren Fall von Anhänglichkeit an einen Hund erzählt Lane. [22]) Ein Weib, das

weder Mann noch Geschwister noch Verwandte hatte,
wählte sich einen Hund zum Gefährten. Plötzlich starb
derselbe; da beschloss sie in ihrem Gram, ihn wie einen
guten Moslem begraben zu lassen. Sie wusch den Leich-
nam nach der Vorschrift, hüllte ihn in ein schönes Lei-
chentuch, liess eine Bahre bringen, legte ihn darauf, dann
bestellte sie Klageweiber, Koranleser und Schulknaben,
um zu singen und den Koran der Bahre voranzutragen.
Endlich setzte sich der Zug in schönster Ordnung in Bewegung, aber schon nach wenigen Schritten entstand
eine Stockung, denn eine der Bewohnerinnen der Nach-
barhäuser frug die Leidtragende, wer denn in ihrem
Hause gestorben sei. Als sie angab, es sei ihr armes
Kind, entgegnete die andere, dies sei eine Lüge; denn
auf der Bahre liege nichts als ihr todter Hund. Nun
entstand ein furchtbarer Pöbelauflauf, und wenn nicht
die Polizei eingeschritten wäre, so würde das Weib in
Stücke zerrissen worden sein.

Freundliches und anscheinend herzliches Benehmen
der Leute gegeneinander ist oft bemerkbar; Verwandte
oder Bekannte, die sich in den Strassen begegnen, be-
grüssen sich mit einer Innigkeit, die doch nicht immer
gerade nur Formsache sein kann. Ein heiterer, an Ver-
gnügungen mit vollster Seele theilnehmender Charakter
ist sehr häufig; das schallende Gelächter, mit dem die
Spässe des Erzählers im Kaffeehause begleitet werden,
oder das ein guter Witz und besonders ein gelungenes
Wortspiel hervorruft, kommt so recht von Herzen. Gastfreundschaft ist eine altarabische Tugend, die eben nur
bei einem reinen Beduinenvolk sich vollständig entfalten
und auch erhalten kann. In Aegypten gedeiht sie nur
spärlich und beschränkt sich in der Regel auf die Tasse
Kaffee. Jedenfalls wird sie mehr unter den Araberstäm-
men des Nilthals geübt als bei den Städtern, wo Gast-

freundschaft nur bei einigen grossen Herren zu finden
ist, welche Ankömmlinge und Fremde durch ein paar
Tage verköstigen. Hingegen erzählt man sich, dass der
Scheich Someid-el-Gibāli vom Stamm der Harabi-Araber,
die in Fajum um Nezlet Schokēteh herum wohnen, oft
bis hundert Personen bei sich gespeist habe. Der schmu-
zigste Geiz und unersättliche Habsucht sind Eigenschaften, die häufig den Charakter des Aegypters entstellen.
Undank wird ihm vorgeworfen, aber dennoch sind Beispiele von grosser Anhänglichkeit infolge erhaltener
Wohlthaten nicht so ganz selten. Von den alten Aegyptern erzählt uns Diodor, dass sie unter allen Völkern die
grösste Dankbarkeit für eine ihnen erwiesene Wohlthat
gehabt und es für die angenehmste Pflicht gehalten
hätten, dieselbe entsprechend zu erwidern. Der Islam
scheint also in dieser Richtung nicht günstig eingewirkt
zu haben.

Körperliche Reinlichkeit wird durch den Koran eingeschärft, aber nicht immer eingehalten; der Schmuz
eines ägyptischen Haushalts, selbst der besten Stände,
ist kaum zu schildern. Das Leben in Kost und Getränk
ist sehr frugal, geistige Getränke werden äusserst selten
und wenig genossen, nur Bier scheint bei den Arabern
der untern Klassen Anklang zu finden. Branntwein geniesst der Türke und der eingeborene Christ im Uebermass. — Was die Beziehungen der beiden Geschlechter
anbelangt, so ist der Aegypter zügellos, roh-sinnlich und
wird hierin von der grossen Leichtfertigkeit des schönen
Geschlechts unterstützt. [23]) In wenigen Städten mögen
so viele Liebesintriguen stattfinden wie in Kairo; aber
nirgends kann auch die Entsittlichung grösser genannt
werden und nirgends kommen tragische Endresultate
häufiger vor. Man erzählt sich noch jetzt in Kairo viel
von einer hohen Dame, die junge Männer in ihr Harem

zu locken pflegte, aber keiner derjenigen, die hinèingingen, kam wieder zurück. Ein junger Grieche soll der Einzige gewesen sein, der auf fast wunderbare Weise sein Leben rettete. Früher trug oft der Nil in Säcke genähte Weiberleichen ans Ufer, als stumme Zeugen eines blutigen häuslichen Dramas. Ungeachtet der durch die Polygamie und die Leichtigkeit der Scheidung gebotenen Gelegenheit zu häufigem Wechsel kommen doch verhältnissmässig recht viele anhaltende und dauerhafte Ehen vor, und es ist in den mittlern und untern Klassen schon aus ökonomischen Gründen seltener, als man glaubt, dass ein Mann mehr als eine Frau hat. Doch werden häufig in den Häusern der Reichen Kinder mit Sklavinnen gezeugt.

Die grosse Anhänglichkeit der Aegypter für ihr Heimatland ist bekannt. Mädchen stellen oft vor der Heirath die Bedingung, dass sich ihr Gatte verpflichte, sie nicht in die Fremde zu führen. Indolenz und Bequemlichkeit zeichnen den Aegypter ebenso sehr aus wie Hartnäckigkeit, Eigensinn und Streitsucht. Neid und Lügenhaftigkeit sind sehr allgemein. Die Leichtigkeit, mit welcher der Mohammedaner falsche Eide schwört, ist nur zu bekannt. Beweise von Rechtlichkeit kommen nicht selten vor. Erst vor kurzem ereignete sich folgender Fall. Ein kairiner Kaufmann, der mit einem Europäer in beständigem Geschäftsverkehr stand, pflegte gewöhnlich Waaren von demselben zu nehmen und ohne weitere schriftliche Empfangsbestätigung an den mündlich zwischen beiden festgesetzten Verfalltagen zu bezahlen. Bedeutende Summen schuldete auf diese Art der Kaufmann auf sein Wort allein dem Europäer. Unversehens erkrankte er, als er abends von seiner Bude in sein Haus zurückgekehrt war, und nach wenigen Stunden schon fühlte er sein Ende herrannahen. Da rief er sei-

nen einzigen Sohn herbei, theilte ihm seine letztwilligen
Verfügungen mit und trug ihm vor allem inständigst
auf, die Summe, welche er dem Europäer schulde, sogleich
auszuzahlen. Gross war die Ueberraschung des Europäers, als am andern Morgen der Sohn bei ihm erschien
und ihn benachrichtigte, sein Vater sei plötzlich gestorben, habe ihn aber im letzten Augenblick beauftragt,
seine Schuld zu tilgen. Er eilte nun selbst zum Kadi,
legte Zeugniss ab, dass sein Vater dem Europäer die
Summe schulde, und ohne Verzögerung wurde aus dem
Nachlasse die Schuld bezahlt. Solcher Kaufleute, auf
deren blosses Wort hin man Geschäfte macht, gibt es
mehrere in Kairo. Hingegen wird ein falscher Schwur
oder falsche Zeugenschaft nur selten als etwas Verbre-
cherisches angesehen. Einem meiner Bekannten, der
erster Commis eines grossen englischen Hauses war, das
wir Smith & Johnson nennen wollen, begegnete Folgendes.
Der Chef des Hauses ging nach England und überliess
ihm die Leitung desselben. Da ereignete es sich, dass
ein Araber, der dem Hause bedeutende Summen schuldete, plötzlich starb und ohne Verzug die Forderungen
gegen den Nachlass bei dem Mehkemeh, d. h. dem mohammedanischen Gericht, gemeldet werden mussten. Hier
aber ward die englische Vollmacht, die der Chef des
Hauses vor der Abreise zurückgelassen hatte, nicht an-
erkannt; eine andere konnte nicht ausgestellt werden
wegen der Abwesenheit desselben, auch erlaubte es die
Kürze des Termins nicht, nach England zu schreiben.
Unterdessen lief man Gefahr, die ganze ausstehende Summe einzubüssen. In dieser Noth wandte man sich an
einen einheimischen arabischen Advocaten um Rath.
Dieser erklärte, nichts sei leichter, als die Angelegen-
heit zu beenden; er sendete zwei seiner Leute auf das
Mehkemeh, welche eidlich bestätigten, dass Hr. N. N.

nicht blos Procuraführer des Hauses Smith & Johnson, sondern sogár auch der Sohn von Smith & Johnson sei.

Nicht zu vergessen ist die Neigung der Aegypter zur
Satire. Beissende Witze, treffende Bemerkungen kommen oft vor; überhaupt wissen sie nach der äussern Erscheinung sogleich jedem Fremden einen passenden Spitz-
namen zu geben. Einen Herrn, der eine Schmarre auf
der Wange hatte, nannten die Eseltreiber Kairos alsbald
Abu Seif (d. i. Vater des Säbels). Vor einiger Zeit, als
die Truppen längere Zeit hindurch nicht ausbezahlt worden waren und einzelne Offiziere sich von ihren Weibern
schieden, da ihnen die Mittel zu deren Unterhalt fehlten,
machte folgendes Spottlied in Kairo die Runde:

> Asākir-el-Misrijjeh
> Widānhum marchanijjeh,
> Min killet-es-sarrafijjeh
> Tallaku en-niswan.
>
> (Die ägyptischen Truppen,
> Ihre Ohren lassen sie hängen.
> Wegen Mangel an Ausbezahlung
> Schieden sie sich von ihren Weibern.)

Einen nicht unwichtigen Theil der städtischen Bevölkerung bilden die Christen, Juden und Fremden.

Die eingeborenen Christen zerfallen in folgende Sekten: Kopten (katholische und nicht katholische), Griechen
(katholische und nicht katholische), Armenier (katholische
und nicht katholische), Surianer und Maroniten, beide
katholisch.

Mit Ausnahme der Kopten, die im ganzen Lande
verbreitet und in einigen Theilen in bedeutender Anzahl
sesshaft sind, wie im Fajum und in verschiedenen Orten
Oberägyptens, sind die übrigen der angeführten Sekten
meistens nur in den grössern Städten, wie Alexandrien

und Kairo, in erheblicher Anzahl anzutreffen. Die Kopten allein sind von alters her im Lande ansässig und eingeboren; alle andern Christen haben sich erst später angesiedelt und finden sich nur in geringer Anzahl vor. Die Griechen beider Bekenntnisse stammen meistens aus den europäischen Provinzen der Türkei, die Surianer und Maroniten aber sind aus Syrien eingewandert; sie befassen sich fast durchgehends mit Handelsgeschäften. Die Armenier sind theils Kaufleute, theils stehen sie im Dienst der Regierung, wo sie sich, wie in Konstantinopel, durch Schlauheit und Gewandtheit grosse Geltung und auch gutes Einkommen zu verschaffen wissen; durch Intelligenz zeichnen sie sich bedeutend vor den übrigen levantinischen Christen aus.

Die Kopten, sowol die katholischen als die nicht katholischen, welche man gewöhnlich mit dem Namen der Melekiten und Jakobiten zu bezeichnen pflegt, sind die einzigen unvermischten Reste der alten Bevölkerung des Landes, welche trotz der 1200 Jahre langen mohammedanischen Schreckensherrschaft treu bei dem Glauben ihrer Väter ausgeharrt haben.

Das Schisma, welches die kleine Heerde christlicher Kopten in zwei Parteien theilt, die sich, wie zur Zeit der Eroberung durch die Araber, so noch jetzt feindlich und erbittert gegenüberstehen, stammt aus jener unglückseligen Zeit des byzantinischen Reichs, wo kirchliche Dogmen als Staatsangelegenheiten betrachtet wurden, wo wegen einer subtilen Meinungsverschiedenheit über die Incarnation Jesu Christi Tausende und Hunderttausende von Menschen hingeschlachtet wurden. Meinungen und Gedanken, die dem System der herrschenden Geistlichkeit entgegen waren, wurden als Verbrechen verfolgt und ganze Sekten, welche einer abweichenden Lehre huldigten, völlig ausgerottet. Die zahllosen Scharen von Mönchen

und Einsiedlern, von denen damals der Orient, besonders
aber Aegypten, wimmelte, waren bereit, bei jeder religiösen Streitfrage mit den Waffen in der Hand für den
einen oder den andern Theil Partei zu nehmen. Alexandrien, zu jener Zeit noch die drittgrösste Stadt der
römischen Welt, ward zu wiederholten Malen von dieser
geistlichen Soldateska mit Feuer und Schwert verwüstet.
Der bei weitem folgenreichste Streit entspann sich aber
um das Jahr 430 n. Ch., als Nestorius, der Patriarch von
Konstantinopel, die Lehre von der Verschiedenheit der
göttlichen und menschlichen Natur Christi predigte, und
gegen ihn Cyrillus, der Patriarch von Alexandrien, mit
der Behauptung auftrat, dass man sich beide Naturen
Christi nicht getrennt denken dürfe. Die morgenländische Kirche zerfiel darüber in zwei Parteien, die mit
dem Namen Nestorianer und Monophysiten (d. i. an die
Einheit Christi Glaubende) bezeichnet wurden. Mehr und
mehr verbreitete sich in Aegypten die Lehre der Monophysiten und ward endlich so allgemein, dass, ungeachtet
der Hof von Byzanz zwischen den beiden Parteien vermitteln wollte, dennoch bald die ganze Masse der ägyptischen Geistlichkeit und des Volkes fanatische Monophysiten waren. Nur die in Aegypten angesiedelten und
grösstentheils in Regierungsdiensten stehenden Römer
und Griechen, sowie die meisten kaiserlichen Truppen,
welche zum Verdruss der Eingeborenen immer aus andern Provinzen des Reichs geschickt wurden, bekannten
sich nicht zu der monophysitischen Lehre und erhielten
als Anhänger des Hofes und der Regierung den Namen Melekiten (d. i. Royalisten). Ihre Zahl überstieg
sicher nicht 300000 Köpfe. Aber sie waren im Besitz
der Gewalt und misbrauchten sie zur Unterdrückung
der Kopten. Das Concilium von Chalcedon, welches
die religiösen Spaltungen beendigen sollte, die das

Reich bald als wehrlose Beute den von allen Seiten hereinstürmenden Barbaren preisgaben, erkannte zwar in der grossen Mehrzahl der anwesenden Bischöfe die einfache Einheit an, machte aber den zweideutigen Zusatz, dass Christus als Mensch von oder aus zwei Naturen gebildet war, was sich entweder so verstehen liess, dass sie vorher bestanden, oder erst später sich vereinigten. Die römischen Theologen aber erklärten sich für die Fassung, welche den fanatischen Aegyptern am meisten widerstreben musste: dass Christus in zwei Naturen bestände. Nach heftigen Controversen entschied der Wille des Kaisers und der Einfluss seiner Legaten, und ein Ausschuss von 18 Bischöfen bereitete einen neuen Erlass vor, welcher der widerstrebenden Versammlung aufgenöthigt wurde. Im Namen des Conciliums ward der christlichen Welt angekündigt, dass Christus in einer Person zwei Naturen umfasse. Fünfhundert Bischöfe erklärten, dass die Entscheidungen des Conciliums von Chalcedon mit Waffen, ja selbst mit Blut durchzuführen, gesetzlich und gottgefällig sei. Der Theil der christlichen Bevölkerung des Byzantinerreichs, welcher mit der Anerkennung der Beschlüsse von Chalcedon sich als katholisch bekannte, gerieth nun in Zwiespalt sowol mit den Nestorianern als mit den Monophysiten; erstere waren aber weniger mächtig und erbittert. Hingegen verwüstete der blinde Glaubenseifer der letztern ganze Länder. Jerusalem ward von einem Heer monophysitischer Mönche besetzt; im Namen der einen verkörperten Natur Christi plünderten, sengten und mordeten sie, und das Grab Christi ward mit Blut besudelt. In Aegypten überstiegen die Greuel des Dogmenstreits alle Schilderung. Proterius, der katholische Patriarch von Alexandrien, musste zu seinem Schutz vor dem erbitterten Volke eine Leibgarde von 2000 Mann unterhalten. Dessenungeachtet, auf die erste Nachricht vom Tode des Kaisers Marcion, am dritten Tage vor Ostern, belagerte ihn das wüthende Volk in der Kathedrale und ermordete ihn in der Sakristei. Unter diesen metaphysischen und dogmatischen Streitigkeiten büssten Tausende ihr Leben ein. (451—482 n. Chr.). Kaiser Zeno's Erlass, der unter dem Namen Henotikon bekannt ist (482), sollte eine Vermittelung zwischen den Parteien herbeiführen. Den Aegyptern schien der vorgeschlagene Weg annehmbar. Ohne sich für die einfache oder doppelte Natur Christi auszusprechen, bestätigt das Henotikon die Glaubensbekenntnisse der Concilien von Nicäa, Konstantinopel und Ephesus, und anstatt die Beschlüsse von Chalcedon anzuerkennen, werden alle den drei ersten Concilien widersprechenden Lehren getadelt, selbst wenn sie vom Concilium von Chalcedon ausgingen. Für eine kurze Zeit schien zwar das Band, welches die ganze christliche Gemeinde umfassen sollte, wieder zusammengeknüpft, aber bald entbrannte der Streit aufs heftigste aus Anlass des Trisagions und endete mit der Wiederherstellung des Glaubensbekenntnisses von Chalcedon (514).

Kaiser Justinian bestätigte die Bestimmungen dieses Conciliums durch das Reichsgesetz; doch die Kaiserin Theodora war Beschützerin der Monophysiten. Die Lehre des Monothelismus (d. i. dass Christus, ob seine Natur nun eine einfache oder doppelte sei, nur einen Willen habe) sollte endlich die verschiedenen Parteien vereinigen; aber auch dieser Versuch ging unter dem Sturm der Zeitverhältnisse unter.

Durch solche Streitigkeiten über religiöse Fragen, worin Kaiser, Kirche, Volk und Heer Partei nahmen, entwickelte sich zwischen den verschiedenen Sekten ein unauslöschlicher Hass, der bis in die Gegenwart unter den christlichen Sekten der Levante fortbesteht. Makrizi

sagt in seiner Geschichte der Kopten: «Als die Moslems
nach Aegypten kamen, war es gänzlich mit Christen erfüllt, die sich in zwei nach Abkunft und Religionsglauben
getrennte Theile schieden. Der eine, die Regierenden,
bestand aus lauter Griechen von den Soldaten des Be-
herrschers von Konstantinopel, Kaisers von Griechenland,
deren Ansicht und Glauben der der Melekiten war
und deren Anzahl sich auf mehr als 300000 belief; der
andere Theil, die ganze Masse des Volkes von Aegypten, Kopten genannt, war ein vermischtes Geschlecht,
sodass man nicht mehr unterscheiden konnte, ob jemand
von ihnen von koptischer, habessinischer, nubischer oder
israelitischer Abkunft war. Diese waren aber sämmtlich
Jakobiten und von ihnen waren einige Regierungssecre-
täre, andere Kauf- und Handelsleute, andere Bischöfe
und Presbyter und dergleichen, andere Landwirthe und
Ackersleute, andere Bediente und Knechte. Zwischen diesen und den Melekiten der Regierungspartei herrschte
eine solche Feindschaft, dass dadurch Verheirathungen
untereinander verhindert und selbst wechselseitige Er-
mordungen veranlasst wurden.» [24])

In Syrien fanden die Monophysiten in Jakob
Baradaeus (syrisch Baradai, 578) einen begeisterten
Apostel ihres Glaubens. Als Bischof von Edessa ermu-
thigte, vereinigte und kräftigte er die dem Untergang
nahe Gemeinde der syrischen Kirche, hielt sie aufrecht
im monophysitischen Glauben und ward auf diese Art
Gründer einer christlichen Sekte, die nach ihm Jakobiten
genannt wird. Nicht geringere Verfolgungen hatte die
monophysitische Bevölkerung Aegyptens zu erdulden, bis
zuletzt unter dem gemeinschaftlichen Namen der Jakobiten die beiden monophysitischen Kirchen Syriens und
Aegyptens sich vereinigten. Aber während in Syrien diese
Lehre nur eine kleine Fraction umfasste, verbreitete sie

sich in Aegypten über das ganze koptische Volk und brachte zugleich eine mächtige Bewegung im nationalen Sinne gegen die herrschenden Griechen hervor; mit der Form der Ketzerei ward den Aegyptern auch die Sprache und die Sitte der Griechen verhasst; jeder Melekite war in ihren Augen ein Fremder, jeder Jakobite ein Landsmann. Dem Kaiser kündigten sie geradezu jeden Gehorsam auf und seine Befehle konnten in einiger Entfernung von Alexandrien nur unter Einschreiten der bewaffneten Macht ausgeführt werden. Während der Perserkönig Chosroës Aegypten verwüstete, konnten die Jakobiten etwas freier athmen; die Siege des Kaisers Heraklius setzten sie neuen Bedrückungen aus, und der Patriarch Benjamin entfloh aus Alexandrien in die Wüste (625). Eine Stimme vom Himmel soll ihn da ermahnt haben auszuharren, denn binnen zehn Jahren werde ein fremdes Volk den Unterdrückten zu Hülfe kommen. Der Einbruch der Araber in Aegypten erfüllte diese Wahrsagung.

Die Jakobitischen Patriarchen der Kopten wussten, während sie selbst Sklaven der Araber waren, ihre geistliche Suprematie in Abyssinien und Nubien zu erhalten. Der Patriarch von Alexandrien ernennt noch jetzt die Bischöfe Abyssiniens.

Im Libanon fand der Monothelismus eine sichere Freistätte; hier sammelten sich alle die Flüchtlinge, welche die griechische Orthodoxie verbannte. Von ihrem eifrigen Lehrer Johannes Maron im Anfang des 7. Jahrhunderts erhielten sie den Namen Maroniten. Erst im 12. Jahrhundert gaben die Maroniten den Monothelismus auf und wurden mit Rom wiedervereinigt.

Die akatholischen Armenier trennten sich als selbständige christliche Sekte, die unter dem Patriarchen von Etschmiadzin steht; sie huldigen der Lehre der Mono-

physiten und sind specielle Anhänger des Eutyches, der
das. Dogma aufstellte, dass Christus als Mensch aus einem göttlichen und unverderblichen Stoff bestanden habe.
Unter den furchtbarsten Schicksalen der Bedrückung, ja
unter grausamster Verfolgung von den Mohammedanern
bewahrten sie ihrem Glauben eine unerschütterliche Anhänglichkeit.

Die orientalisch-griechische Kirche trennte sich, wie
bekannt, erst unter dem Patriarchen Photius für immer
vom römischen Stuhl (863).

Die christlichen Kopten machen jetzt kaum den
zwanzigsten Theil der Bevölkerung Aegyptens aus, d. i.
bei 150000 Seelen, wovon bei 10000 in Kairo leben.
In einigen Theilen Oberägyptens sind ganze Dörfer nur
von Kopten bewohnt, und in der Provinz Fajum trifft
man sie in grosser Menge. Ihrem Aussehen nach zeigen
sie eine auf den ersten Blick ins Auge springende Aehn-
lichkeit mit dem altägyptischen Volksstamm, wie derselbe auf den Denkmälern dargestellt wird. [25]) Man
wird es auch nach dem über die heutige Bevölkerung
Aegyptens und ihre Entstehung bereits Gesagten nicht
überraschend finden, dass die christlichen Kopten in ihren Gesichtszügen und äusserm Ansehen sich nicht wesentlich von der mohammedanischen Landbevölkerung
Aegyptens unterscheiden. Die Hautfarbe des Kopten
zeigt Abstufungen vom blassen Gelb bis zum dunkelsten
Braun. Die Augen sind gross, länglich geschnitten und
immer schwarz. Die Nase ist meist gerade und wird
nur an der Spitze rund und breit, die Lippen sind dick,
das Haar ist schwarz und leicht gekräuselt. Die Kopten
sind meistens mittlerer Statur. Die Sitte, die Knaben
zu beschneiden, ist allgemein, wie schon unter den alten
Aegyptern. In der Tracht unterscheiden sie sich von
den Mohammedanern vorzüglich durch den schwarzen

oder dunkelblauen Turban, ebenso ist die Farbe ihrer
Kleider meistens dunkel. In den Dörfern ist ihre Tracht
von der der Moslems nicht verschieden. Früher mussten
sich die Kopten sowie die andern Christen und Juden
durch besondere Abzeichen von den Moslems unterscheiden; jetzt herrscht darin volle Freiheit, jedoch haben
viele Christen aus Gewohnheit die alte Tracht beibehalten.

Ein Hauptzug im Charakter der Kopten ist ihre
grosse, doch nur in Aeusserlichkeit und Formenwesen
bestehende Religiosität, die in Betreff der andersgläubigen Christen in förmlichen Hass ausartet, der so weit
geht, dass sie die Mohammedaner weniger anfeinden als
die andern christlichen Sekten. Die Mohammedaner
schreiben ihnen daher auch mehr Neigung zum Islam
zu als den andern Christen, und dies nicht ohne Ursache,
indem sie massenhaft den Islam angenommen haben.
Dies war aber wol hauptsächlich eine Folge der furchtbaren Verfolgungen, welche sie zu wiederholten malen während der arabischen Herrschaft zu bestehen hatten. Dennoch bewiesen die Kopten in verschiedenen Aufständen,
dass ihnen der Glaube ihrer Väter werth und theuer
war. Der furchtbare Druck und die Erniedrigung, in
welcher sie seit nun zwölf Jahrhunderten leben, haben
übrigens einen verderblichen Einfluss auf ihren Charakter
ausgeübt. Der Kopte ist meistens düsterer, mürrischer
Stimmung, habsüchtig und geldgierig im höchsten Grade,
dabei falsch, kriechend, heuchlerisch, frech und herrisch,
wo er glaubt, ungestraft es sein zu können. Wegen ihrer
Fähigkeit im Rechnungsfach werden die Kopten, besonders die akatholischen, sehr häufig in den verschiedenen
Regierungsämtern als Schreiber angestellt, sind aber der
Bestechlichkeit im höchsten Grade zugänglich und haben
vorzüglich einen Hang zu Intriguen und Kniffen, der sich

bei jeder Gelegenheit kund gibt. In den Städten sind sie grösstentheils Kaufleute, Goldschmiede, Wechsler, Baumeister, in den Dörfern betreiben sie Ackerbau.

Abergläubische Vorurtheile sind bei ihnen allgemein verbreitet. Ich führe namentlich eins an, das wol eine Erinnerung aus dem Alterthum ist und vielleicht auf den Gebrauch der von den alten Aegyptern in so grosser Anzahl aus allen Materialien verfertigten Scarabäen ein Licht wirft. Unter den koptischen Frauen finden sich Mütter, welche den Kindern, wenn sie an der Bräune leiden, als Amulet einen lebenden Scarabäus, in Baumwolle gehüllt und in eine Nusschale eingeschlossen, um den Hals hängen. [26])

Folgende Notizen über die Schicksale der koptischen Christen sind dem Geschichtswerk Makrizi's entnommen.

Unter dem Patriarchen Alexander, welcher im Jahre der Flucht 106 (724—725 n. Chr.) starb, nachdem er 25 Jahre das Patriarchat bekleidet hatte, wobei er zweimal gebrandschatzt worden war, befahl der Statthalter von Aegypten, Abd-el-Aziz Ibn-Merwān, dass alle Mönche und Geistlichen abgezählt, und jedem ein Dinar als Tribut auferlegt würde. Die nächstfolgenden Statthalter blieben in Bedrückung der Christen nicht zurück. Obeidallah Ibn-Higāb, der Verwalter der Einkünfte, hatte schon den Kopten für jeden Dinar einen Kirat (d. i. $\frac{1}{24}$) mehr auferlegt. Die koptische Bevölkerung empörte sich zwar und widersetzte sich mit bewaffneter Hand, ward aber von den Mohammedanern unter grossem Menschenverlust geschlagen und zersprengt (725—726, J. d. Fl. 107). Es erging dann der Befehl, dass den Mönchen ein Zeichen auf die Hand eingebrannt werde; wer ohne dieses Abzeichen betroffen würde, sollte mit Verlust der Hand bestraft werden. Jeder Christ musste sich überdies mit einem Legitimationsschein versehen; im Erman-

gelungsfall traf ihn eine Strafe von zehn Dinaren. Viele
Geistliche wurden enthauptet oder starben unter Stock-
streichen; zahlreiche Klöster und Kirchen wurden zerstört.
Der Khalif Hischām erliess zwar den Befehl, dass die
Christen nach den in ihren Händen befindlichen Frei-
briefen behandelt werden sollten; sein Statthalter in Aegypten richtete sich aber nicht danach, liess Menschen
und Thiere zählen und drückte jedem Christen das Brand-
mal eines Löwen auf die Hand.

Im J. d. Fl. 121 (738—739) empörten sich die
Christen in Oberägypten, wurden aber schnell überwäl-
tigt. Im J. d. Fl. 132 (749—750) stellte sich Johannes
von Semennut an die Spitze der Christen und lieferte
den Mohammedanern eine Schlacht, worin er mit vielen
seiner Anhänger fiel. [27]) Dasselbe Ende hatte ein Aufstand der Kopten in Rosette. Der Patriarch musste
dafür im Gefängniss büssen; nur mit einem schweren
Lösegeld konnte er seine Freiheit erkaufen. Im J. d. Fl.
150 (767) empörten sich die Kopten abermals, über-
fielen die Truppen des Khalifen, tödteten eine grosse
Anzahl von ihnen und trieben den Rest in die Flucht.
Furchtbar war die Rache der Moslems. Die in Alt-
Kairo errichteten Kirchen wurden zerstört, und es brach
so grosse Noth über die Christen herein, dass sie Leichname essen mussten. Um 156 d. Fl. (772—773) fand
ein neuer Aufstand der Kopten statt, der aber bald
unterdrückt ward. Zur Zeit des Kampfes zwischen den
beiden Brüdern Emīn und Mamūn wurden die christlichen Bewohner Alexandriens geplündert und ihre Häuser
niedergebrannt. Im J. d. Fl. 216 (831—832) standen die
Christen abermals auf, wurden aber geschlagen und genöthigt, sich zu ergeben; die Männer wurden getödtet, die
Frauen und Kinder verkauft. Von diesem Zeitpunkt an
war die Macht der Kopten gebrochen.

Der Khalif Motewakkil erliess im J. d. Fl. 235
(849—850) den Befehl, dass alle Christen und Juden,
um sich durch die Tracht von den Moslems zu unterscheiden, lichtbraune Mäntel von Haarzeug tragen, nur
hölzerner Steigbügel sich bedienen sollten und hinten am
Sattel zwei Kugeln zu tragen hätten. Ferner sollten die
Männer zwei Tuchflecken auf ihre Kleider heften, die sowol
von der Farbe des Kleides als unter sich verschieden
wären; jeder musste die Länge von vier Fingern haben.
Die Frauen sollten, wenn sie ausgingen, lichtbraune
Schleier haben und keine Gürtel tragen. Die neu er-
bauten christlichen Kirchen mussten niedergerissen, von
ihren Häusern Steuer gezahlt und über den Eingangsthoren
aus Holz verfertigte Teufelsfratzen aufgestellt werden.
Kein Moslem sollte ihnen Unterricht ertheilen, in öffentlichen und Regierungsgeschäften durften sie nicht verwendet werden, bei ihren Ceremonien sollten sie kein
Kreuz sehen lassen, mit keinem brennenden Licht auf
der Gasse erscheinen. Ihre Gräber sollten aber allenthalben der Erde gleichgemacht werden. Später unter-
sagte man ihnen auch den Gebrauch der Pferde.

Ahmed Ibn-Tulun legte dem Patriarchen Michael
einen Tribut von 20000 Dinaren auf, sodass dieser verschiedene fromme Stiftungen und eine Kirche verkaufen
und eine allgemeine Steuer auf die Gemeinde ausschrei-
ben musste, um nur die Hälfte dieser Summe aufzubringen. Solche Erpressungen ereigneten sich nun häufig.
Der Patriarch Zacharias, der im J. d. Fl. 393 (1002—3)
erwählt wurde, ward auf Befehl des Khalifen sogar
den Löwen vorgeworfen, die jedoch, nach der Erzählung der Christen, ihm kein Leid anthaten. Unter
seinem Patriarchat mussten die Christen schwere Zeiten
bestehen. Viele von ihnen hatten Staatsanstellungen zu
erlangen gewusst, wo sie sich bedeutendes Vermögen und

Ansehen erwarben. Ihr Uebermuth erzürnte aber den Khalifen Hakim bi-emr-Illah. Er liess den Christen Isa, Sohn des Nestorius, welcher damals den Rang eines Vezier's einnahm, ebenso den Secretär Fehd, Sohn des Ibrahim, ergreifen und köpfen. Auf seinen Befehl mussten die Christen Kleider mit gelben Streifen und um den Leib einen Gürtel tragen. Verschiedene Feste und Feiertage durften sie nicht mehr feiern. Alle den Kirchen und Klöstern gehörigen Grundstücke und Häuser im ganzen Lande liess er für den öffentlichen Schatz verkaufen. Viele Kirchen und Klöster sowol in Kairo als in den Provinzen zerstörte man auf seinen Befehl. Jeder Christ musste ein hölzernes Kreuz, fünf Rotl schwer, am Halse tragen. In ganz Kairo ward öffentlich verkündet, dass weder ein Mohammedaner an einen Christen ein Reitthier vermiethen, noch ein mohammedanischer Schiffer einen Christen in sein Schiff aufnehmen dürfe. Der Christen Kleider und Kopfbedeckung sollte schwarz, ihre Sättel und Steigbügel von Sykomorenholz sein. Auch die Juden mussten ein rundes Stück Holz von fünf Rotl Gewicht am Halse tragen, das über ihren Kleidern sichtbar war. Zuletzt erging der Befehl, alle Kirchen zu zerstören. Viele Leute reichten Bittschriften ein, die Kirchen und Klöster in den Provinzen plündern zu dürfen, und erhielten schleunigst die nachgesuchte Bewilligung.

So waren im J. d. Fl. 403 (1012—13) die christlichen Kirchen und Klöster einer allgemeinen Heimsuchung preisgegeben; bis zu Ende des Jahres 405 wurden in Aegypten, Syrien und den dazu gehörigen Ländern an 1030 Kirchen und Klöster zerstört. Zuletzt erging der Befehl, dass alle Christen und Juden in die griechischen Städte auswandern sollten. Dieser wahnsinnige Erlass wurde auf Bitten der Christen und Juden nicht ausgeführt. Viele Christen traten in dieser Zeit zum Islam über.

Das J. d. Fl. 682 (1283—84) war verhängnissvoll. Früher durften die Christen blos auf Eseln reiten, kein Christ wagte es, einen Moslem anzureden, und keiner durfte sich in einem kostbaren Kleide zeigen. Als nun der Sultan Melek-el-Aschraf Chalil zur Regierung kam, standen verschiedene Christen als Secretäre bei Emiren im Dienst. Einer dieser Secretäre liess einen Moslem, der ihm Geld schuldete, auf der Strasse von seinem Diener fassen und binden. Der Pöbel rottete sich sogleich zusammen, und als der Emir seinen Secretär beschützen wollte, führte das Volk Klage bei dem Sultan, der nun den Befehl erliess, alle christlichen Secretäre sollten sofort den Islam annehmen und, wenn sie sich weigerten, enthauptet werden, auch dürfe in Zukunft kein Christ mehr in den Dienst eines Emirs treten. Der Pöbel benutzte diese Gelegenheit zum Plündern der Häuser der Christen und Juden und bemächtigte sich ihrer Weiber. Nur mit Mühe gelang es dem Sultan, der Plünderung Einhalt zu thun. Die meisten Secretäre zogen den Uebertritt zum Islam dem Märtyrertod vor.

Auf Veranlassung eines fanatischen Mauritaners erging im J. d. Fl. 700 (1300—1) der Befehl, dass die Kopten blaue und die Juden gelbe Turbane zu tragen hätten. Ein Abgesandter aus dem Maghrib (Westafrika) sah auf dem Weg zur Citadelle in Kairo einen prächtig gekleideten Mann in weissem Turban, auf einem schönen Pferde reitend, begleitet von einer Menge Bittsteller, die ihm die grössten Ehren erwiesen und selbst seine Füsse küssten, während er sie fortstiess und durch seine Diener wegtreiben liess. Als der Maghribiner hörte, dass dies ein Christ sei, ward er so wüthend, dass er sich auf ihn stürzen wollte; doch hielt er sich zurück, begab sich in die Citadelle und erzählte einem der Emire, was er soeben gesehen hatte. Infolge dieser Klage erging der Befehl, dass die Juden gelbe und die Christen blaue Turbane und Gürtel tragen und keine Pferde, kein Maulthier, sondern nur Esel reiten dürften. Viele Christen zogen es bei dieser Gelegenheit vor, zum Islam überzutreten.

Im J. d. Fl. 721 (1321), am Freitag, dem 9. Rebi' Awwal, unter der Regierung des Sultans Mohammed Ibn-Kilawūn wurde infolge eines Complots, wie es scheint, der grösste Theil der Kirchen in Kairo vom Pöbel geplündert und zerstört; erst nach nicht unerheblichem Blutvergiessen gelang es dem Sultan, der Wuth des Volkes Einhalt zu thun. Fast in demselben Moment erfolgten ähnliche Ausbrüche des Fanatismus gegen die Christen in Alexandrien, Damiette und schliesslich in allen Provinzen Aegyptens, wo allenthalben eine grosse Anzahl von Klöstern und Kirchen in Trümmer gelegt wurde. Der Sultan war zu den strengsten Massregeln gegen die mohammedanischen Plünderer gestimmt, als ein furchtbares Rachegericht der Christen über Kairo hereinbrach und seine ganze Strenge gegen diese lenkte. Kaum einen Monat nach der Zerstörung der Kirchen brach nämlich zugleich an mehreren Orten von Kairo und Alt-Kairo Feuer aus, das sich schnell ausdehnte. Kaum war es mit Mühe gelöscht worden, so entstand ein anderer Brand und da gerade in jener Nacht ein heftiger Wind wehte, so griffen die Flammen schnell um sich. Das Feuer dauerte schon mehrere Tage hindurch; ein Sturm, der selbst Palmen umriss und Schiffe an das Ufer trieb, verbreitete es und drohte ganz Kairo den Flammen zu überliefern. Auf Befehl des Sultans halfen Hohe und Niedrige bei dem Löschen. Um das Umsichgreifen des Brandes zu verhindern, wurden zahlreiche Häuser, Moscheen und Paläste niedergerissen. Endlich gelang es, desselben Meister zu werden, aber ein neues Feuer entstand in einem andern Stadttheil. So wiederholten sich einige Zeit hindurch die verderblichsten Feuersbrünste. Bei genauern Nachforschungen fand man, dass diese Feuer angelegt worden und durch Naphtha entstanden waren, die in mit Oel und Pech getränkte Lappen gewickelt war. Zuletzt ergriff man sogar zwei christliche Mönche, die soeben Feuer gelegt haben sollten; auch andere Christen wollte man auf frischer That erfasst haben. Sie wurden auf die Folter gespannt; die Mönche bekannten, sie seien aus dem Kloster Deir-el-Baghlah oberhalb Turrah und hätten Feuer gelegt, um sich dafür zu rächen, dass die Moslems ihre Kirchen und Klöster zerstört hätten; eine Anzahl Christen hätte sich zu diesem Zweck verbunden, dazu Geld gesammelt und Naphtha zubereitet. Als auf Befehl des Sultans die Folter verstärkt worden war, bekannten sie, dass 14 Mönche des Klosters Deir-el-Baghlah sich verschworen hätten, sämmtliche Wohnungen der Moslems zu verbrennen. Es ward nun das genannte Kloster umzingelt, und alle darin befindlichen Mönche wurden ergriffen. Vier von ihnen verbrannte man an einem Freitag bei der Moschee Teilūn. Der Pöbel von Kairo war aber von nun an auf die Christen so erbittert, dass er sie, wo sie sich zeigten, überfiel. Mehrere, die das Volk beim Brandlegen ertappt zu haben vorgab, wurden lebendig verbrannt. Unterdessen nahmen die Greuelscenen ihren Fortgang. Zuletzt sah sich der Sultan genöthigt, den Befehl zu geben, dass mit grösster Strenge gegen das Volk verfahren werde. Bei 200 Menschen, die man aufgegriffen hatte, wurden vor den Sultan gebracht, der verordnete, einige aufzuhängen, andere in der Mitte zu durchsägen, noch andern die Hände abzuhauen. Erst auf Fürbitten der Emire liess er sich erweichen und befahl, sie blos an den Händen aufzuhängen.

Unterdessen entstanden an andern Stellen neue Feuersbrünste; abermals brachte das Volk drei Christen ein, die es als Brandstifter aufgegriffen zu haben vorgab. Die Wuth des Volkes gegen die Christen nahm immer zu, und zuletzt gab der Sultan insofern nach, dass er ausrufen liess: Wer einen Christen fände, solle Gut und Blut von ihm fordern können, ferner: Jeder Christ, der mit einem weissen Turban angetroffen würde, solle für vogelfrei erklärt werden und sein Vermögen gute Beute sein, ebenso wenn ein Christ sich zu Pferde zeige. Die Christen sollten nur blaue Turbane tragen und nur auf Eseln reiten, aber verkehrt darauf sitzend; kein Christ solle ins Bad gehen, ausser mit einer Schelle am Halse, und keiner solle die Kleidung der Moslems tragen; auch solle kein Christ mehr irgendeine Anstellung erhalten. Der Uebermuth der Mohammedaner gegen die Christen nahm nun derart zu, dass sich keiner mehr auf der Gasse sehen lassen konnte. Viele entschlossen sich, zum Islam überzutreten. Mehrere Christen, die man der Brandlegung beschuldigte, wurden angenagelt.

Diese furchtbaren Begebenheiten hatten einen grossen Theil von Kairo zerstört; zahllose Privathäuser, Paläste und Moscheen wurden ein Raub der Flammen. An Kirchen gingen in Kairo dreizehn zu Grunde, vier in Alexandrien, zwei in Damanhur, eine in der Provinz Gharbijjeh, drei in der Scharkijjeh, sechs in der Provinz Behnesa, zu Siut, Manfalut und Minjeh acht, in Alt-Kairo ebenfalls acht. Eine nicht minder erhebliche Anzahl von Klöstern ward in Trümmer gelegt.

Im J. d. Fl. 755 (1354) wurden alle den christlichen Kirchen und Klöstern gehörigen Grundstücke vermessen und aufgezeichnet, wobei sich herausstellte, dass deren Gesammtbetrag sich auf 1025 Feddan belaufe. Als Grund dieser Massregel ward der Hochmuth der Christen, deren Prahlerei mit kostbaren Kleidern, ihre Anmassung u. s. w. angegeben, Anklagen, die der mohammedanische Pöbel immer als gefundenen Vorwand im Munde führte. Es erging nun ein Befehl des Sultans, der die Verordnung einschärfte, dass kein Christ im Divan der Regierung angestellt werde, ja selbst dann nicht, wenn er zum Islam überträte; hingegen sollte auch keiner gezwungen werden, den Islam anzunehmen.

Diese Verfügung gab dem Volke neuen Anlass zur Verfolgung der Christen, die bald so arg ward, dass sich keiner mehr aus seinem Hause hervorwagte. Mehrere fasste der Pöbel ab und verbrannte sie. Solche Unordnungen nahmen zu, als bekannt ward, dass die Regierung das Volk daran nicht hindern wolle. Sechs Kirchen und Klöster in und um Kairo fielen bald als Opfer. In ganz Aegypten und Syrien erging ein Befehl des Sultans, dass kein Christ oder Jude in Dienst der Regierung genommen werden solle, auch wenn er sich zum Islam bekehrt hätte; in diesem Falle dürfe er aber weder in seine Wohnung zurückkehren, noch mit seiner Familie zusammenkommen, wenn sie sich nicht ebenfalls zum Islam bekannt hätte. Träte ein Christ oder Jude zum Islam über, so müsse er angehalten werden, bei den fünfmaligen täglichen Gebeten und dem Privatgottesdienst anwesend zu sein. Stürbe ein Christ oder Jude, so sollten die mohammedanischen Behörden dessen Nachlass an seine Erben vertheilen, in Ermangelung solcher falle die Erbschaft an den Fiscus.

Die Folge dieser furchtbaren Zwangsmassregeln war, dass ein grosser Theil der Christen, des vergeblichen Widerstandes müde, zum Islam übertrat. Besonders in Oberägypten entsagten grosse Massen dem Christenthum und wandelten ihre Kirchen in Moscheen um. Die Menge der damals zu Moslems gewordenen Christen war so gross, dass Makrizi bemerkt: «es gäbe jetzt kaum mehr einen Mohammedaner in Aegypten, in dessen Adern nicht das Blut der zu jener Zeit zum Islam übergetretenen Christen flösse.» [28])

Die Unterdrückungen und Mishandlungen, welchen die Christen und Juden ausgesetzt waren, nahmen auch unter der Herrschaft der Sultane der Osmanen, sowie während der Oligarchie der Mamluken nicht ab und fanden nur ihr Ende, als die Franzosen unter Bonaparte Aegypten eroberten. Erst Mehemed-Ali führte religiöse Toleranz als Staatsgrundgesetz ein, und erst seit seiner Regierung erfreuen sich Christen und Juden eines gesicherten Rechtszustandes.

Wenn wir die hier in Kürze geschilderte Geschichte der christlichen Kopten überblicken, wo jede Seite mit Blut bezeichnet ist, so können wir uns des Erstaunens nicht erwehren, dass unter so furchtbaren Prüfungen dennoch ein wenn auch kleiner Theil der Nation das Kleinod seines alten Glaubens unversehrt bewahrt· hat. Es ist daher nur billig, wenn wir die dunkeln Flecke, welche den Charakter der heutigen Kopten entstellen, nicht zu streng beurtheilen, und im Vertrauen auf das der Menschheit im ganzen und grossen innewohnende Lebens- und Entwickelungsprincip hoffen, dass auch dieses verkommene und entartete nationale Fragment sich wieder heben, entwickeln und neu beleben werde. Erfreuliche Anzeichen in dieser Beziehung fehlen nicht. Der alte Hass zwischen den Kopten beider Bekenntnisse verschwindet immermehr, europäischer Einfluss macht sich auch hier mächtig geltend und wird in einer vielleicht nicht fernen Zukunft den noch vom Zauberschlaf eines durch Jahrhunderte erstarrten Byzantinerthums halb umfangenen christlichen Gemeinden des Orients einen neuen Lebenshauch einflössen.

Die unfreiwilligen Leidensgefährten der Kopten waren die Juden, die, obgleich in geringerer Zahl ansässig, dennoch den Mohammedanern nicht minder, ja selbst noch mehr anstössig waren als die Christen. Im Koran heisst es: «Du wirst als die heftigsten aller Menschen in Feindschaft gegen die Rechtgläubigen die Juden finden und die Heiden, und du wirst sicherlich am geneigtesten zur Freundschaft gegen die Rechtgläubigen jene finden, die da sagen: Wir sind Christen.»

Die Juden in Aegypten unterscheiden sich in ihrem Charakter und Aeussern nicht wesentlich von denen anderer Länder; sie sind mit Vorliebe, wie überall, Geldwechsler und Juweliere.

Ueber die Bedeutung und Stellung der verschiedenen religiösen Gemeinden als politische und bürgerliche Körperschaften soll später gehandelt werden.

Einen wichtigen Theil der Bevölkerung der beiden Hauptstädte Aegyptens, Alexandrien und Kairo, bilden die daselbst ansässigen und zum Theil schon im Lande geborenen Europäer. In Alexandrien vorerst und dann in Kairo beträgt deren Zahl mehrere Tausende und durchdringt alle Schichten der Bevölkerung; der Einfluss, der durch sie auf das Land und Volk ausgeübt wird, ist sehr bedeutend und wird später besonders gewürdigt und besprochen werden. Die Mehrzahl betreibt Handel, ein Theil steht im Dienste der Regierung.

Der Zahl nach stehen die Italiener und Griechen obenan, unter welchen die Malteser und Ionier inbegriffen sind; fast alle übrigen Nationen des Erdballs sind aber in grösserer oder geringerer Zahl vertreten; denn wie einst im Alterthum, so scheint das reiche, herrliche Nilthal auf die Fremdlinge noch immer eine grosse Anziehungskraft auszuüben, und durch die längste Zeit haben Fremde hier mehr gegolten als die Kinder des Landes.

In Kairo und Alexandrien trifft man eine grosse Anzahl von Nubiern, die in Aegypten Barabra genannt werden. Die Nubier bewohnen das Land oberhalb der ersten Katarakte des Nil bei Assuan, in welcher Stadt sie schon die vorherrschende Bevölkerung bilden. Die enge felsige Strecke des Nilthals zwischen der ersten und zweiten Katarakte von Assuan bis Korosko und von Ibrim bis Wadi Halfa, sowie die Provinz Dongola von Wadi Halfa bis zum Berg Deka sind ihre Heimat. Die Nubier erfreuen sich in Aegypten des Rufs der Ehrlichkeit und werden als Diener, Wächter, Thorhüter verwendet. Sie sind in jeder Beziehung ehrlicher und verlässlicher als der ägyptische Diener, hängen mit inniger Liebe an ihrer Heimat, suchen sich in Kairo oder Alexandrien etwas Geld zurückzulegen und kehren mit dem Ersparten in ihr theueres Nubien zurück. Sie halten sehr untereinander zusammen und ein berberiner Diener bringt oft eine Menge seiner Landsleute in das Haus, wo sie in ihrer weichen, melodischen Sprache sich lebhaft unterhalten. Wie alle Schwarzen lieben sie berauschende Getränke. Buza, eine Art schlecht gegorenes Bier, und Dattelwein sind unter ihnen allgemein beliebt. Die Züge der Berberiner sind oft von auffallender Schönheit und haben einen besondern Ausdruck von Milde und Sanftmuth. Die Hautfarbe ist ein dunkles Bronzebraun, das Ebenmass des Körpers häufig von höchster Vollkommenheit. [29])

Der Sprache nach theilen sie sich in zwei Stämme: Kenûzi und Mahassi, wovon der erste das untere Nubien von der ersten Katarakte an bis Korosko bewohnt. Auf der Strecke von Korosko stromaufwärts bis etwas südlich von Derr (Wadi Arab) wird Arabisch gesprochen. Der Name Kenuzi findet sich in dem altägyptischen Wort to-Kens wieder, womit das Gebiet oberhalb Assuan in den Hieroglyphen-Inschriften bezeichnet wird. [30]) Der Mahassi-Dialekt geht von Ibrim durch die Districte Wadi Halfa, Batn-el-Hagar, Sukkot und Mahass. Im eigentlichen Dar Dongola wird wieder Kenuzi gesprochen. [31]) Das Land, welches von diesen nubischen Stämmen bewohnt wird, ist im grössten Theil seiner Ausdehnung ein schmaler Streifen culturfähigen Erdreichs, das sich zu beiden Seiten des Nil dicht am Ufer hinzieht, eingeengt durch die fast bis zum Wasser reichende Sandwüste oder Sandstein- und Granitfelsen, welche durch ganz Nubien das Strombett bilden. Mit Hülfe einiger Wasserräder und fleissiger Arbeit gelingt es den Bewohnern kaum, der Erde so viel abzugewinnen, als sie zum dürftigen Lebensunterhalt brauchen. Nur das eigentliche Dar Dongola, eine 60 Stunden lange, zuweilen stundenbreite fruchtbare Ebene, macht davon eine Ausnahme. Die zahlreichen Inseln sind durchgehends von üppiger Fruchtbarkeit, und wo der Boden nicht zum Ackerbau benutzt wird, ist er mit einem kräftigen Baumschlag bewachsen. Die Palme, welche an einzelnen Stellen in grossen, mehrere Stunden langen Waldungen vorkommt, wie besonders bei Derr und Ibrim, gibt eine vortreffliche Frucht, welche nicht blos zur Nahrung der Eingeborenen dient, sondern auch nach Aegypten exportirt wird, wo vorzüglich die Ibrimi-Gattung sehr geschätzt wird. Der Sontbaum (Acacia nilotica) gibt Gummi und Kohlen, ebenso der Seyäl und Talh' (Acacia Seyäl und Acacia gummifera). Beides sind wichtige Exportartikel aus Nubien nach Aegypten; auch Sennesblätter, geflochtene Körbe und Matten werden aus Nubien nach Aegypten verkauft.

Die Nubier sind nicht ohne kriegerische Neigungen

und hatten früher fortwährend. Fehden unter sich. Sonst sind sie eins der gutmüthigsten und harmlosesten Völker. Sie bekennen sich jetzt alle zum Islam, dessen eifrige Anhänger sie sind, und gehören zur Sekte der Malikiten.

Ehemals waren sie alle Christen und wie die Kopten Anhänger der monophysitischen Lehre; erst sehr spät, angeblich um das J. d. Fl. 712 (1312—13) wurden sie von den Aegyptern mit dem Schwert zum Islam bekehrt. [32]) Keine Erinnerung der Religion, zu der sie sich früher bekannten, ist im Gedächtniss der Nubier zurückgeblieben und nur der Name, womit sie den Sonntag bezeichnen, Kiragê, d. i. *κυριακή*, liefert den Beweis, für das ehemalige Christenthum Nubiens. Folgende Sprachproben des Kenuzidialekts verdanke ich der gefälligen Mittheilung des hochwürdigen M. Kirchner, apostolischen Provicars der katholischen Mission für Centralafrika.

Nubische Sprachproben

des Kenuzidialekts der ersten Katarakte.

Gott, *allāh* (arab.).
Welt, *dunjā* (arab.).
Himmel, *simēgi* (arab.).
Sterne, *wussitschigi.*
Sonne, *massīlki.*
Mond, *anaddi.*
Luft, *hewagi* (arab.).
Abend, *magribki* (arab.).
Nacht, *ugūgi.*
heute, *inongu.*
morgen, *assalgi.*
übermorgen, *assal uēkaki.*
gestern, *uilki.*
vorgestern, *kamski.*
Wind, *adelgi.*

Erde, *aridki* (arab.).
Flusss, Wasser, } *essigi.*
Berg, Stein, } *kulūgi.*
Jahr, *dschenki.*
Sommer, *damīragi* (arab.)
Winter, *kisi.*
Monat, *schahr* (aráb.).
Tag, *nahār* (arab.).
ein Tag, *nahar uēki.*
zwei Tage, *nahar tigri.*
Morgen, *fedschirki* (arab.).
Mittag, *duhūrki* (arab.).
Sonntag, *kiragē — kiragēgi.*

Montag, *etneinki* (arab.).
Dienstag, *talātaki* (arab.).
Mittwoch, *arba'ki* (arab.).
Donnerstag, *chamīs* (arab.).
Freitag, *dschuma'ki* (arab.).
Sonnabend, *samtēgi.*
Fastenzeit, *terdīgi.*
Menschen, *ademīgi.*
Mann, *ogischki*, Pl. *ogdschīki.*
Weib, *enki*, Pl. *etschīgi.*
Vater, *nugūdki.*
Mutter, *anēnki.*
Grossvater, *annūbi.*
Grossmutter, *annāubi.*
Sohn, *attogi.*
Tochter, *ambrūgi.*
Bruder, *ambeski.*
Schwester, *annissi.*
Kopf, *urki.*
Haar, *sirki.*
Gesicht, *koïki.*
Haut, *adschinki.*
Stirn, *gurāgi.*
Auge, *messi*, Pl. *messidschīgi.*
Ohr, *ulūki*, Pl. *uluk.*
Nase, *soringi.*
Mund, *agilgi.*
Zahn, *nel*, Pl. *nēligi.*
Zunge, *netki.*
Bart, *samēki.*
Hals, *ajēki.*
Schulter, *katufki* (arab.).
Brust, *āgi.*
Arm, *itschīgi.*
Hand, *subatschigi*, d. i. die Finger (arab.).
Finger, *suba* (arab.).
zehn Finger, *suba timinki.*
Fuss, *ossi*, Pl. *ossidschi.*
Kind, *ogitschōdek*, Pl. *āffidschi.*
Haus, *kaki*, Pl. *katschīgi.*
Thüre, *babki* (arab.).
Fenster, *schibbakki* (arab.).
Bett, *serirki* (arab.).
Matte, *nibītki.*

Schlüssel, *kosgi.*
Topf, *silēgi.*
Kürbisschale, *kebēgi.*
Lanze, *schāgi.*
Schwert, *siwītki.*
Schild, *karūgi.*
Messer, *kandigi.*
Talismantasche, *hedschabki* (arab.).
Kleider, *kadedschīgi.*
Schuhe, *kors*, Pl. *korsīgi.*
Strick, *irīgi.*
Brot, *kalgi.*
Milch, *itschigi.*
Fleisch, *kusugi.*
Salz, *umbūtki.*
Butter, *kisībki.*
Mittagessen, *gadāki* (arab.).
Abendessen, *scharēgi.*
Thiere, *urtitschīgi.*
Kameel, *kamki*, Pl. *kamlēgi.*
Kameelstute, *kinjatōki.*
Pferd, *kaschki*, Pl. *katschigi.*
Kuh, *tī*, Pl. *titschīgi.*
Stier, *tubrōgi.*
Schaf, *karuīgi.*
Bock, *butūlki.*
Geiss, *bertigi.*
Esel, *hanūgi*, Pl. *hanutschigi.*
Hund, *uelgi*, Pl. *uelīgi.*
Katze, *sābki.*
Löwe, *esedki* (arab.)..
Tiger, *nimirki* (arab.).
Gazelle, *gelki.*
Hyäne (Hyaena crocuta), *ma rafïlki.*
kleine Hyäne (Hyaena striata), *eddigi.*
Skorpion, *itschĭnki.*
Schlange, *ajagi.*
Vogel, *kauirte.*
Geier, *schibilēgi.*
Hase, *weudlaïgi.*
Strauss, *naamki.*
Ei, *gaskāti.*

Baum, *schedschr* (arab.).
Dumpalme, *ambūgi.*
Dattelpalme, *batti*, Pl. *batti-dschīgi.*
Gras, *keschschi* (arab.).
Scheich, *schechki* (arab.).
Sultan, *sultanki* (arab.).
Pascha, *baschaki* (türk.)
Schmied, *haddadīgi* (arab.).
weiss, *arōgi.*
schwarz (auch blau), *urumēgi.*
roth, *gelegi.*
grün (auch braun), *tessegi.*

gelb, *korkos.*
gross, *dulki.*
klein, *kinjēgi.*
lang, *nossōgi.*
kurz, *urtunna.*
dick, *dorōgi.*
fein, *kinjatō.*
hoch, *aligi* (arab.).
niedrig, *watīgi* (arab.).
voll, *enjebu.*
leer, *sūdu.*
gut, *adelu.*
schlecht, *dobbo.*

Zahlwörter:

1 *uĕru.*
2 *oŭu.*
3 *toski.*
4 *kemsu.*
5 *didschu.*
6 *gordschu.*
7 *kolōdu.*
8 *īduma.*
9 *isgotma.*
10 *tīmima.*
11 *timinde uĕrma.*
12 *timinde oŭma* u. s. w.

20 *arīma.*
21 *are uĕrma.*
22 *are oŭma.* u. s. w.
30 *talatinma* (arab.).
40 *arbaïnma* (arab.).
50 *chamsinma* (arab.)
   u. s. w., alles arabisch.
100 *miama* (arab.).
200 *mioŭma.*
300 *miatoskuma.*
1000 *elfuĕrma.*

Ordnungszahlen:

I. *uĕrma.*
II. *uōma.*

III. *toskuma.*
IV. *kemsuma.*

Fürwörter:

ich, *aïgi*, in Zusammensetzung: *aï*
du, *erte*, „ „ *er*
er, *terre*, „ „ *ter, man*
wir, *arti*, „ „ *ar*
ihr, *irte*, „ „ *ir*
sie, *tir*, „ „ —

Das Fürwort vertritt zugleich die Stelle des Hülfszeitwortes «sein», z. B.: *aï oddiri*, ich bin krank; wörtlich: ich krank; *er taibre*, du bist gesund; *ar oddiru*, wir sind krank.

Besitzfürwörter:

mein, *anduma*; dein, *ĕnduma*; sein, *manenduma*; unser, *argunduma*; euer, *enduma*; ihr, *margunduma*.

Es gibt auch Präfixpossessiva, wie aus folgenden Beispielen erhellt :

mein unser	} Bruder , *ambeski*.	meine unsere	} Brüder, *ambesīgi*.
dein euer	} Bruder, *imbeski*.	deine euere	} Brüder, *embesīgi*.
sein ihr	} Bruder, *timbeski*.	seine ihre	} Brüder, *timbesīgi*.

Anzeigende und fragende Fürwörter:

dieser,	*en.*	was,	*mingi.*
jener,	*man.*	wo,	*sāere.*
wer,	*tere.*	wie,	*bāwi.*
wer ist es?	*enitere?*	warum,	*meŭenāi.*

Wie geht es? *ē hāl?* (arab.).

Zeitwörter:

Praesens.

	Sing.			Plur.	
1.	*ai binīri*	ich trinke.	1.	*ar binīru*	wir trinken.
2.	*er bini*	du trinkst.	2.	*ir binīru*	ihr trinket.
3.	*ter bini*	er trinkt.	3.	*tir binīru*	sie trinken.

Perfectum.

1.	*ai nisi*	ich habe getrunken	1.	*ar nisu*	
2.	*er nisu*	u. s. w.	2.	*ir nisu*	
3.	*ter nisu*		3.	*tir nisu.*	

Futurum.

1.	*ai āherub niri*	1.	*ar āherub ni*	
2.	*er āherub ni*	2.	*ir āherub ni*	
3.	*ter āherub ni*	3.	*tir āherub ni.*	

Imperativ.

2. *ni*, trinke.   2. *niue.*

Negative Form.

Praesens.

<table>
<tr><td colspan="2" align="center">Sing.</td><td colspan="2" align="center">Plur.</td></tr>
<tr><td>1.</td><td>ai binimni ich trinke nicht</td><td>1.</td><td>ar binimnu</td></tr>
<tr><td>2.</td><td>er binimnu   u. s. w.</td><td>2.</td><td>ir binimnu</td></tr>
<tr><td>3.</td><td>ter binimnu</td><td>3.</td><td>tir binimnu.</td></tr>
</table>

Perfectum.

<table>
<tr><td>1.</td><td>ai nikomni ich habe nicht getrunken</td><td>1.</td><td>ar nikomnu</td></tr>
<tr><td>2.</td><td>er nikomnu   u. s. w.</td><td></td><td>u. s. w.</td></tr>
</table>

Futurum.

<table>
<tr><td>1.</td><td>ai äherub nimni</td><td>1.</td><td>ar äherub nimnu</td></tr>
<tr><td></td><td>u. s. w.</td><td></td><td>u. s. w.</td></tr>
</table>

Imperativ.

<table>
<tr><td>2.</td><td>nimē trinke nicht.</td><td>2.</td><td>nimē uē trinket nicht.</td></tr>
</table>

Beispiele:

Gib, *atta*; gib Wasser, *essig atta*; nimm, *arē*; was isst du?
er mingi akalli? Ich schlage dich, *ai ekki bidschōmri*; du schlägst
mich, *er aīgi bidschōmi*; du schlägst ihn, *er bidschōmi*.

Nach Rüppell soll die Sprache, welche von Assuan
bis nach Dongola gesprochen wird, zunächst mit dem
Dialekt der Nuba-Neger in Kordofan, in den Districten
von Haraza, Gebel-Atgian und Koldagi, verwandt sein. [33])
Wenn auch diese Dialekte nur dürftig bekannt sind, so
setzt doch eine Vergleichung derselben ihre nahe Verwandtschaft ausser Zweifel. [34]) Auf jeden Fall liefern
die gegebenen Sprachproben den besten Beweis, dass wir
in den jetzigen Nubiern keineswegs, wie viele Reisende
versichern, die Nachkömmlinge der alten Aegypter sehen,
sondern dass sie ein echt afrikanisches Volk sind, dessen
Sprache mit der altägyptischen in keiner andern Beziehung steht, als dass sie in entschiedenster Weise zur

grossen afrikanischen Sprachenfamilie gehört, deren Zusammenhang mit den semitischen und arischen Zungen
ein bisher noch ungelöstes Räthsel ist. Wenn übrigens
die Nubier wirklich aus Kordofan in das Nilthal eingewandert sind, so muss dieses Ereigniss doch schon im
hohen Alterthum stattgefunden haben; denn in den Tem-
pelruinen von Kalabsche (Talmis), die aus der Zeit des
Augustus stammen, hat sich eine griechische Inschrift
erhalten, worin Silko, der König der Nubaden, in hoch-
tönendem Stil seine Kriegsthaten aufzählt. [35]) Vermuthlich war der ruhmredige König einer jener nubischen
Häuptlinge, die laut des mit Kaiser Diocletian getrof-
fenen Uebereinkommens die südägyptische Grenze gegen
die Einfälle der Blemmyer zu schützen hatten, unter
welchen letztern wahrscheinlich die Völker zu verstehen
sind, welche von den arabischen Chronisten und Geographen mit dem Namen der Begah bezeichnet werden.

3. Die Bewohner der Wüste.

Die letzte der drei Klassen, in welche wir die Bevölkerung Aegyptens eingetheilt haben, umfasst die Beduinen. Zahlreiche Stämme bewohnen die Wüsten, welche
auf beiden Seiten das Nilthal einschliessen. Mit ihren
Heerden von Kameelen, Ziegen und Schafen suchen sie
die spärlichen Weideplätze auf und ziehen von Ort zu
Ort, je nachdem sie Wasser und Nahrung für sich und
ihre Thiere vorfinden. Die Bischâri und Ababdeh in der
Nubischen und Arabischen Wüste, sowie die Beduinen der
Sinaitischen Halbinsel sind mit Waarentransport beschäftigt, einzelne Stämme, wie die in Fajum, betreiben Ackerbau und Viehzucht und haben auf ihr Wanderleben verzichtet. Der bei weitem grösste Theil ist von reinem
arabischen Blut und lebt wol in demselben unveränderten

Zustand wie in den Tagen der Patriarchen; ihre Sitte, Sprache, selbst ihre Tracht ist von dem Lauf von Jahrtausenden weniger berührt worden als die irgendeines andern Volkes. Es gibt, sagt Fresnel, in Arabien Gegenden, deren Bewohner sich seit den Zeiten Mohammed's, seit 1300 Jahren, in nichts verändert haben. Die Yafé, die jetzigen Gebieter in Hadramaut, die Anezeh, sind ganz so, wie die Araber vor Mohammed waren. Beide Stämme sind aber auch die letzten würdigen Repräsentanten jener dem Abrahamismus angehörigen antiken, patriarchalischen Zeit.

In unzählige kleine Stämme zersplittert, zwischen welchen es nie an Ursache zu Zank und Streit fehlt, können sie sich zum Glück für die Ruhe der Nachbarländer nie zu einem gemeinsamen Handeln vereinigen und stehen daher auch seit Mehemed-Ali's kräftiger Herrschaft zum grössten Theil unter dem Einfluss der ägyptischen Regierung. Der frühere Vicekönig Abbas-Pascha hatte selbst eine Beduinin zur Frau und sandte auch seinen zweiten Sohn zur Erziehung in die Wüste unter die Beduinen, nach einem altarabischen Brauche, um dort Reinheit der Sprache, Führung der Waffen und kühnen männlichen Sinn von den Männern der Zelte (Ahl-el-wabar, so nennen die Araber die Beduinen) zu erlernen. Auch im fürstlichen Schloss blieb die Beduinin ihren Sitten getreu und liess sich auf der höchsten Terrasse der Abbasijjeh, des in der Wüste ausserhalb Kairo gelegenen Palastes, ein Zelt aufschlagen, unter dem sie nachts ruhte, da sie in keinem Gemach schlafen konnte. Es erinnert diese fürstliche Beduinin an Meisūn, die Beduinengemahlin des Khalifen Muāwijeh, des ersten Herrschers der Dynastie der Omajjaden, der mit ihr Jezid zeugte, welcher nach ihm den Thron bestieg. Muāwijeh belauschte sie eines Tages, wie sie sang:

Lieber im Zelt, das die Winde durchbrausen,
Als im fürstlichen Schloss will ich hausen;
Lieber ist mir der Hund, der jeden Fremden beknurrt,
Als die Katze, die schmeichlerisch schnurrt;
Lieber in die gröbste Decke mich kleiden,
Als in Gewänder von Sammt und Seiden;
Lieber trabe ein junges Kameel meiner Sänfte nach,
Als dass ein prächtiges Saumross mich trag'!
Lieber seh' ich den Mann von altem Stamm und edler Art,
Als einen Dickwanst mit salbenduftendem Bart.
Des Sturmes Heulen in freier Wüste klingt meinem Ohr
Herrlicher: als der schönste Trompetenchor.
Ein Stückchen Brot in meines Zeltes Ecken
Wird besser als die süssesten Bissen mir schmecken.
Nach der heimischen Wüste sehnt sich mein Herz,
Und kein Fürstenpalast lindert je meinen Schmerz.

Da entliess sie der erzürnte Khalif, und überglücklich kehrte die Tochter der Wüste zu ihrem Stamm zurück.

Wahrer und treuer als die obigen Verse kann nichts die Gefühle schildern, mit denen der Sohn der Wüste an seiner Heimat und seinem freien, ungebundenen Leben hängt. Es kommt noch dazu ein hohes Gefühl des Stolzes, mit dem der Beduine, seiner alten unvermischten Abstammung gedenkend, auf den verweichlichten, entnervten Städter herabsieht, über den er sich in jeder Beziehung erhaben dünkt. Der Adel der Abstammung wird daher auch nirgends so eifersüchtig bewahrt als bei den Beduinenstämmen des innern Arabien, im Hochland von Negd, wo die echte Beduinenrasse vollkommen unvermischt geblieben ist. Ihre Geschlechtsregister führen sie durch Jahrhunderte mit Sorgfalt fort und Mesalliancen sind dort eine grosse Seltenheit. Die alten Stammtugenden der Gastfreundschaft, Grossmuth, das Halten des gegebenen Worts, Rache für erlittene Schmach werden nicht minder gepflegt und in stets neuen Liedern und Gedichten gepriesen.

Die Beduinen, welche das Higazgestade bewohnen und ihrem Typus nach wesentlich mit jenen der ägyptisch-arabischen Wüste übereinstimmen, sind mehr vermischt und scheinen sich nicht so rein erhalten zu haben wie die Bewohner von Negd und den Küstenländern des Persischen Meerbusens. Diese letztern charakterisirt ein ovales Gesicht, schwarzes Haar, glatte Haut von brauner Farbe. Im Higaz dagegen sind die Gestalten magerer, rüstig von Aussehen, aber von kleiner Statur; die Gesichtsform ist länglicher, die Wangen sind hohl, die Haare mit Ausnahme von zwei Locken zu beiden Seiten, auf welche viel Sorgfalt verwendet wird, geschoren. Die Farbe der Haut ist lichter als bei jenen und nicht von so gesunder Glätte. Der Ausdruck des Gesichts ist entschieden intelligent, aber von ausgesprochener Wildheit. Die Stämme der Sinaitischen Halbinsel unterscheiden sich hiervon nicht wesentlich, nur sehen sie dürftiger und verkommener aus; die Gesichtsfarbe bei dem Stamm der Haiwāt, die ich in grösserer Menge zu sehen Gelegenheit hatte, ist sehr dunkel, in einigen Fällen fast ganz dunkelbraun, ja beinahe schwarz. Die Züge sind derb und wild, aber oft von schönem Ebenmass.

Die Lebensweise der Beduinen ist sehr einfach: einige Datteln, ein paar gesalzene Fische, ein Schluck Wasser und gelegentlich eine Tasse Kaffee sind ihre Tagesnahrung; denn nur bei Festen gibt es Reis, Schaffleisch und ungesäuertes Brot; als Leckerbissen dazu Honig, eine Lieblingsspeise und Arznei, die schon der Koran empfiehlt (Sur. XVI). Dürftiger ist die Kost der Beduinen auf ihren Kameelen bei Wüstenreisen, wo sie für Ausflüge von 10—12 Tagen ausser ihrem Wasserschlauch nur noch einen Beutel voll kleiner Kuchen und Klösse, aus Mehl, Kameel- und Ziegenmilch zusammengebacken, mitzunehmen pflegen. Zwei dieser Kuchen und

ein Schluck Wasser, dieser letztere zweimal innerhalb
24 Stunden, sind ihr ganzer Tagesunterhalt, während, wo
sie Vorrath finden, ihre Gefrässigkeit das Versäumte
nachholt.

Burton stellt die Behauptung auf, dass mit Ausnahme des grossen Beduinenstamms Muzeinah alle andern
Stämme der Sinaitischen Halbinsel nicht rein arabisch
seien, sondern eine gemischte, ägyptisch-arabische Rasse
bildeten. «Während die Muzeinah durch breite Stirn,
schmale Gesichter, regelmässige Züge und Augen von
mittlerer Grösse bemerkbar sind, muss man die andern
Tawārah-Stämme (Tawārah Plur. von Turi, d. h. sinaitische Araber, Sinai-Tūr) offenbar für ägyptisch halten.
Sie haben jenen runden Gesichtsausdruck beibehalten,
der an der Sphinx sowol wie an dem modernen Kopten
auffällt; auch ihre Augen haben den eigenthümlichen
ägyptischen Schnitt; es muss das jedermann bemerken,
der das lange, mandelförmig geschnittene ägyptische
Auge kennt. Stämme, die ursprünglich aus dem Nilthal
stammen, aber durch Generationen im Higaz wohnten,
haben diese Eigenthümlichkeit beibehalten.» Die sinaitischen Beduinen wären also als eine unreine ägyptisch-
arabische Rasse zu betrachten. [36])

An die sinaitischen Araber schliessen sich unmittelbar die der arabisch-ägyptischen Wüste an. Aber schon
bei Kenne beginnt ein anderer Menschenschlag: es ist
der der äthiopischen Nomaden, welche in zwei grosse
Stämme zerfallen, die Ababdeh und Bischari. Sicherlich
sind jedoch auch diese Stämme stark mit arabischem
Blut vermischt. Sie sind die Blemmyer der Alten. Gewöhnlich dunkle, ja schwarze Hautfarbe, ein feuriges,
grosses Auge, reichliches gekräuseltes Haar, welches sie
in Perrüken tragen, dünner Bart, ein ovales Gesicht
mit aufgestülpter Nase, rundliches Ohr, ein schmäch-

tiger, jedoch wohlgegliederter Leib sind die ins Auge springenden Merkmale dieser Stämme. [37])

Der Anblick eines Beduinenhäuptlings ist im höchsten Grade malerisch. Die langen Stirnlocken des sonst geschorenen Schädels sind mit einer weissen Schweissmütze bedeckt. Die Kufijjeh, ein breites, viereckiges, von Wolle und Seide verfertigtes Tuch, wird darüber gewunden; es ist von braunrother Farbe mit hellgelben Streifen und gleichfarbigem Rand, von welchem Seidenschnüre, in kleine Quasten endend, herabhängen, die bis zum Gürtel reichen; dreieckig zusammengelegt wird es mit dem Akāl (agāl ausgesprochen), einem Strick aus Wolle, um den Kopf befestigt, und zwar so, dass es über der Stirn als Schirm vorspringt und den Hinterkopf und das Genick vollkommen bedeckt. Manchmal wird ein Ende vorn über den untern Theil des Gesichts gezogen und rückwärts befestigt, sodass nur die Augen sichtbar sind. Dieses Verhüllen des Gesichts wird mit dem Wort Lithām bezeichnet; es geschieht besonders im Gefecht, wenn jemand Blutrache fürchtet oder zu nehmen beabsichtigt und nicht erkannt werden will. Den Leib bedeckt ein wollener Kittel (kamis'), vorn offen, mit engen Aermeln, um die Mitte, am Kragen und an der Brust mit Netzwerk verziert; er reicht bis zu den Knöcheln hinab. Einzelne tragen weite Beinkleider, aber die Beduinen betrachten dies als weibisch. Ueber den soeben beschriebenen Kittel wird ein weiter, langer Mantel mit kurzen Aermeln, Abā, auch Abājeh genannt, geworfen. Meistens ist er weiss und braun oder schwarz, breit gestreift. Es gibt welche von Seide und gröbster Schafwolle. Im Higaz ist die beliebteste Art weiss, mit Gold und Seide in zwei breiten Dreiecken auf dem Rücken gestickt, mit breiten verticalen Streifen verziert; innen ist er mit Seide und mit Baumwollstoff auf der Brust und den Schultern

gefüttert und wird vorn mit fein gearbeiteten Schlingen
oder Schleifen von Seide und Gold zusammengebunden.
Um die Mitte hält ein Gürtel den Kittel zusammen und
trägt die Gambijjeh, den krummen Dolch mit silbernem
Griff. Die malerischen Sandalen vollenden den Anzug.
Die Waffen bestehen in einem Luntengewehr und Schwert;
in der rechten Hand trägt der Scheich meistens einen
Stab mit krummem Kopf, Mashab oder Mih'gan genannt,
der vollkommen dem gleicht', welcher auf hieroglyphischen
Darstellungen den Königen beigegeben wird und die königliche Würde andeutet. [38])

Die ärmern Araber befestigen um ihre Lenden auf
nacktem Leibe einen Streifen fettgetränktes Leder und
den Kittel hält nur ein Strick oder roher Gürtel zusammen. Der Dolch steckt darin und ein über die Schultern geschlungenes Wehrgehänge trägt Patronenbüchse,
Pulverhorn, Feuerstein und Stahl; der Kittel wird bei
den Reichern um die Mitte mit einem Shawl festgehalten, über welchen häufig ein Ledergürtel geschnallt wird.
Oft sieht man Beduinen ohne alle Kopfbedeckung selbst
in der glühendsten Sonne. [39])

Einfacher ist die Tracht der Stämme, welche die
Libysche Wüste bewohnen; weite Beinkleider, ein langer
Kittel mit weiten Aermeln aus weissem Baumwollzeug
und hierüber eine lange schafwollene Decke von weisser
oder grauer Farbe (huräm), die in malerischem Fal-
tenwurf über die Brust und Schultern getragen wird:
das ist die Kleidung des libyschen Beduinen an der
Grenze Aegyptens. Den Kopf bedeckt die rothe Mütze
(tarbusch) ohne Turban. Lange Flinten mit Steinschloss,
oft auch mit Bajonnet, Pistolen und Säbel sind die
gewöhnlichen Waffen.

Die Beduinenstämme, welche die Sinaitische Halb-

insel bewohnen, sind nach den Mittheilungen eines eingeborenen Kaufmanns aus Suez folgende:

1. Die Ajāideh, welche bereits früher erwähnt worden
sind nach Makrizi's Angabe.

2. Die Maāzeh, deren eigentliche Wohnsitze weiter
südlich gegen Oberägypten zu liegen.

3. Die Tarrabin, die auch in Syrien, in der Umgegend von El-Arisch sesshaft sind (auch im Dorfe Basatin
bei Kairo).

4. Die Tiāhah, die in der Gegend des Wadi-Tih, des
Thals der Verirrung, im nördlichen Theil des peträischen Arabien wohnen.

5. Die Sawālihah, welche längs der Küste des Rothen
Meers von Suez hinab wohnen.

6. Die Madjan, ein Stamm, der sich aus Beduinen
von Higaz und der Provinz Scharkijjeh gebildet hat und
bei 3000 Seelen zählt. Zu diesem Stamm gehören die

7. Karārischeh, welche vom Stamm Kuraisch abzu-
stammen vorgeben.

Burton führt die nachstehenden Stämme im peträischen Arabien an [40]):

1. Karaschi (Pl. Karārischeh), welche von Koraisch
abstammen wollen.

2. Salihi (Pl. Sawālihah), der Hauptstamm der sinaitischen Beduinen.

3. Arimi (Pl. Awārimeh), nach Burckhardt eine Unterabtheilung der Sawālihah.

4. Saīdi, die Burckhardt auch zu den Sawālihah
rechnet.

5. Alīki (Pl. Alaikah).

6. Muzeineh, welche eine Abtheilung des grossen
Guheineh-Tribus sind, der die Wüste um Jambu' bewohnt. Nach mündlicher Ueberlieferung sollen fünf Leute,
die Ahnen des jetzigen Muzeineh-Stammes, genöthigt

worden sein, wegen Blutrache aus ihrer Heimat zu flie-
hen. Sie landeten in Schurūm auf der Sinaitischen Halbinsel und ihre Nachkommen verbreiteten sich über den
östlichen Theil derselben. Im Higaz ist Muzeineh ein
alter und edler Stamm.

Die Tawārah, wie alle Beduinen der Sinaitischen
Halbinsel zusammen genannt werden, waren ursprünglich
verrufen wegen fortwährender Räubereien und Mordthaten.
Noch in Mohammed-Ali's Zeit hätte es kein Gouverneur
von Suez gewagt, einen Beduinen arretiren oder gar be-
strafen zu lassen für was immer ein Vergehen, das er
innerhalb der Stadt begangen haben mochte. Jetzt hat
sich aber alles geändert. Bevor der Beduine die Stadt
betritt, muss er seine Waffen abgeben.

Die Tawārah-Beduinen haben noch viele Züge des
echten Beduinencharakters beibehalten; sie sind lustige
Kumpane, entzückt über einen guten Spass, aber ebenso
schnell beleidigt, empfindlich in ihrem Ehrgefühl, rach-
süchtig, wenn sie gereizt sind und sich verletzt wähnen.

Die 'Ajāïdeh, richtiger 'Āïd, deren schon Makrizi in
seiner früher angeführten Abhandlung Erwähnung thut,
sind eine Abzweigung des alten arabischen Stammes Gudām, der ursprünglich an der syrischen Grenze wohnte;
ihr Hauptort war die Festung Maān, fünf Tagereisen
südlich von Damascus; sie wanderten später in Aegypten
ein. Die Feste Akabah war ehemals in ihrem Besitz.

Die Maāzeh wohnen im Wadi-Musa, wo die Ruinen
des alten Petra, der Hauptstadt der Nabatäer, stehen. [41])

Die Tarrabin hausen an der nordwestlichen Küste
des Golfs von Akabah, wo sie viele Datteln ernten, obwol sie auf die Cultur der Palme gar keine Pflege verwenden. Die eingesammelten Datteln bringen sie in ein
Geflecht aus Matten, von Erde umgeben, darin sie die
Frucht von der Sonne dörren lassen, welche dann in

Klumpen von mehreren Fuss im Durchmesser in der Vor-
rathskammer aufbewahrt wird.

Merkwürdig ist der Name Madjan, der unwillkürlich an den altarabischen Stamm Midjan erinnert, dem
der Prophet Schuaïb angehören soll, welcher sie bekeh-
ren wollte, wofür sie ihm mit Undank lohnten. Das
göttliche Strafgericht brach aber herein und vernichtete
sie. So erzählt die arabische Sage. Ich bezweifle übrigens die Richtigkeit dieses Namens, den weder Burton
noch Burckhardt kennt.

Die Alīki, gewöhnlich Aleigāt genannt, wohnen zusammen mit dem Stamm Muzeineh an der Westküste des
ailanitischen Golfs (Busen von Akabah) und besitzen hier
grosse Palmenwälder, die aber wegen der vernachläs-
sigten Cultur nur sehr wenig Ertrag bringen.

Die Beduinen der Sinaitischen Halbinsel theilen sich
nach Burckhardt, dessen Angaben auch hier am voll-
ständigsten und klarsten sind, in folgende Stämme:

I. Sowalha, der Hauptstamm, lebt westlich vom
Sinai und zerfällt in die Unterstämme:

1. Walad Saïd, 2. Karaschi, 3. Awârimeh, welche
den Stamm Beni-Mobsen in sich begreifen, 4. Rahami.

II. Aleigat, die mit den Muzeineh zusammenleben.
Es ist dies derselbe Stamm, von dem eine Fraction im
Wadi-1-Arab in Nubien bei Sabūa wohnt.

III. Muzeineh, östlich vom Sinai.

IV. Aulād Soleimān, wenig zahlreich, bei Tor und
in den benachbarten Dörfern.

V. Beni-Wāsel, bei funfzehn Familien, leben mit den
Muzeineh zusammen und stammen ursprünglich aus der
Berberei.

Im nördlichen Theil der Halbinsel wohnen die Haiwāt, die Tiāhah und die Tarrabin. [42])

Verlässliche und genaue Nachrichten über die Bewohner des peträischen Arabien verdanken wir dem vortrefflichen Rüppell, der auch hier durch besonnenen Forschungsgeist und deutsche Gründlichkeit' sich auszeichnet. [43]) Nach ihm scheiden sich die Bewohner der Landstrecke zwischen Suez, Rās Mohammed und Akabah selbst in mehrere Hauptabtheilungen, von denen die eine mit der andern in keine Eheverbindung tritt und bei denen eine Art Rangordnung eingeführt ist. Diese Volksabtheilungen sind:

1) Die eigentlichen Beduinenstämme.
2) Die Gebelijjeh.
3) Die Haderijjeh.
4) Die Christen.
5) Die Tehmi (richtiger Huteimi). [44])

Die eigentlichen Beduinenstämme sind theils diejenigen Ureinwohner der Halbinsel, die bei. Einführung des Islam diese Religion annahmen, theils Nachkommen der zu verschiedenen Zeiten aus Higaz und Negd eingewanderten Nomaden. Viehzucht ist ihre einzige Beschäftigung, die jedoch bei weitem nicht hinreichend ist, um ihnen den sparsamen Lebensunterhalt zu gewähren; ein kleiner Hülfsverdienst war die Vermiethung ihrer Kameele zum Waarentransport zwischen Suez und Kairo. Periodische Raubzüge füllten ehemals die Lücken ihres Bedarfs aus. Mohammed-Ali schloss mit den verschiedenen Stämmen einen Vertrag ab, kraft dessen sie allen Räubereien entsagten und gleichsam wechselseitig füreinander gutstanden; dagegen sollte der Pascha einer gewissen Anzahl ihrer waffentüchtigen Männer einen Taggehalt von sechs ägyptischen Para (circa vier Kreuzer) auszahlen. Mohammed-Ali's befestigte Macht in Aegypten, seine Siege im Higaz und sein immer wachsender Einfluss in Syrien machten es möglich, die Araber zu zwingen, diese Uebereinkunft genau einzuhalten. Unterdessen war im Jahre 1823 schon seit geraumer Zeit die versprochene Zahlung unterblieben; die Araber glaubten sich daher zu Gewaltthätigkeiten berechtigt, und alle Stämme vereint raubten bei Suez die Güter einer sehr beträchtlichen Karavane, welche grösstentheils dem Pascha gehörten. Eine starke Truppenmacht wurde gegen sie entsendet; doch hatte man die meisten Waaren schon nach Syrien geschafft. Als Ersatz für diesen Raub machten sich die Beduinen verbindlich, jährlich ein ansehnliches Quantum von Kohlen nach Kairo zu liefern. Seit dieser Plünderung wird auch keine Gehaltzahlung mehr gemacht.

Unter den Beduinenstämmen der Sinaitischen Halbinsel ist der Stamm Muzeineh am zahlreichsten; er benutzt die Weiden in den Districten zwischen Akabah, Schurūm und St.-Katharina. Man schätzt ihn auf 415 streitbare Männer. Als Unterabtheilung der Muzeineh sind die wenigen Familien zu nennen, welche den besondern Namen der Beni-Wasel führen, die Gebirge bei Schurūm bewohnen und 60 streitbare Männer zählen; ferner die Familien, welche Elu Agermie genannt werden, die Rüppell im Wadi-Salakah antraf. [45])

Der zweitmächtigste Beduinenstamm ist der der Sawalihah, welche vom Wadi-Faran bis zum Flecken Tor wohnen. Sie zerfallen in drei Unterabtheilungen: die Weled Said mit 180, die Aleikät mit 100 und die Karaschi mit 80 streitbaren Männern.

Die Weiden in der Umgebung des Brunnens Nasb gehören dem Stamm Awārimeh, der bei 150 erwachsene Männer zählt. In der Nähe des Schlosses Negīleh und zwischen dort und Suez halten sich Beduinen vom Stamme Tarrabīn auf, die gleichfalls 150 erwachsene Männer stellen sollen. Die kleine Horde der räuberischen Haiwāt, die zwischen Akabah und Negīleh sich herumzutreiben pflegt, mag in allem 100 Köpfe zählen.

Die Gebelijjeh, welche in der Rangordnung den freien Beduinen am nächsten stehen, sollen zufolge der Angabe der Mönche von St.-Katharina Nachkommen der tausend Sklaven vom Pontus Euxinus und aus Oberägypten sein, welche Kaiser Justinian diesem Kloster als Eigenthum schenkte; sie siedelten sich in den Gebirgen der Umgebungen des Sinai-Klosters an und daher soll ihr Name, der Bergbewohner bedeutet, stammen. Als Leibeigene des Klosters mussten sie dessen Gärten bebauen und alle sonstigen vorkommenden Frondienste thun. Als der Islam sich bis in diese Gegend verbreitete, emancipirten sich diese Sklaven durch Annahme der neuen Religion; sie fahren jedoch fort den grössten Theil der ihnen früher obliegenden Klosterarbeiten zu verrichten, wogegen jeder männliche Sprössling einen Gehalt an Geld und Lebensmitteln vom Kloster erhält. Die verschmitzten Mönche wissen durch Legenden und vorgebliche Wunder einen grossen Einfluss auf diese Leute zu behaupten.

Die Haderijjeh sind die Nachkommen der maghribinischen Besatzung des befestigten Schlosses bei Tor, welches Sultan Selim im Anfang des 16. Jahrhunderts erbauen liess. Ihr Name ist wahrscheinlich von dem Wort Had'ar herzuleiten, womit die Beduinen die Städter im Gegensatz zu sich selbst bezeichnen. Rüppell's Schreibung (Haterie) und Ableitung ist irrig. Das Schloss ist längst in Trümmer gefallen, und die Haderijjeh wohnen jetzt eine Stunde südlich von Tor, wo sie Dattel- und Feigenpflanzungen haben. Einige beschäftigen sich mit Fischfang. Diese Haderijjeh, ein der Halbinsel fremder Stamm, stehen bei den Beduinen in keiner grössern Achtung als die Gebelijjeh. Ihre Zahl soll sich auf 50 streitbare Männer belaufen.

Die Tehmi scheinen ihren Gesichtszügen nach aus

Jemen zu stammen: sie haben stark gebogene, zuge-
schärfte Nasen, durch eine schwache Auskerbung von
der Stirn getrennt, sehr schmale, schön gewölbte Augenbrauen, lebhafte, tiefliegende Augen, kleinen, wohlpro-
portionirten Mund, etwas rückstehendes Kinn, beinahe
keinen Bart, länglich ovales Gesicht, glattes schwarzes
Haar und gelbe Hautfarbe. Der Name Tehmi liesse sich
auch von der. Provinz Tehameh ableiten. Die Tehmi
führen ein unstetes Schifferleben, je nachdem die für den
Fischfang günstige Jahreszeit sie hier- oder dorthin ruft.
Sie besitzen nördlich von 27° nördl. Br. bei 30 kleinere
Fischerboote (Sandal), und ihr beliebtester Aufenthalt
ist auf den Inseln Jubal, Tyran, Omosele, wo sie dann
und wann ihre Zelte aufschlagen. Da auf diesen Inseln
kein Trinkwasser ist, so holen sie es in grossen irdenen
Gefässen von Tor, Schurûm und Aiṇûneh. Bei Abu
Schaar, dem alten Myos Hormos, pflegen sie sich im
Frühling aufzuhalten, um ihre Ziegen und Schafe zu
weiden. Im Sommer lagern sie an den Brunnen südlich
von Tor, wo sie mehrere Dattelpflanzungen eigenthümlich
besitzen. Im Winter beherbergt sie mit ihren Heerden
die Insel Tyran oder auch Omosele. Die Zahl ihrer
erwachsenen Männer mag sich auf 70 belaufen. Sie
stehen in grosser Verachtung bei den Beduinen, von welchen sie wie Leibeigene behandelt werden.

Ausser den Mönchen. des Sinai-Klosters beschränken
sich die christlichen Bewohner der Sinaitischen Halbinsel
auf wenige Familien, die in Tor ansässig sind. Der Dienst
des nahe liegenden Klosters scheint die erste Veranlassung zu ihrer Ansiedelung gewesen zu sein; zwischen
ihnen und den Beduinen besteht das Verhältniss von
Clienten zu ihrem Schutzherrn.

Die ganze Bevölkerung der Halbinsel zwischen Suez,
Akabah und Ras Mohammed, die einen Flächenraum von

300 geogr. Quadratmeilen umfasst, mag sich auf beiläufig 6000—6500 Seelen belaufen, mit Ausnahme der Bewohner von Suez und Wadi-Arabah. [46])

Die ägyptisch-arabische Wüste wird in ihrer ganzen Ausdehnung blos von Beduinen bewohnt, mit Ausnahme einiger Punkte an der Küste und weniger koptischer Klöster. Man zählt am rechten Uferlande des Nil 26 Beduinenstämme, die ungefähr 28000 waffenfähige Leute und darunter über 3000 Reiter aufzubringen im Stande sein sollen. Von dieser wol zu hoch angegebenen Anzahl kann man auf Oberägypten nur vier Stämme mit ungefähr 3000 streitbaren Männern rechnen. [47]) Unter diesen Stämmen sind die Maāzeh im nördlichen und die Ababdeh im südlichen Theil der Arabischen Wüste die bedeutendsten. Das Gebiet der arabischen Beduinen scheint sich nicht weit über die Höhe von Kosseir zu erstrecken; denn der eine Meile südlich davon wohnende Stamm Fawāideh, eine Abzweigung des grossen, alten, rein arabischen Stammes Guheineh, stösst gegen Süden in der Entfernung von zwölf Wegstunden von Kosseir an die Ababdeh, die dort in grosser Anzahl sich aufhalten, theils unter Zelten, theils in Hütten. Sechs Stunden nördlich von Kosseir trifft man rein arabische Beduinen der Stämme 'Abs und 'Azāizeh. Die Handelsstrasse von Kosseir nach Kenne ist im Besitz der Ababdeh, welche sich um die Brunnen (die alten Hydreuma) ansiedeln, die von Stelle zu Stelle sich vorfinden. [48])

Die Stämme, welche die ägyptisch-arabische Wüste bewohnen, sind nach Wilkinson folgende: die Maāzeh, von den Ababdeh Atauneh genannt, der grösste Stamm; die Huweitat, zwischen Suez und Kairo, von welchem Stamm ein Theil sich in der Provinz Kaljubijjeh angesiedelt hat, wo die Regierung ihnen Gründe anwies, die sie jetzt bebauen. So erzählte mir ein Huweitat-Beduine, dem ich kürzlich ausser Kairo begegnete. Das eigentliche Gebiet der Huweitat liegt schon im Higaz und erstreckt sich von Akabah hinab bis Wugh' und Muwailih'. Der jetzige Scheich der Huweitat, die sich in der Provinz Kaljubijjeh niedergelassen haben, heisst Ibrahim Schedîd. Die Tarrabin wohnen an der nördlichen Grenze Aegyptens, die Amrân oder Amarîn an der Suezstrasse, die Ajâideh bei Matarijjeh (Heliopolis), die Allawîn zwischen Aegypten und dem peträischen Arabien, nördlich vom Sinai, die Neâm bei Basatîn, Beni-Wasel, jetzt Fellah, gegenüber von Beni-Suef, die Hawâzin bei Kosseir, Billi, Sabbaha, Gehaini, Harb, kleine Stämme meistens am Wege von Kosseir nach Kenne, Metahrat bei Birg, gegenüber Siut, jetzt Fellah; Hawwârah in der Thebais, längst schon Fellah, Azâiz an der Kosseirstrasse. Kleinere Stämme sind die Tmeilât, Hauanieh, Debûr, Aïd, Akâileh, Semâneh, Attajât, Kelaibat, Haggaza, Etaim. Südlich von Kosseir sind die Genaab und andere Abzweigungen der Ababdeh. Die ganze Wüste zwischen Suez und Kosseir ist vorzüglich von Maâzeh-Beduinen besetzt, welche sich als die Herren dieses Landes betrachten und der mächtigste Stamm sind. Südlich von der Strasse von Kosseir nach Kenne sind die Ababdeh und noch weiter südlich die Bischari der vorherrschende Stamm; letztere dehnen sich bis zu 16° nördl. Br. aus. [49])

Diese beiden letztgenannten Stämme sind deshalb von besonderer ethnographischer Bedeutung, weil sie einer von der arabischen verschiedenen Rasse angehören. Bei den Bischari ist die arabische Sprache nur jenen geläufig, die mit den Karavanen verkehren. Ich finde in meinen Reisenotizen einen Vers vor, den sie bei Antritt der Reise durch die Nubische Wüste von Korosko nach Abu Hamed sangen und den ich an Ort und Stelle aufzeichnete; er lautet:

Ja Scheich-el-Gebelawi karrib kulle käs'i,

d. i. O Scheich el-Gebelawi, mache alles Ferne nah.
Rüppell hält sie für ein äthiopisches Volk. [50]) Die Bis-
chari-Beduinen unterscheiden sich in ihren Zügen von
den Ababdeh; die Nase ist weniger gerade, die Lippen
sind dicker. Die Bischari sind wild und unbändig.
Die Namen einiger Unterabtheilungen derselben sind:
Alliab, welche am nördlichsten wohnen und in die Bel-
gab und Amrat sich theilen; die Gemmatab, die gegen
Osten sitzen, die Domaiab mit den Hamadoräb und
Schinterab, wovon letztere auch Anak Yabāb heissen
und türkischen Ursprungs (Rumi) sein wollen. Als Bischari-Stämme sind noch anzuführen: die Ammarar und
Heddendohar, welche letztere in der Nähe von Sawakin wohnen, dessen Einwohner selbst Haddarbi genannt
werden. [51])
Nach Heuglin [52]) führen wir noch folgende Stämme an,
von denen mehrere mit den bereits genannten identisch
sind: Bischarin oder Bischariāb, Hadendoa, Gariab, Go-
molāb, Scharāb, Rabamāki oder Nas-el-hamīr, Galoleï,
Hansilāb, Samalār, Artegāb, Beranāb, Miktināb, Sigulāb.
Alle diese Stämme sprechen dieselbe Sprache, welche wir
nach dem Namen· des bekanntesten Stammes Bischari-
sprache nennen wollen, die aber von ihnen selbst und
von den Arabern mit dem Namen Begawijjeh oder Me-
gawijjeh bezeichnet wird, offenbar nach dem schon aus
den arabischen Geographen bekannten Gesammtnamen
all der Nomadenvölker, welche die Wüsten zwischen
Oberägypten und dem Rothen Meer bewohnen, der Begah. Ein Theil derselben hat feste Wohnsitze und
lebt in ärmlichen Hütten, der grösste Theil aber führt
ein unstetes Wanderleben. Eigenthümlich ist es, dass
einige Begah-Stämme sich für Abkömmlinge der Römer

(Rūm) ausgeben und Christen zu sein versichern. [53])
Die Begah-Völker scheinen sich vom südlichsten Theil
der ägyptisch-arabischen Wüste bis über Sawākin hinaus
zu erstrecken, wo sie an das Gebiet der Hababvölker
grenzen, welche bereits in den Bereich der abyssinischen
Rasse gehören; denn ihre Sprache ist ein Dialekt des
Gez oder Altabyssinischen. [54])

Die Bischari wohnen gegen das Rothe Meer in
grösserer Anzahl als gegen das Nilthal und vermitteln
allein den Waarentransport von Korosko durch die Nubische Wüste und zurück. Sie sind von feinem, zartem
Gliederbau und dunkler, olivenbrauner Hautfarbe. Die
Haare tragen sie in eigenthümlicher Perrükenform auf-
gedreht und reich mit Butter bestrichen; dieser Haar-
schmuck ist ihre einzige Kopfbedeckung. Ihre Waffen
sind Schild und Lanze und lange, gerade, zweischneidige
Schwerter mit kreuzförmigem Griff, meistens aus Solin-
gen, den Ritterschwertern des Mittelalters ganz gleich.
Die Bischari mit ihren zahlreichen Unterabtheilungen
sind ein biederes Hirtenvolk, das in frugalster Weise lebt;
Vielweiberei kommt nur bei den Scheichs vor. Viele
Stämme haben nie Brot gesehen und kennen es nicht.
Der Islam ist nur oberflächlich eingedrungen. Eigenthümlich bei einem Hirtenvolk ist der nur aus uralten
religiösen Vorurtheilen zu erklärende Abscheu gegen
Käse. Diese Thatsache bestätigte mir neuerdings der
hochwürdige Provicar M. Kirchner; auch Makrizi erwähnt
dieselbe in seiner Schilderung der Begah-Völker.

Der Centralpunkt der Bischari-Stämme und ihr Zu-
fluchtsort ist der Berg Olba, wo ihr Häuptling residirt. [55])
Nur wenige haben Feuerwaffen und aus diesem Grunde
leben sie auch in einer gewissen Abhängigkeit von den
Ababdeh. Eine weitere Abzweigung der Bischari sind
die Hadārib, welche an der nördlichen Grenze Abyssi-

niens wohnen und sich bis Sawakin hin ausdehnen, welche Stadt sie fast ausschliesslich bewohnen. Auch sie sprechen die Begawijjeh-Sprache.

Als Hauptstämme der Bischari führt ein neuerer Reisender [56]) folgende an: Alliab, Mansurab, Gamhatab, Ereab, Amrab, Hamadab, Balgab, Amarer, Hadendoa, Hallenga, Mit-Kinab, Sukinab, welch letztere die Provinz Takka bewohnen. Die Unterabtheilungen der Hadareb sind: Arteda, Betmala, Harubb, Bartum, Subderat, Ibarekab, Arandoa, Umara.

Die Scheichs der Ababdeh haben sich eine Art Diebssprache gemacht, die von ihnen allein verstanden und dadurch gebildet wird, dass sie an die arabischen Wörter vorzüglich die Silben ka oder ki anhängen. Der Erfinder dieses Rothwelsch ist der verstorbene Hassan Chalīfah, Bruder des jetzigen Wüstenscheichs Hussein Chalīfah. [57]) Es wird mit arabischen Lettern geschrieben. Die Ababdeh halten sich für edler als die Bischari und üben über dieselben eine Art von Oberherrlichkeit aus. So treiben ihre Scheichs von den letztern die Steuern für die ägyptische Regierung ein, die übrigens nur im Wege des gegenseitigen gütlichen Uebereinkommens eingehoben werden; denn Steuerbeamte und Kawassen leiden diese freien Stämme nicht. Der Ababdeh-Stamm der Schanatir, welcher sich am Nil im untern Theile Nubiens aufhält, soll die Begawijjeh-Sprache fast ganz vergessen haben und grösstentheils Kenuzi sprechen. [58]) Viele Ababdeh haben sogar das Nomadenleben aufgegeben und sind zu Ackerbauern geworden. So befindet sich eine Ababdeh-Colonie in Derwa in der Nähe von Kenne, wo sie Gründe cultiviren, die ihnen von der ägyptischen Regierung eingeräumt worden sind.

Die Ababdeh bewohnen die Wüste südlich von Kosseir bis über Assuan hinaus. Sie scheinen nicht eingewandert, sondern die alte eingeborene Bevölkerung zu sein. Von den Beduinen arabischer Abstammung unterscheiden sie sich durch dunklere Hautfarbe, die fast kupferbraun ist; das Haar tragen sie lang, wie die Nubier. Ihre Waffen sind Speer, Schild und Schwert; doch haben sie jetzt auch schon Gewehre. Sie kennen, wie mir Hadarbe-Kaufleute aus Sawakin versicherten, die Begawijjeh-Sprache, verstehen aber jetzt alle auch Arabisch, dessen sie sich mit einer eigenthümlichen Aussprache bedienen. Sie leben nicht unter Zelten, sondern in Hütten aus Strohmatten. Ihre vier Hauptstämme sind: Gawalijeh, Fukarā, Abudijīn und Aschabāb. [59])

Wir lassen nun Sprachproben der Begawijjeh sowie der Geheimsprache der Ababdeh-Scheichs folgen, welche wir der gefälligen Mittheilung des hochwürdigen Herrn M. Kirchner, apostolischen Provicars für Centralafrika, verdanken.

Gott, *allah* (arab.).
Welt, *to dinnia* (arab.).
Himmel, *tóbra.*
Sterne, *hajúk.*
Sonne, *tói.*
Mond, *éterri (g).*
Feuer, *tonà.*
Luft, *baramta.*
Wasser, *éjam.*
Erde, *totajáh.*
Staub, *uussa.*
Koth, *ortti.*
Meer, *óbhar* (arab.).
Regen, *óbra.*
Wolke, *taáfrad.*
Wind, *barám.*
Wärme, *oĝua.*
Kälte, *águara.*
Wüste, *mká.*
Berg, *órba.*
Jahr, *haul* (arab.).
Sommer, *mhakái.*

Winter, *ówie.*
Monat, *óterri (g).*
Tag, *toi,* Pl. *tina.*
Morgen, *úma.*
Mittag, *othor* (arab.).
Abend, *magrib* (arab.).
Nacht, *hanát.*
heute, *toin.*
gestern, *èra.*
Woche, *gimma* (arab.).
Sonntag, *to had* (arab.).
Montag, *to l' etnein* (arab.)
  u. s. w. für alle Wochentage
  die arabischen Benennungen
  mit vorgesetztem *to.*
Fasten, *to básket.*
Leute, *énda.*
Mann, *ótak.*
Weib, *tátaka (t).*
Vater, *babo.*
Mutter, *ntéto (k).*
Grossvater, *hobo (k).*

Grossmutter, *hoto (k)*.
Sohn, *úora*.
Tochter, *tooda*.
Bruder, *ssána*.
Schwester, *tekuata*.
Kopf, *gurma*.
Haar, *teháma*.
Gesicht, *éfir*.
Haut, *taḋda*.
Stirn, *totára*.
Auge, *teléle*.
Ohr, *oónquil*.
Nase, *óǧnuff*.
Mund, *ójeff*.
Zahn, *tógura*, Pl. *tégura*.
Zunge, *midá*.
Bart, *s̄chanak*.
Hals, *tómo (k)*.
Schulter, *tesánka*.
Brust, *ádtaba*.
Arm, *harka*.
Hand, *úaja*.
Finger, *tetíbala*, Pl. *tetíbale*.
Fuss, *raǧad*.
Haus, *oǧau*, Pl. *ǧaua*.
Thür, *óbab* (arab.).
Fenster, *to taka* (arab.).
Bett, *angare (b)*.
Matte, *ómbadj*.
Schüssel, *gadhe*.
Topf, *toua*.
Schale, *to ǧarrá*.
Lanze, *tofna*.
Schwert, *mad̄d̄ad*.
Schild, *ogba*.
Messer, *handjar* (arab.).
Tasche, *túma fáda*.
Kleider, *hakak*.
Sandalen, *teged̄d̄a*.
Strick, *ólu (l)*.
Brod, *ótám*.
Milch, *teḋ*.
Bier, *merisa*.
Fleisch, *tós̄cha*.
Salz, *omoss*.

Butter, *éld*.
Mittagessen, *tómhasei*.
Abendessen, *ódera*.
Kameel, *ókam*, Pl. *ákam*.
Pferd, *hattá*, Pl. *hattái*.
Kuh, *tos̄chḋ*.
Stier, *os̄cha óraba*, d. i. männ-
　　liches Rind.
Widder, *aérken*.
Schaf, *toanna*.
Bock, *óbók*.
Geiss, *tond*.
Esel, *óme (k)*, Pl. *émak*.
Hund, *ójas*, Pl. *ejs*.
Katze, *okaffa*.
Löwe, *ohad̄d̄a*.
Tiger, *oihá (m)*.
Gazelle, *ganna*, Pl. *gannai*.
Hyäne (Hyaena crocuta), *meráfé*.
kleine Hyäne (Hyaena striata),
　　okarra.
Skorpion, *etakána*.
Schlange, *quoquor*.
Vogel, *ókla*, Pl. *éklé*.
Geier, *ebitt*.
Hase, *helé*.
Strauss, *kwire*.
Ei, *okwaher*.
Baum, *ohindi*.
Dumpalme, *o-dom*.
Gras, *ósjam*.

Monatsnamen:

1. Monat, *tekamté sile*.
2. „ *n̄gal allá*.
3. „ *gúmad essur ǧenne*.
4. „ „ *órá*.
5. „ „ *essemha*.
6. „ „ *er'igen*.
7. „ *regeb essur ǧenne*.
8. „ „ *er'igen*.
9. „ *to baske*.
10. „ *fatar essur ǧenne*.
11. „ „ *er'igen*.
12. „ *tessíle*.

129

Beiwörter:

weiss, *érab*.
schwarz, *haddal*.
roth, *ádarob*.
grün, *ssóta*.
gelb, *teta (bba)*.
braun, *téla (b)*.
gross, *uennu*.
klein, *tabalo (b)*.
lang, *gumadu*.
kurz, *naġasso (b)*.

dick, *rakokko*.
dünn, *jemóm*.
hoch, *takékabu*.
niedrig, *nabau*.
voll, *atabt*.
leer, *hareru*.
gut, *dáibu*.
schlecht, *aféreju*.
grosser Mann, *uenn tákuo*.
kleiner Mann, *tabalo tákuo*.

Zahlwörter:

1	*nġa (t)*.	20	*tagu*.
2	*maló*.	21	*tag-ogur*.
3	*mhai*.	22	*tag-omaló*.
4	*fadˀdˀeg*.	30	*mhaitamu*.
5	*aji (b)*.	40	*fadˀdˀeg tamu*.
6	*assogr*.	50	*ajibtamu*.
7	*assárama (b)*.	60	*assogr tamu*.
8	*assemhai*.	70	*assaráma tamu*.
9	*aschodˀdˀeg*.	80	*assemhaitamu*.
10	*tamen*.	90	*aschodˀdˀegtamu*.
11	*tamenógur*.	100	*scheb*.
12	*tamen amaló*.	200	*malasche (b)*.
13	*tamen amhai*.	1000	*liff*.
14	*tamen afadˀdˀeg* u. s. w.		

Fürwörter:

ich, *ane (b)*.
du, *barók*.
er, *baró*.
sie, *bató*.
wir, *hannen*.
ihr, *barák*.
sie, *bará*.
mein, *annibu*.

dein, *beriok*.
sein, *barióhu*.
ihr, *batitohtu*.
unser, *hannebu*.
euer, *barioknae*.
ihr, *bariohnae*.
wer? *áb?*
was? *nanat?*

Zeitwörter:

Ich gehe, *ane heréran (e)*. Imperat. *sakká*. Negat. *ba sakka*. Perfect. *an heréra*. Futur. *an herér tibhari* (ich will gehen).

Ich esse, *ane tamani.* Imperat. *tama.* Negat. *ba tama.*
Perfect. *ana tama.* Futur. *ana tama tibhari.*
Ich schlafe, *ana duan (e).* Imperat. *dua.* Negat. *ba dua.*
Perfect. *ana du (e).* Futur. *ana du tibhari.*
Ich komme, *áeheri.* Imperat. *má.* Perfect. *anáha.*
Gib, *hama.* Nimm, *jiksa.* Komm herauf, *amá.* Komm herab,
gedáha. Trinke, *guá.* Schlage, *úli.*

Ich schlage dich,	*an úli tok-en.*
du schlägst mich,	*baruk úli to-e.*
du schlägst ihn,	*baruk tu úli.*

Wörter und Redensarten:

viel, *gudab.*	hinten, *arók.*
langsam, *males (k).*	unten, *uhi.*
oben, *emki.*	neben, *gaddam.*
wenig, *šchellek.*	guten Morgen, *schomtan.*
schnell, *uliá.*	guten Abend, *schohauita.*
vorn, *surók.*	willkommen, *nehan etta.*
in, nach, *téha.*	Dank! *hér merija!*
draussen, *arha.*	oder *hér ibakka!*

Zur Aussprache des Bischari ist Folgendes zu bemerken:

Die in Klammern stehenden Lautzeichen werden in der Aussprache fast nicht gehört; *šch* lautet wie ein doppeltes sehr breites sch, *ǵ* wie das arabische harte Kaf, *k* noch gutturaler. Das Zeichen ʿ drückt den Laut des arabischen Buchstabens Ain aus; *ñg* ist ein Nasenlaut, wie im Wort «Achtung»; *dʿdˇ* ist ein zwischen den Zähnen gequetschtes d.

So kurz auch die eben gegebenen Notizen über die Bischari-Sprache sind, so mögen sie doch immerhin genügen, um einen richtigern Begriff von derselben zu ermöglichen, als dies durch die bisher veröffentlichten Wörterverzeichnisse der Fall war. Auf einen nicht unerheblichen Umstand möchte ich schon jetzt aufmerksam machen: dies ist das ganz eigenthümliche Lautsystem, welches vollkommen von dem der nubischen Sprache ver-

131

schieden ist. Es scheint mir aus diesem Grunde zweifellos, dass zwischen den Bischari und Kenüzi, so nahe auch die beiden Völker wohnen, keinerlei Stammverwandtschaft besteht. Während im Nubischen der Artikel *ki* oder *gi* lautet und als Suffix erscheint, lautet er im Bischari *to* und wird vorgesetzt, z. B. : *to dinnia* die Welt, *to tajáh* die Erde, *to had* der Sonntag, *to l'etnein* der Montag, *to taka* das Fenster. Auch *o* scheint als Artikel zu fungiren, z. B.: *o gau* das Haus, *ó bab* das Thor, *o dom* die Dumpalme. Während die Pluralform im Nubischen ziemlich regelmässig durch die Ausgänge *dschi, dschigi* oder *tschi* und *tschigi* gebildet wird, waltet in der Bischarisprache hierfür eine reichhaltigere Formenbildung vor, z. B.: *ganna*, Pl. *gannai*; *hattá*, Pl. *hattái*; hingegen : *toi*, Pl. *tina*; *tógura*, Pl. *tégura*; *tetíbala*, Pl. *tetíbale*; *ogau*, Pl. *gawa*; *okam*, Pl. *ákam*; *ómek*, Pl. *émak*; *ojas*, Pl. *ejs*; *okla*, Pl. *éklé*. Fürwörter und Zahlwörter sind in den beiden Sprachen vollkommen verschieden. Die Bischari-Fürwörter haben eher einen semitischen Charakter, welcher den nubischen fehlt. Nur der Ausdruck für «zehn» klingt ähnlich, *timima* im Nubischen und *tamen* im Bischari. Dessenungeachtet wird es nach den bisherigen Sprachproben kaum möglich sein, die beiden Sprachen für anders als sich gegenseitig völlig fremd zu erklären.

Folgende Proben mögen einen Begriff von der Geheimsprache der Ababdeh-Scheichs geben; sie bedienen sich derselben meistens nur im Verkehr untereinander und mit ihren Wekilen, den Chabiren (d. i. Wegführern) u. s. w.

	Arabisch.	Ababdeh-Rothwelsch.
Welt,	*dunja,*	*arkedekinnierka.*
Erde,	*ard,*	*arkelerkad.*
Himmel,	*sama,*	*arkesserkamerka.*

9*

	Arabisch.	Ababdeh-Rothwelsch.
Sonne,	schems,	arkescherkemerkis.
Mond,	kamr,	arkelkerkamerku.
Sterne,	nugum,	arkenerkegnerkum.
Wolken,	sehāb,	arkesserkeherkab.
Regen,	matar,	markatarka.
Wind,	rih',	arkelerkih'.
Nacht,	leil,	arkelerkeil.
Tag,	jom,	arkeljerkom.
Morgen,	sabah,	arkelsarkabekah.
Abend,	magrib,	arkelmerkegragib.
Stunde,	sā'ah,	serkaarkah.
Fluss,	bahr,	berhaherker.
Berg,	gebel,	gerkeberkel.
Ebene,	sahlah,	serkahlerkah.
Thal,	wadi,	werkaderki.
Wüste,	chala,	charkalerka.
Insel,	gezīreh,	gerkazerkirerka.
Thiere,	behāim,	berkāherkaïerhim.
Kameel,	gemel,	gerkamerkel.
Widder,	charūf,	charkelerkuf.
Pferd,	husān,	hukuserkan.
Stute,	faras,	farkarerkes.
Esel,	humar,	hurkumerkar.
Hund,	kelb,	kerkelerkib.
Menschen,	nās,	nerkalerkas.
gut,	tajjib,	tarkajjerkib.
böse,	battal,	barkatakal.

Die Beduinen der ägyptisch-arabischen Wüste sind in grosser Abhängigkeit von der ägyptischen Regierung. Eingeschlossen vom Nilthal und dem Rothen Meer, haben sie nur den Weg nach dem peträischen Arabien oder nach Nubien frei. Auch in Betreff seines Gewinns ist der Beduine der ägyptisch-arabischen Wüste auf die ägyptische Regierung angewiesen. Er bewohnt einen wasserarmen, grösstentheils mit unwirthbaren Bergen bedeckten Landstrich, der nichts hervorbringt als spärliche Weide für die Heerden, deren Ertrag, nebst Fischfang an der Küste, seinen Lebensunterhalt nur theilweise deckt. Er muss sich daher nach anderm Erwerb umsehen und findet ihn nur in der Vermittelung des Waarentransports über den Isthmus, ferner des Verkehrs von Kenne nach Kosseir und von Oberägypten nach Nubien, Abyssinien und dem Sudan. Dadurch ist er abhängig von der Regierung Aegyptens, in deren Händen dieser Handel liegt. Aus demselben Grunde ist der Beduine hier gefügiger und weniger wild als anderswo. [60])

Freier, unabhängiger und unbändiger ist der Bewohner der Libyschen Wüste und der Oasen. Auch hier treten zwei verschiedene Rassen auf, die Beduinen von arabischer und jene von berberischer oder tuaregischer Abkunft. Der Beduine der Libyschen Wüste lebt im Zustand seiner vollen Freiheit und meistens ganz unabhängig von der Regierung Aegyptens, mit Ausnahme einzelner Stämme in der Provinz Fajum. Ausser dem Rechte, die wenigen Karavanen von Aegypten nach den Oasen zu führen und die jährlich aus Westafrika kommende Pilgerkaravane zu geleiten, knüpft ihn kein anderes Band der Abhängigkeit an das Nilthal. Die Beduinen der Libyschen Wüste, insoweit sie zu Aegypten zu rechnen sind, theilen sich in mehrere Stämme (nach Russegger in 24), die im Stande sein sollen, 14—15000 streitbare Männer und dem entsprechend viel Berittene sowol zu Pferde als zu Dromedar zu stellen. [61])

Spärlich sind die Nachrichten, welche uns über die Bewohner der Libyschen Wüste zu Gebote stehen. Westlich von Alexandrien in die Wüste hinein wohnen die Wuld Ali. In der Provinz Fajum waren noch vor kurzem folgende Beduinenstämme ansässig, die theils Ackerbau, theils Viehzucht trieben und den westlichen Theil des Fajum von Medinet-Fajum gegen den See Birket-el-Kurn hin bewohnten. [62]) Sie unterschieden sich wesentlich von den Fellah und nannten sich selbst Araber, d. h. Beduinen.

Die Fawāid' unter dem Scheich Muk'rib-el-'Ulwāni wohnten am Orte Ghark' [63]), die Berā'isch unter dem Scheich Abdallah Abu-Bejād' am Orte Senāro; ihr Scheich war allen andern an Einfluss und Ansehen überlegen.

Der Stamm Harābi unter dem Scheich Someid-el-Gibāli sass bei Nezlet-Schokēteh, der Scheich des Stammes Ramāh wohnte in Tētūn oder auch in Abu Gendil. Die Beduinen 'Urbān-el-Gawāiz hatten unter ihrem Scheich Omer-el-Masri ihre Gründe bei Minjeh.

Alle diese Stämme hatten Strecken des Culturlandes zur Bebauung angewiesen erhalten und waren daselbst angesiedelt. Someid-el-Gibāli hielt einen förmlichen kleinen Hofstaat und bewirthete oft an hundert Personen, selbst Mohammed-Ali hatte ihm verschiedene Ibadijjen verliehen.

Im Sommer des Jahres 1855 wollte der Vicekönig Said-Pascha diese Beduinen der Rekrutirung unterziehen. Sie widersetzten sich und erklärten, bereit zu sein, sich jeder Besteuerung zu fügen, aber ihre Söhne würden sie nie und nimmer zum Militär abgeben. Da zog der Vicekönig mit einer bedeutenden Macht von regulären Truppen gegen sie, schlug sie in verschiedenen Gefechten, wobei er selbst einmal in grosse Gefahr gerieth und fast den Beduinen in die Hände gefallen wäre. Ein Theil ergab sich an Ahmed-Pascha Parmaksiz, der ihnen Verzeihung zusicherte. Diese Zusage ward aber nicht gehalten, sondern mit grösster Grausamkeit gegen sie verfahren; viele wurden füsilirt, einige vor den Kanonen weggeblasen. Der Rest, aus mehreren hundert Männern bestehend, ward, mit Fesseln beladen, nach Alexandrien ins Arsenal geschickt und zu schweren Arbeiten verwendet. Da man sie aber nicht blos sehr anstrengte, sondern auch schlecht nährte und über Nacht in dem negen Raum einer alten abgetakelten Fregatte einsperrte,

so brach bald unter ihnen eine heftige Epidemie aus,
welche sie alle hinraffte. In der Festung Saidijjeh am
Nil-Barrage verwendete man einen Theil zu Zwangsarbeiten; auch diese starben schnell dahin infolge der
unmenschlichen Behandlung. Auf dem Marsch nach
Kairo liess man sie zwei und zwei zusammengekettet
gehen. Es kam der Fall vor, dass während des Marsches
einer starb; man nöthigte nun dessen Gefährten, den
Todten zu tragen, damit von der bestimmten Zahl, die
der dienstthuende Offizier abzuliefern hatte, keiner fehlte.
Von der ganzen Völkerschaft ist jetzt kaum mehr einer
übrig. Der Theil, welcher nicht capitulirte, zog sich in
die Wüste zurück, und der Scheich El-Masri, der Häuptling der Gawāiz, schlug sich zwei Jahre lang mit den
verschiedenen Wüstenstämmen und drang zuletzt bis
Darfur vor. Someid-el-Gibāli, der von Said-Pascha sein
Leben erflehte, erhielt von diesem einige Grundstücke in
der Provinz Scharkijjeh angewiesen. Wilkinson nennt
als Bewohner der Gegend um El-Ghark Beduinen vom
Stamme Owaināt, die Bauern geworden sind. Sie werden
im Bebauen der Felder von einem andern Stamm unterstützt, dem der Samalū, von denen beiläufig dreissig in
der Stadt Fajum, der Rest aber ausserhalb in Zelten
wohnt. 64) Mein Gewährsmann, der lange Jahre in
Fajum gelebt hatte, nannte diese beiden Stämme nicht.
Die Stämme, welche auf der libyschen Seite Aegyptens wohnen, sind folgende:

Männer.

1) Gemāid, westlich von Alexandrien . . . 400

2) Wuld Ali, ebendaselbst, bei 2000

3) Goābis, bei Terraneh und den Natronseen 400

4) Hanādi, durch die Wuld Ali aus der Provinz Behēreh vertrieben, erhielten von Mohammed-Ali Gründe bei Korain im Delta angewiesen 700

5) Ingēmi ober Kerdaseh und bei den Pyramiden 100

6) Aulād Suleimān bei Gizeh, 500 Réiter,
der Rest ungezählt.

7) Hazāle bei Rigga 70

8) Dthāfa bei Gomon-el-Arūs unter Busch . 500

9) Harābi } wandernde Stämme, die meistens in

10) Fawāïd } der Nähe von Fajum wohnen, jeder 1300

11) Hauátta bei Rotha im Fajum . . . -. 80

12) Fergan bei Senūris 220

13) Samalūs (bei Gambaschi und Ghark
Oweināt, jetzt zu Fellah geworden) 674

14) Chuwáilid bei Isment 300

15) Gawazi bei Behnesa 1800

16) Muhairib, ebendaselbst, zu nur 800 gezählt.

17) Tarhōna bei Sau und Gaschlut 300

18) Gama bei Tetalieh . . . . -. 400

19) Amāim ⎫   600?

20) Saadna ⎬ leben bei Beni-Adij und der   90?

21) Rubēi ⎭   Grossen Oase   80?

Alle vorhergehenden Angaben Wilkinson's habe ich
genau geprüft und besonders über die Namen der Stämme
ausführliche Erkundigungen von Beduinen selbst einge-
zogen, wodurch die Richtigkeit derselben auf das voll-
kommenste bestätigt wurde. Nur in der Rechtschreibung
sind einige Verbesserungen anzubringen. Mein Gewährsmann ist ein Beduine, vom Stamm Ingēmi. Ingēmi
zählt 3800 Männer, Samallu wohnen im Fajum, D'a'feh
ist richtiger statt Dthafa; die andern Stämme, die er
mir aufzählte, heissen: Fawäid, Harābi, Gawāzi, Gehmi,
Amāim, Tarhōna, Aulad-Ali mit den Unterabtheilungen
Hanādi und Gum'āt, Fergān, 'Azāleh, Huwateh, Muhārib,

Sa'ādneh, Abu Kureischeh (mit weichem Kaf geschrieben),
welch letztere von Tahta bis Damenhur wohnen.

Die Tarhōnā führen den Namen nach der Landschaft Tarhōna im Gebiet der Regentschaft Tripolis. [65])
Von oberägyptischen Beduinen nennt man zwei
Stämme Kater und Bereg bei Girge, die aus wenigen
Familien bestehen. Bei Erment sollen etliche Familien
des Stammes Aausim leben. Als nördlich von Theben
wohnend nennt man die Stämme Embāwi und Ma'āzeh.
Der grösste Theil der oberägyptischen Beduinen hat sich
angesiedelt und auf das Nomadenleben verzichtet. Sie
treiben nebst Jagd auch Viehzucht und Ackerbau. Am
westlichen Nilufer sind sie minder zahlreich als am östlichen. Die Mehrzahl besteht aus einzelnen Familien,
die von ihren Stämmen aus dem Innern der Wüste sich
trennten und somit aufhörten, eigentliche Beduinen zu
sein, wenngleich sie noch ihre frühern Stammnamen
führen und von den Fellah als Beduinen bezeichnet
werden.

Die Beduinen erkennen ihre Stämme gegenseitig an
den Brandmalen ihrer Kameele. Einzelne Stämme unterscheidet man an ihrer Aussprache, wie die Wuld Ali,
die Harābi, die Gama und Amāim. Einige sogar von
demselben Stamm haben verschiedene Accentuation, wie
die Fawäid. Die Harābi, Wuld Ali, Fawäid und Gawāzi
werden zusammen Sāadi genannt und stammen aus der
Gegend von Bengazi und. Derna, die Gāma, Amāim,
Sāadna, Rubéi und Tarhōna aus Tripolis. [66])

Die Bevölkerung der unter ägyptischer Herrschaft
stehenden Oasen ist, mit Ausnahme der Bewohner der
grossen Oase Siwah arabisch; in letzterer ist sie berbe-
risch, wie die von Wilkinson und Minutoli gegebenen
Sprachproben beweisen [67]), und gehört somit der grossen
Völkerfamilie an, die den ganzen Nordrand des afrika-

nischen Continents von den westlichen Grenzen Aegyptens
bis nach Marokko hinein bewohnt. [68])

In der Bevölkerung des nordöstlichen Theils des
Delta will der bekannte Antiquitätensammler Aug. Mariette vorzüglich semitischen Charakter und die Abkömmlinge der Hyksos erkannt haben. Es lohnt sich nicht
der Mühe, das Unwissenschaftliche einer solchen Angabe
nachweisen zu wollen. Semitische Elemente sind sicher
vorhanden, im Delta so gut wie überall in Aegypten, aber
Hyksos mit einiger Sicherheit erkennen zu wollen, gehört
in den Bereich des wissenschaftlichen Somnambulismus.
Mit reinen Hypothesen ist besonders auf dem Gebiet der
altägyptischen Forschungen gar nichts gewonnen. [69])

4. Die Zigeuner in Aegypten.

Ausser den Juden gibt es nur noch eine Völkerschaft,
welche, ohne dass die Sage, wie bei diesen, auf ein gött-
liches Strafgericht hinwiese, zerstreut durch die Länder
wandert, nirgends zu Hause und dennoch überall heimisch,
aber stets ihre eigenthümlichen Merkmale in Gesichtsbildung, Sprache und Sitten bewahrend. Es ist dies das
verrufene Völklein der Zigeuner, das in aller Herren
Ländern durch Wahrsagen, Kesselflicken, Musiciren, gelegentlich auch durch gewandte Auffassung des Begriffs
vom Eigenthum und Verwechselung von Mein und
Dein leichten, sorglosen Unterhalt sich zu erwerben
weiss. Während gegenwärtig von europäischen Ländern
nur noch Ungarn und Spanien die Zigeuner in ihrer
vollen Eigenthümlichkeit aufweisen, da im übrigen Europa
die alles mit gleichem Firnis überziehende Civilisation
denselben bald ein Ende zu machen droht und sie in
Kürze nur noch als ethnographische Curiosa gelten werden, hat der classische Boden des Orients, auf dem eben-

so wie manche Trümmerreste alter Prachtbauten auch nicht wenig alte Völkerruinen unter dem dichten, wild fortwuchernden Gestrüpp türkischer Barbarei den Sturm und das Ungemach von Jahrtausenden überdauerten, die Zigeuner in echter Ursprünglichkeit erhalten. Der Türke und Perser bezeichnet dies Völkerrestchen mit dem uralten Namen Tschingäneh, den er auch als Schmähung und Ausdruck der grössten Verachtung gebraucht. Auffallend ist es, dass in den arabischen Ländern diese Bezeichnung vollkommen unbekannt ist. In Syrien gibt es Zigeuner in beträchtlicher Anzahl, aber sie führen hier den echt arabisch klingenden Namen Nuwār und werden auch als ein besonderer Araberstamm der Beni-Nuwār aufgeführt. In Aegypten wird ihnen der Name Ghagar gegeben. Der Name Nuwār wird zwar auch in Aegypten verstanden, aber man bezeichnet damit besonders in Oberägypten, wo man Nauēr ausspricht, die als Goldschmiede herumziehenden Zigeuner.

Ueber die Zigeuner in Aegypten ist ausser einer kurzen Notiz in Lane's Werk über die jetzigen Aegypter nichts bekannt geworden. Es mögen daher nachstehende Notizen hier ihren Platz finden.

Die Ghagar bilden in Aegypten einen zahlreichen Volksstamm, der nach bekannter Zigeunerart seinen Unterhalt gewinnt, indem die Männer als Kesselflicker, Affenführer, Seiltänzer oder auch als Schlangenfänger (die Psyllen Herodot's) sich im Lande herumtreiben, während die Weiber als Tänzerinnen, Buhlerinnen und Wahrsagerinnen sich Geld verdienen. Uebrigens erhellt aus vielen übereinstimmenden Nachrichten, die ich einzog, dass ausser dem Handel mit Eseln, Pferden und Kameelen, den sie mit Vorliebe betreiben, fast der ganze Kleinhandel Aegyptens, welches sie nach allen Richtungen als Kleinverkäufer, Hausirer (Bad'd'äa'h) durch-

ziehen, vollkommen in den Händen der Ghagar ist. Sie
machen ihre Einkäufe in Kairo, wo sie den einheimischen
Kaufleuten wohlbekannt sind, besuchen die grossen
Messen von Tanta, deren zwei jährlich abgehalten wer-
den, dann die erst seit etwa zehn Jahren in Aufschwung
gekommene Messe, die drei Stunden von Beni-Suef zum
Geburtsfest des heiligen Schilk'āni (Mauled-esch-Schilk'āni)
alljährlich im Monat Mai abgehalten wird. Auf diesen
Messen vermitteln sie einen sehr bedeutenden Waaren-
umsatz und machen so schöne Gewinste, dass reiche
Ghagar gar nicht zu den Seltenheiten gehören. Während
so ein Theil Handel treibt, lebt ein anderer in Kairo als
Schlangenfänger (H'āwi) [70]) und als schlangenfressende
Derwische (Rifāïjjeh), und so mancher Reisende hat in Kairo
die ekelhaften Leistungen der letztern gesehen, ohne zu
ahnen, dass hinter der mohammedanischen Derwisch-
maske der Zigeuner versteckt ist. Diese letztere Klasse
kommt oft mit den europäischen Reisenden in Berührung
und leistet den Naturforschern willkommene Dienste,
indem sie alle Arten von Wüstenthieren, Schlangen mit
und ohne Giftzähne, Eidechsen, Uromastix, Wüstenratten,
Schakale, Wölfe, Stinkthiere u. s. w., stets bereit haben
und lebendig oder todt in kürzester Frist liefern. Die
Behendigkeit, mit der diese Leute Schlangen aufzufinden
und zu fangen wissen, ist wirklich überraschend. Mit
einem Palmstab bewaffnet, womit er an die Mauern und
Decken klopft, und mit einer Rohrflöte, durch deren
Ton er die Schlangen aus ihren Schlupfwinkeln heraus-
zulocken vorgibt, bleibt selten eine von einem H'āwi vor-
genommene Hausdurchsuchung fruchtlos, was allerdings
aus dem Grunde erklärlich ist, dass in vielen der alten
Häuser Kairos sich Schlangen aufhalten, die aber fast
immer dem harmlosen Geschlecht der Nattern angehören.
Dennoch flössen sie den Bewohnern grossen Schrecken

ein, und niemand würde es wagen, ein Gemach zu betreten, wenn der H'āwi erklärt hat, dass eine Schlange darin sei.

Der Name Ghagar ist ein ganz allgemeiner, womit alle Zigeuner bezeichnet werden; nach ihrer eigenen Angabe zerfallen sie in verschiedene Stämme. Alle geben sich aber für echte Araber aus und thun sich auf ihre rein arabische Abstammung viel zugute. Sie geben an, aus dem Westen, also aus Westafrika eingewandert zu sein; über den Zeitpunkt, wann dieses Ereigniss stattfand, wissen sie nichts Bestimmtes zu berichten. Für die Richtigkeit dieser Angabe spricht übrigens auch der Umstand, dass sie sich ohne Ausnahme zur Religionssekte der Malikiten bekennen, welche bekanntlich in ganz Nordwestafrika die herrschende unter den vier orthodoxen Sekten des Islam ist. Alle führen ein unstetes Wanderleben und versehen sich hierzu mit eigenen Wanderbewilligungen, die von dem Scheich der Gilde der Rifāi-Derwische oder der Polizei ausgestellt werden.

Am zahlreichsten ist allenthalben in Aegypten der Stamm, welcher mit dem Namen Ghawāzi bezeichnet wird. Er hat fast in allen grössern Städten und Dörfern seine in allen Künsten der Verführung wohlbewanderten Vertreterinnen, welchen die Schönheit eine sehr gefährliche Waffe verleiht. Sie bezeichnen sich selbst mit dem Namen Berāmikeh, d. i. Bermekiden, und scheinen somit ihren Ursprung auf das in der Geschichte des Orients hochberühmte Geschlecht der Bermekiden zurückzuführen, das, nachdem es die höchsten Würden des Khalifats bekleidet hatte, von dem Khalifen Harun-er-Raschid gestürzt und vernichtet ward. Zugleich sind sie aber auf ihre Beduinenabstammung sehr stolz. Sie führen in der That auch ein wahres Beduinenleben, halten sich fast immer unter Zelten auf und ziehen

von einem Jahrmarkt zum andern. Alle Ghaziehmäd-
chen wählen ohne Ausnahme das leichte Handwerk der
Tänzerinnen und die ältern treiben Wahrsagerei. Sie
verheirathen sich selten, bevor sie sich ein kleines Vermögen erworben haben, und wählen oft zu ihren Gatten
ihre Sklaven. Der Mann einer Ghazieh ist überhaupt
selten mehr als ihr Diener, der die Flöte bläst oder die
Handtrommel schlägt, wenn sie tanzt, oder auch ihr neue
Bekanntschaften zubringt. Beispiele, dass eine Ghazieh
einen Dorfscheich heirathet, sollen nicht selten sein, und,
was merkwürdiger, ihre eheliche Treue soll dann ebenso
gewissenhaft sein, als ihr früherer Lebenswandel leicht-
fertig war. [71])

Die Ghawāzi sprechen den allgemeinen Zigeuner-
dialekt, dessen sich auch die andern Stämme bedienen.

Die Zigeuner Oberägyptens nennen sich selbst
Saāideh, d. i. Leute aus Said, d. i. Oberägypten. Sie
ziehen im Lande herum und betreiben Wahrsagerei, Kleinhandel oder den Verkauf von Eseln und Pferden. Ihre
Züge sind echt asiatisch, die Hautfarbe dunkelbraun, die
Augen stechend schwarz, das Haar schlicht und ebenfalls schwarz. Die Weiber tätowiren sich oft blau an
den Lippen, Händen und auf der Brust; in den Ohren
tragen sie grosse messingene Ohrgehänge, um den
Hals Schnüre von blauen und rothen Glasperlen. Sie
wahrsagen mittels Muscheln, die sie in einem ledernen
Schnappsack tragen, der über die Schulter geworfen
wird; je nach den Gruppirungen der Muscheln, die mit
der Hand geworfen werden, wollen sie die Zukunft erkennen. Im Sommer, um die Zeit, wenn der Nil zu steigen beginnt, sieht man sie häufig in den Strassen von
Kairo, wo sie leicht an ihrem ledernen, über die Schulter
gehängten Schnappsack, sowie an dem eigenthümlichen

Ruf zu erkennen sind, den sie erschallen lassen: «nibej-
jin-ez-zein», d. i. wir wahrsagen Gutes und Schönes,
oder auch «nidmor-el-ghāib», d. i. wir finden Verlorenes
auf. In Kairo hält sich eine zahlreiche Gesellschaft solcher Wahrsagerinnen auf, welche auf die Leichtgläubig-
keit der Kairiner speculirt; sie wohnen alle zusammen
in einem Gebäude, das Hōsch Bardak heisst und knapp
unter der Citadelle gegenüber der Moschee des Sultans
Hassan liegt. Mit ihnen concurriren die maghrebinischen
Zauberer und Wahrsager, deren besonders das innere
Afrika, namentlich Darfur, die grösste Anzahl liefert.
Man kann sie an den Strassen sitzen und aus Karten
oder Sand wahrsagen sehen. Die Wahrsagerei aus dem
Sande, Ilm-er-raml genannt, ist alt im Orient und dürfte
dem Leser schon aus «Tausendundeine Nacht» bekannt
sein, wo sie eine grosse Rolle spielt.

Weitere Stammnamen sind H'aleb oder auch Schah'-
āini und T'at'ar. Die Weiber sind fast alle Wahrsagerinnen, die Männer, welche dem letztgenannten Stamm
angehören, grösstentheils Hufschmiede oder Kesselflicker
und werden auch mit dem Namen A'wwādāt oder Mua'mer-
rätijjeh bezeichnet. Auch unter den Ghagar gibt es
viele Schmiede, welche die Messingringe machen, die sowol an den Fingern und Armgelenken als auch an den
Ohren, der Nase und dem Halse getragen werden.

Die zahlreiche Klasse von Leuten, die mit abgerich-
teten Affen herumziehen und sie für Geld sich produ-
ciren lassen, deren man viele in Kairo sehen kann, wo
sie besonders auf der Ezbekijjeh nie fehlen, gehören fast
alle dem Zigeunerstamm an und man bezeichnet sie hier
mit dem Namen Kurudāti (von kird, der Affe). Von
demselben Volk sind auch die Athleten und Gymnasti-
ker, die unter dem Namen Bahlawān bekannt sind und
in grössern Städten bei Jahrmärkten und festlichen

Gelegenheiten sich einfinden. Besonders zum Fest 'Id-ed-d'ah'ijjeh kommen sie in grosser Anzahl nach Kairo.

Alle diese verschiedenen Unterabtheilungen, in welche die ägyptischen Zigeuner zerfallen, sprechen dieselbe Diebssprache, die sie Sīm nennen. Ueber die Bedeutung und den Ursprung dieses Worts ist nichts Gewisses zu erfahren; nach den Angaben der Eingebornen soll das Wort sīm etwas Verborgenes oder Geheimnissvolles bedeuten. Mit dem Ausdruck sīm bezeichnet man eine Art unechten, blos äusserlich vergoldeten Golddraht, der aus Oesterreich importirt wird. Die einzigen Bahlawān sollen eine andere Sprache haben, wovon ich mir jedoch leider keine Proben verschaffen konnte; auch scheint mir diese Angabe nicht ganz zuverlässig.

Folgendes kleine Wörterverzeichniss möge zur Beurtheilung der Sprache dienen. Dasselbe ward von verschiedenen Individuen gesammelt, und meine Hauptautorität hierbei war ein Scheich Mohammed Merwān in Kairo, der sich selbst den pomphaften Titel: Scheich aller Schlangenfänger Aegyptens, beilegte. Ausserdem befragte ich mehrere Zigeunerinnen aus Oberägypten, welche einen etwas verschiedenen Dialekt zu sprechen scheinen. [72])

Hauptwörter:

Wasser, *mōge*, *himbe* S.
Brot, *schenūb*, *bischle* S.
Vater, *a'rūb*; mein Vater, *a'rūbi*; auch *āb*; mein Vater, *abamru*.
Mutter, *kodde*; meine Mutter, *koddēti*; Pl. *kadāid*. Bedeutet auch allgemein Weib, Frau.
Bruder, *sem'*, oder *chawīdsch*; mein Bruder, *sem'i*, dein Bruder, *sem'ak* oder *chawīdschak*.
Schwester, *sem'ah* oder *ucht*; deine Schwester, *sem'atak* od. *uchtamrak*. *Sem'ah* heisst im

allgemeinen Mädchen, sowie *sem'* Knabe. *Sem'ah behīleh*, ein schönes Mädchen.
Nacht, *ghalmūz'*.
Pferd, *soh'lij*, *husānāish* S.
Esel, *zuwell*.
Kameel, *hantīf*.
Büffel, *en-naffāchah*.
Lamm, *mizghāl*, *minga'esch* S., *churrāf* S.
Baum, *chudrumān*, *schagarāisch* S.
Fleisch, *a'dwāneh*, *mahs'ūz'ah* S.

Huhn, *en-nebbäscheh.*
Fett, *barūah.*
Geist, Engel, Teufel, *aschūm.*
Hölle, *ma-anwāra,* d. i. Feuer.
 Zünde das Feuer an, *add-el-*
 ma-anwāra.
Dattel, *ma-ahli, mahalli* S.
Gold, *el-ma-asfar, midhäbesch* S.
Silber, *bītūg.*
Eisen, *hadīdäisch.*
Korn, *duhūbi, duhūba* S.
Jäger, *dabäibi.*
Zauberer, *tur'aïj.*
Stein, *hoggēr.*
Land, Gegend, *anta,* Pl. *anāti.*
Oheim, *a'rūb.*
Tante, *a'rūbeh.*
Milch, *raghwān, hirwān* S.
Zwiebel, *musannin, mubsälsche* S.
Käse, *el-mehartēmeh, mahār-*
 teme S.
Saure Milch, *atreschent, mischsch.*
Durrah, türkisches Korn, *handa-*
 wīl, mugadderijeh S.
Bohnen, *buhūs.*
Hund, *sannō.*
Wolf, *dibäisch.*
Messer, *el-chūsah.*
Fuss, *darrāgeh,* er-*raghāleh* S.,
 mumeschschajät S.
Kopf, *kamūchah, dumācheh* S.
Auge, *bas's'äs'eh, huz'z'ārah* S.
Dieb, *damāni.*

Hand, *schammāleh* (bedeutet auch
 fünf).
Norden, *baharäisch.*
Süden, *kibläisch.*
Osten, *scharkäisch.*
Westen, *gharbäisch.*
Kaffee, *magäswade* S.
Kleid, *sarme* S.
Schuh, *merkubäisch.*
Nase, *zenūnäisch* S.
Ohr, *widn;* dein Ohr, *widnam-*
 rak S. oder *mudänsche* S.
Kuh, *mubgärsche* S.
Ochs, *mutwäresch* S.
Fluss, *mistābhar* S.
Palme, *minchälesch* S.
Zelt, *el-michwäschesch* S.
Holz, *machschäbesch* S.
Stroh, *tibnäisch* S.
Christ (der), *el-annäwi.*
Ei, *mugah'rada* S.
Feuer, *el-mugänwara* S. Zünde
 das Feuer an, *walla' isch-el-*
 mugänwara.
Essen (das), *esch-schimleh.*
Sack, *migräbesch* S.
Arm, *el-kemmäscheh* S. Meine
 Hand schmerzt mich, *kem-*
 mäschtu waga'äni.
Haar, *scha'räisch* S.
Taback, *tiftäf* S.
Berg, *migbälesch* S.

Beiwörter:

garstig, *schalaf.*
schön, *behīl;* ein schönes Mädchen, *sem'ah behīleh.*

Zahlwörter:

1 *mach.*
2 *machein.*
3 *tūkit* S. oder *telāt machāt.*
4 *rūbi'* S. oder *arba'ah ma-*
 chāt u. s. w.
5 *chūmis* S.

6 *sūtet* S.
7 *sūbi'* S.
8 *tūmin* S.
9 *tūsa'* S.
10 *ūschir* S.

Zeitwörter:

geh, *fell*; ich ging, *felleit.*

komme, *e'ütib.*

sage, *agmu*; ich sagte, *agēmtu.*

sitze, *wätib.*

schlage, *ih'big*; er schlug, *h'abag; haj jihbig,* er schlägt noch; er schlug, *habasch* S.

wir assen, *raeckeina* oder auch *schamalna.*

wir tranken, *mawwagna*; ich trank, *mawwagt* oder auch *hambatt* S.

er schnitt, *schaffar.*

er rief, *nabbat'.*

er starb, *entena.*

er tödtete, *tena;* er tödtet, *jitni.*

er schläft, *jidmuch*; ich schlief, *dammacht.*

er reitet, *jita'lwan.*

er gibt, *jikif*; er gab, *kaf.*

er stiehlt, *jiknisch*; er stahl, *kanasch.*

er kocht, *jitabbig*; er kochte, *tabbag.*

er schlachtet, *jitni*; er schlachtete, *tena.*

er sah, *haseb.*

er lacht, *biarra'.*

komme, *igdi* S.; er kam, *gādat.*

sitze, *ukriz.*

stehe auf, *ütib.*

er heirathete, *etkaddad.*

Das vorstehende Wörterverzeichniss genügt, um über den Charakter dieser Sprache wenigstens theilweise ins Klare zu kommen. Es unterliegt kaum einem Zweifel, dass wir es mit einer Diebssprache, einem Rothwelsch zu thun haben, dessen sich die Zigeuner bedienen, um von Fremden nicht verstanden zu werden. Entscheidend hierfür ist der Umstand, dass sie untereinander meistens Arabisch sprechen und das Sīm nur vor Fremden gebrauchen. Einzelne Ausdrücke sind für eine Diebssprache im höchsten Grade bezeichnend, so z. B. schammāleh, die Hand, von der arabischen Wurzel «schamala», zusammenfassen, also: die Zusammenfassende, oder: bas's'as'eh, das Auge, von der Wurzel «bas's'a», spähen, also: die Spähende (das Wort «Auge» ist im Arabischen weiblichen Geschlechts). Alle grammatikalischen Formen sind mit Ausnahme der Suffixfürwörter, die nicht ganz klar sind, vollkommen arabisch. Hingegen finden sich dennoch manche Wörter vor, die offenbar fremdartigen Ursprungs sind und also wahrscheinlich von Westen hergebracht wurden, von wo die Zigeuner nach Aegypten eingewandert zu sein vorgeben. Solche, Wörter sind: zuwell, der Esel, aschūm, der Geist, bītüg, Silber, Geld, atreschent, sauere Milch, welch letztes Wort ganz koptisch anklingt, sannọ, Hund, handawīl, türkischer Mais, ein Wort, dessen sich übrigens auch die ägyptischen Fellah bedienen. Auch hantīf, das Kameel, barūah, das Fett, buhūs, Bohnen, damāni, Dieb, sind Fremdwörter, obwol sie nicht unarabisch klingen.

Eine Vermuthung, die zu prüfen mir die Mittel fehlen, ist es, dass vielleicht manche dieser Wörter sich aus dem Berberischen erklären liessen. Am überraschendsten aber ist es, dass sich namentlich unter den Zeitwörtern einzelne vorfinden, welche in den altarabischen Wörterbüchern, obwol sie jetzt durchaus nicht mehr im Gebrauch sind, als echt arabisch angeführt werden. Das Wort «h'abag», er schlug, findet sich schon in Feiruzabadi's grossem Wörterbuch Kamūs; schaffara, er schnitt, hängt offenbar mit dem altarabischen schufrah, das Messer, zusammen; nabbata, er schrie, ist nicht unwahrscheinlich mit dem alten generischen Namen Nabat (Plur. Anbāt) in Verbindung zu setzen, womit die Araber alle anders redenden Völker bezeichneten, was die Griechen mit dem Wort «Barbaren» ausdrückten. Auffallend ist aber vor allem das Wort wätib, sitzen, das nach den arabischen Lexikographen im altarabischen Dialekt der Himjaren dieselbe Bedeutung hat, während ütib und e'ütib in der Bedeutung dem neuarabischen «watab», aufspringen, entsprechen.

Ich beschränke mich darauf, diese philologischen Thatsachen hier zu verzeichnen, ohne gewagte Schlüsse daran zu knüpfen, für welche das vorhandene Sprachmaterial kaum genügenden Anhalt bietet. Leider scheinen die alten ursprünglichen Wörter immermehr in

Vergessenheit zu gerathen und durch ein nach conven-
tionellem Schema aus dem Arabischen gebildetes Kau-
derwelsch ersetzt zu werden. So erklärt es sich, dass
die ägyptischen Zigeuner für die Farben, für Sonne,
Mond, Erde, Feuer und viele der wichtigsten Begriffe
blos die arabischen Bezeichnungen kennen und die alten
eigenthümlichen Benennungen wahrscheinlich gänzlich
vergessen haben.

———————

Anmerkungen und Berufungen zum zweiten Buch.

_____

1) Für diese Vermuthung spricht der Umstand, dass sich in der ägyptischen Sprache die einzelnen charakteristischen Merkmale der semitischen Sprachen zwar vorfinden, aber auch zugleich ein fremdes, nicht semitisches Element darin nachweisbar ist, welches sich am besten durch die Vermischung der Einwanderer mit den Urbewohnern erklären liesse.

2) Dieses Denkmal ist aus dem Grabe des Chnum-Hotep in Beni-Hassan und wurde zuerst von Champollion bekannt gemacht. H. Brugsch veröffentlichte es wieder in seiner Histoire d' Egypte, I, 63, nach Lepsius, Denkmäler, II, 131, 132. Der in Hieroglyphen ausgedrückte Name des semitischen Häuptlings lautet Abu-Scha, womit ich den biblischen Namen Abischai (1. Samuel, 26, 6) vergleiche.

3) Die Schreibart Amr-Ibn-el-As kommt häufig selbst in arabischen Werken vor; richtiger ist jedoch Amr-Ibn-el-Asi; man sehe hierüber Nawawi, Biographical Dictionary, edited in Arabic by Dr. F. Wüstenfeld (Göttingen 1844), S. 478.

4) Dr. M. G. Schwartze, Koptische Grammatik. Herausgegeben von Dr. H. Steinthal (Berlin 1850), S. 10.

5) Brugsch, Alte Geographie von Aegypten (Leipzig 1857), S. 236.

6) Brugsch, a. a. O.

7) A. v. Kremer, Mittelsyrien und Damascus (Wien 1853), S. 1.

8) Makrizi, Abhandlung über die in Aegypten eingewanderten arabischen Stämme. Herausgegeben und übersetzt von F. Wüstenfeld (Göttingen 1847), S. 81.

9) Sir Gardener Wilkinson sagt: „Much indeed may be learnt from the character of the modern Egyptians and notwithstanding the infusion of foreign blood particularly of the Arab invaders, every one must perceive the strong resemblance they bear to their ancient predecessors. It is a common error to suppose that

the conquest of a country gives an entirely new character to the inhabitants. The immigration of a whole nation taking possession of a thinly peopled country will have this effect, when the original inhabitants, are nearly all driven out by the newcomers; but immigration has not always and conquest never has for its object the destruction or expulsion of the native population, they are found too useful to the victors and as necessary for them as the cattle or the productions of the soil." (The ancient Egyptians, London 1854, I, 2.) — Den besten Beweis für den Einfluss, welchen das koptische Element auf die arabischen Eroberer ausübte, liefert die grosse Anzahl von koptischen Wörtern, die noch gegenwärtig, nachdem die koptische Sprache längst schon ausgestorben ist, in dem ägyptischen Dialekt des Arabischen sich vorfinden. Nachstehende Liste ist noch keineswegs vollständig.

Koptisch.	Arabisch.	Bedeutung.
pors,	bursch,	Binsenmatte.
pekrore,	bäh'rŭr,	Frosch.
mres,	merīsi,	Südwind.
scheyni,	schuneh,	Magazin.
roman (Champollion Grammaire égyptienne, S. 86)	rummān,	Granatapfel.
seschnin (Champollion, S. 75),	beschnīn,	Lotos.
emsah,	timsah',	Krokodil.
tala, tale, talo,	tārī',	Steuerregister.
perpe,	birbi,	Tempel.
iqhrai, eaheratf,	'aĭhŭr,	Angesehener (honoratiores der Gemeinde bei den christl. Kopten).
tobe,	tŭb,	Ziegel.
tereschrosch (rubicundum esse),	bascherosch,	Flamingo.
beg,	bugg,	Weih (altägyptisch: bak; Champollion, S. 61).
oipe,	weibeh,	ein Vollmass.
ertob,	ardeb,	detto.
belhol,	balah',	Datteln.
gela (accendere, comburere),	gilleh,	getrockneter Thiermist zum Brennen.
ser (Champollion, S. 51 und Rougé, Etude sur une stèle égypt., S. 29)	surāfeh,	Giraffe.
lebam,	lĭbān,	Tau, Seil.
lebt,	lift,	weisse Rübe.

Koptisch.	Arabisch.	Bedeutung.
garampo,	*krumb,*	Kohl.
schonte,	*sont,*	Acacia nilotica.
bettyke,	*battich,*	Wassermelone.
schamar,	*schamar,*	Fenchel.

10) Brugsch, I, 73.

11) Pruner, Krankheiten des Orients, S. 60.

12) Zum Schutz gegen das böse Auge. hängen die Bauern den Kindern auch Thierzähne um den Hals. Scherbini, Hezz-el-Kuhüf, arabischer Text, Ausgabe von Bulak, S. 17.

13) Abdalonymus, bei Curt. Rufus (IV, 1, 3), König von Sidon, ist offenbar ein arabischer Name. Derselbe erwähnt auch arabische Bauern im Libanon (IV, 2, 11). Der bei römischen Autoren vorkommende Königsname Aretas (Härith) ebenso wie Obodas ('Ubeid) ist echt arabisch. Auch der Name. Abulites ist semitisch und entspricht dem arabischen. Abu Leith (Curt. Rufus, V, 2, 9).

14) Näheres hierüber sehe man bei Lane, „The manners and customs of the modern Egyptians" (London 1846), I, 40 fg.

15) A. v. Kremer, S. 41.

16) In der Schilderung des Characters des ägyptischen Mohammedaners folge ich gern der vortrefflichen Darstellung von Lane, a. a. O., S. 377.

17) Hammer-Purgstall, Gashali's O Kind! Arabischer Text (Wien 1838), S. 5.

18) Mengin, Histoire de l' Egypte sous Mehmed-Ali (Paris 1823), I, 385.

19) Der Brauch der Zikr datirt übrigens schon vom Anfang des Islam, wie aus einer Stelle in Wakidy erhellt. Vgl. A. v. Kremer, History of Muhammed's campaigns by al Wakidy. Bibliotheca Indica (Kalkutta 1856), S. 387, l. 21.

20) Aehnliches erzählt Lane, I, 317.

21) Wie Burton versichert im „Sind. Pilgrimage to Mekka and Medinah", I, 227. Hieran erinnert auch die Sitte der Römer, die Horaz (Od. I, 5) erwähnt:

> . . . . me tabula sacer
> Votiva paries indicat uvida,
> Suspendisse potenti
> Vestimenta maris deo.

Der Pilger in der Wüste weihte also ein Stück seines Gewandes zum Dank für die Errettung aus der Gefahr der Reise. Sicher ist es, dass ähnliche Bräuche, die sich bei allen Völkern vorfinden, auf uraltem Herkommen fussen. Die Expedition des

Propheten Mohammed nach Dat-er-Rikā', die von allen seinen
Biographen angeführt wird, hatte wahrscheinlich einen solchen
mit Fetzen behangenen Baum zum Ziel, welcher Gegenstand
abergläubischer Verehrung war. Ein ähnlicher Baum ist die
„Fetzenmutter" Umm-esch-scharamit, eine alte Tamariske zwischen Dar-el-beida und Suez. Ueber die weite Verbreitung
dieses uralten Baumcultus unter fast allen Völkern lese man Unger's lehrreiche Abhandlung: Der Stock-am-Eisen in Wien und
seine Bedeutung, in den Mittheilungen der k. k. Centralcom-
mission zur Erforschung und Erhaltung der Baudenkmale, IV.
Jahrgang, Juliheft (Wien 1859), S. 190.

22) Lane, I, 391.

23) Schon Tacitus sagt: .... projectissima ad libidinem
gens, alienarum concubitu abstinent, inter se nihil inlicitum. Histor.
V, 5.

24) Makrizi, Geschichte der Kopten. Herausgegeben von F.
Wüstenfeld (Göttingen 1845), S. 49.

25) Lane's Ansicht (II, 313), dass das Volk, welches den
alten Aegyptern am nächsten verwandt ist, die Nubier seien,
ist ganz unhaltbar. Die Nubasprache ist ein Negerdialekt, wie
später ausführlich nachgewiesen wird.

26) Pruner, S. 467.

27) In den Bergen unterhalb Beni-Hassan hat sich eine Inschrift erhalten, die ich gern auf diesen Johannes beziehen möchte;
sie ist in ihrer Einfachheit des christlichen Märtyrers würdig. Brugsch
fand zuerst in diesen Bergen, welche den verfolgten Christen oft
als Zufluchtsstätte dienten und wo die zahlreichen Höhlen sichern
Versteck gewährten, eine koptische Inschrift, welche lautet: „Spre-
chet Gebete für mich, den Armen. Ich bin Johannes." Brugsch,
Reiseberichte aus Aegypten, S. 90.

28) Makrizi, a. a. O.

29) Rüppell, Reise in Nubien und Kordofan, S. 98.

30) Brugsch, Alte Geographie von Aegypten, I, 150.

31) Ueber den Dongoladialekt vergleiche man das Wörterverzeichniss in Minutoli's Reise zum Tempel des Jupiter Ammon
(Berlin 1824), S. 324 fg. Leider ist die Transscription nicht sehr
correct.

32) Rüppell, S. 63. Mir fehlen leider in Kairo alle literarischen Hülfsmittel, um die Richtigkeit des von Rüppell angegebenen Datums der Bekehrung der Nubier prüfen zu können.

33) Rüppell, S. 32. Siehe auch: Rossi, La Nubia e il Sudan
(Konstantinopel 1858), S. 118.

34) Rossi, a. a. O. In diesem Werke werden zwar die
nubischen Dialekte mit der Sprache der Nubaneger in einer zu
Ende des Werks beigefügten Sprachtabelle verglichen, allein die

Anzahl der Wörter ist zu gering und die Umschreibung, wie es scheint, zu ungenau, um daraus mit einiger Sicherheit Schlussfolgerungen abzuleiten. Einen Begriff von dem unwissenschaftlichen Charakter des Buchs möge der Umstand geben, dass unter der Rubrik der altägyptischen Sprache in der beigefügten Sprachentabelle mit einem Anachronismus von mindestens 3000 Jahren das angebliche altägyptische Wort für Taback angeführt wird. Das einzige mir bekannte Vocabular der Koldagi-Negersprache ist von Rüppell, a. a. O., S. 370 fg., gegeben worden. Hiernach stelle ich folgende Wörter zusammen:

Koldagi.	Nubisch.	Bedeutung.
oar,	ur (ki),	Kopf.
aul,	agil (ki),	Mund.
gehl,	nel,	Zahn.
uilge,	ulü (ki),	Ohr.
teh,	ti,	Kuh.
kehl,	gel (ki),	Gazelle.
esch,	itschi (gi),	Milch.
goulu,	karü (gi),	Schild.
nundo,	anaddi,	Mond.
bera,	ueru,	eins.
ora,	ouu,	zwei.
todje,	toski,	drei.
kenju,	kemsu,	vier.
tessu,	didschu,	fünf.

Aus dieser Vergleichung ergibt sich auf das unzweifelhafteste die Verwandtschaft der Koldagi-Sprache mit der nubischen.

35) Wilkinson, Modern Egypt and Thebes, II, 312.

36) Burton, a. a. O., I, 214. Burton ist ein Reisender, welcher so sehr nach effectvollen neuen Bemerkungen hascht, dass seine Ansichten nicht viel Vertrauen einflössen.

37) Pruner, S. 62.

38) Burton, I, 347.

39) Burton, I, 352.

40) Burton, I, 212.

41) Ritter, Erdkunde von Arabien, II, 313.

42) Wilkinson, a. a. O.

43) Rüppell, S. 191.

44) Der Name Huteimi ist wol richtiger als Tehmi. Sie sind die Ichthyophagen des Agatharchides und Diodor's von Sicilien. Vgl. Ritter, a. a. O., I, 175, 176, 207, 213; II, 218, 271, 272, 307, 452.

45) Dieser Name ist verderbt, ich bin aber ausser Stande, die richtige Lesart hierfür anzugeben.

46) Rüppell, S. 198.

47) Russegger, Reise in Griechenland, Unterägypten, dem nördlichen Syrien und südöstlichen Kleinasien (Stuttgart 1841), I, 379.

48) Nachrichten, gesammelt von einem in Kosseir geborenen und ansässigen Kaufmann.

49) Wilkinson, II, 380 fg.

50) Rüppell, S. 212.

51) Wilkinson, II, 395, wo die Sprachproben des Bischaridialekts gegeben werden.

52) Heuglin, Reise in Nordostafrika, in den Geogr. Mittheilungen, 1860, IX.

53) Dies Factum bestätigt mir neuerdings der hochwürdige Provicar M. Kirchner.

54) Th. v. Heuglin, Die Habab-Länder, S. 370.

55) Gebel-el-Elbeh, Wilkinson, II, 394.

56) Rossi, S. 125.

57) Siehe hierüber die übereinstimmende Aussage Rossi's, S. 128.

58) Rossi, a. a. O.

59) Wilkinson, a. a. O., II, 386.

60) Russegger, I, 379.

61) Russegger, I, 378.

62) Diese Notizen verdanke ich einem eingeborenen christlichen Kaufmann, der lange Zeit im Fajum lebte.

63) Ueber diesen Ort Ghark vgl. Makrizi, S. 100. Wilkinson, II, 351, schreibt El-Gherek.

64) Wilkinson, Handbook for Egypt (London 1847), S. 256. Die Liste der Stämme, die Mengin in seiner „Histoire de l' Egypte", II, 307, gibt, scheint nicht ganz verlasslich zu sein.

65) Dr. H. Barth, Reisen und Entdeckungen in Nord- und Centralafrika (Gotha 1857), I, 74.

66) Wilkinson, II, 352.

67) Wilkinson, II, 378. Minutoli, S. 313 fg.

68) Barth, I, 243: „Es würde jedenfalls wissenschaftlicher sein, diesen ganzen grossen Stamm, der noch heute von den äussersten Ausläufern des Atlas bis über den sogenannten Niger und bis in das Herz des Sudan und vom Atlantischen Ocean bis nach Siwa und Kauār verbreitet ist, (statt Berber) noch heute Mazigh oder Imoscharh zu nennen. Diesen Gesammtnamen würden sich alle so verbreiteten Bruchstücke dieses grossen Stammes gern gefallen lassen, während sie meist den Namen Berber mit Verachtung zurückweisen."

69) Der Aufsatz des Mariette erschien in der „Revue archéologique" vom Jahre 1861 unter dem Titel des Separatabdrucks:

Lettre à Mr. le Vicomte de Rougé sur les fouilles de Tanis. Haschen nach geistreichen Effecten und unkritische Behandlung verkümmern die darin enthaltenen neuen Angaben.

70) Der sonst so genaue und wohlunterrichtete Lane macht sich eines Irrthums schuldig, wenn er angibt, dass mit dem Worte Hāwi ausschliesslich die Taschenspieler bezeichnet werden; die eigentliche Bedeutung desselben ist „Schlangenfänger", von dem Wort H'ajjeh, Schlange, abgeleitet.

71) Burckhardt, Arabic proverbs (London, 1830), S. 145.

72) Die Angaben der Saāideh sind durch ein nachgesetztes S. bemerklich gemacht.

Drittes Buch.

Agriculturzustände.

---

1. Der Nil und die Bodenbewässerung.

Nicht die Menge der Wassermasse, nicht die Macht,
mit der die Flut durch das Strombett dem Meer ent-
gegeneilt, oder die Tiefe der Gewässer, noch die Breite
der Oberfläche allein bestimmen die Bedeutung eines
Stroms. Wo fänden die grossen amerikanischen Ströme,
der Mississippi, der Orinoco, der Marañon (Amazonen-
strom) mit seiner riesigen Wasserfläche und der La-Plata
ihresgleichen? Und dennoch ist deren Einfluss auf die
menschliche Cultur nicht entfernt mit dem zu vergleichen,
den bedeutend kleinere Wasseradern, wie der Nil und

der Euphrat, auf die Geschicke der Menschen ausgeübt.
Das massvolle, regelmässig innerhalb der gezogenen
Schranken sich emsig fortbewegende Walten, allmähliches,
aber ununterbrochenes Weiterbauen auf der mit Mühe
und Anstrengung gewonnenen Grundlage, das ist es, was
die Grundbedingung jeder erspriesslichen und wahrhaft
heilsamen Thätigkeit ist, im Menschenleben wie in der
Natur. In dieser Hinsicht steht der Nil unübertroffen
und einzig da unter den Strömen des Erdballs. Einige
asiatische Ströme, der Euphrat und Tigris, der Indus,
der Ganges, die gewaltigen Wasseradern Hinterindiens
sowie die chinesischen Ströme, zeigen ähnliche Erschei-
nungen, aber keiner übertrifft in seiner segensreichen
Einwirkung auf Land und Volk, in inniger Verkettung
zwischen ihm und den Uferbewohnern den alten heiligen
Nil, dessen Namen wir nicht aussprechen können, ohne
im Geist all die Wunder Aegyptens emporsteigen zu sehen, dessen Ernährer und Erhalter er war und ist.
Durch ihn und mit ihm lebt Aegypten, er ist die Lebens-
ader des Landes, deren lebhaftere oder schwächere Puls-
schläge Segen bringen oder Noth und Elend mit sich
führen. ¹) So regelmässig geht dieses Stromes Steigen
und Fallen vor sich, dass schon die alten Aegypter ihre
Zeitrechnung darauf gründeten; ja noch mehr: er war
selbst Erzieher und Lehrmeister der ersten Menschen,
die seine Ufer bewohnten. Mit dem regelmässigen Steigen und Fallen des Flusses, wodurch bald grosse Landstriche unter Wasser gesetzt, bald trocken gelegt wurden,
ward nicht nur der menschliche Beobachtungsgeist ge-
weckt und geschärft, sondern es mussten nothwendiger-
weise die ersten Anwohner früher als in irgendeinem
Lande zur Bildung einer bürgerlichen Gesellschaft ange-
regt und genöthigt worden sein. Während in andern
Ländern die wilden Stämme in kleine Abtheilungen, ja

oft in einzelne Familien zersplittert, getrennt und ohne sich in grössere Gemeinwesen zu vereinigen, lange bestehen könnten, waren im Nilthal durch die Natur des Stromes die Menschen darauf angewiesen, zahlreichere Ansiedelungen zu bilden; denn nur gemeinsamen Anstrengungen konnte es gelingen, theils vor der Macht der überflutenden Wasser sich zu. schützen, theils bei niederm Strom genügende Bewässerung für ihre Fruchtfelder zu erhalten.

Diese jedes Jahr regelmässig wiederkehrende Ebbe und Flut rief daher die ersten und wahrscheinlich ältesten Damm- und Kanalbauten hervor und begründete die Uranfänge eines geregelten Gemeinwesens. So ist es erklärlich, dass, während die Griechen. noch rohe Wilde waren, die von der Jagd, dem Fischfang und dem Raube lebten, in Aegypten schon ein vollkommen entwickeltes Staatswesen mit geordneten bürgerlichen Verhältnissen bestand.

Bei den Katarakten von Syene beginnt das erste Steigen des Nil in der letzten Woche des Monats Juni, wird aber in Kairo erst Anfang Juli bemerkbar. Es geht des geringen Gefälles wegen zuerst sehr langsam, dann aber schneller und hat um den 15. August in Kairo seine halbe Höhe erreicht, von wo es bis zu seiner grössten Höhe zwischen dem 20. und 30. September noch 4—6 Wochen bedarf. Auf seinem höchsten Stand verharrt der Nil etwa 14 Tage, wonach das Sinken beginnt, sodass er Mitte November wieder auf die halbe Höhe seines Steigens gesunken ist. Von dieser Zeit sinkt er sehr allmählich bis zum 20. Mai des folgenden Jahres und bleibt also nur kurze Zeit in seinem niedrigsten Wasserstande. Bei diesem liegt der Spiegel des Nil zu Bulak bei Kairo nur 16,27 pariser Fuss, bei mittlerm nur 28,52 und bei höchstem Stande nur 40,77 pariser Fuss über dem

Spiegel des Mittelmeers. Es ist eine nothwendige Folge
dieser Aenderungen im Wasserstande, dass die Geschwindigkeit der Strömung hiermit zu- oder abnimmt. Bei
tiefem Stande ist die Strömung oft so gering, dass sie 1 ¼
engl. Meilen in der Stunde nicht überschreitet. In Oberägypten kommt auf die Meile ein Gefäll von ½ pariser
Fuss, in Unterägypten von 0,10 Meter. Die Höhe von
Kairo über dem Spiegel des Mittelmeers beträgt nach
Russegger 60 pariser Fuss, nach Director Kreil 81 pariser Fuss und nach einer Messung des an der Sternwarte
von Bulak angestellten Hrn. Langlois 21,05 Meter von
dem obern Balken des Nilometers auf Rodah und 26,06
Meter von der Thorschwelle des Abro-Gartens. Zwischen
Kairo und Assuan besteht nach Director Kreil eine
Höhendifferenz von 246 pariser Fuss, und da die Strom-
länge zwischen den beiden Punkten 484 nautische Meilen
(60=1°) beträgt, so steigt das Strombett auf dieser
ganzen Strecke 0,508 pariser Fuss per Meile. [2]) Die
grösste Breite des Flusses übertrifft nicht 1500 und bei
Kairo nicht 1200 wiener Klafter. Da der Nil seinen
höchsten Wasserstand, wenigstens in Unterägypten, zu
einer Zeit (dem Herbst-Aequinoctium) erreicht, wo nicht
blos die herrschenden Winde die Gewässer gegen ihr
Gefälle dämmen, sondern auch die Sonnenstrahlen weniger mächtig die Verdampfung befördern, so bleibt die
Wassermasse in längerer Berührung mit dem Erdreich
und tränkt es vollkommen. [3]) Auch durch die Seiten-
wände des Stroms findet eine reichliche Durchsickerung
statt. Brunnen von geringer Tiefe finden sich daher
überall in der Nähe des Stroms und es bilden sich auch
allenthalben in den Vertiefungen des Bodens durch
Grundwasser oder durch die Ueberschwemmung Pfützen
und Moräste. Wie sehr gewisse Saaten, besonders der
Reis, dies erfordern, ist bekannt. Das Nilwasser ist

jedoch nicht blos Träger der Feuchtigkeit, sondern des
Erdreichs und der Düngung selbst, freilich nicht in dem
Grade, wie es häufig geschildert wird, und nicht überall
in gleichem Masse. Jedes Jahr giesst der Strom eine
grössere oder geringere Wassermenge über das flache Land.
Ist die Ueberschwemmung hinreichend, so sind alle culturfähigen Ländereien bewässert; ist sie zu gering, so
bleiben ganze Landstriche trocken oder erhalten nur
einen sehr stiefmütterlichen Antheil von dem belebenden
Element. Durch die im Laufe der Jahrhunderte statt-
gefundene Erhebung des Bodens sind viele Strecken der
Ueberschwemmung theilweise oder gänzlich entzogen worden, die früher vollkommen unter Wasser gesetzt wurden. Grosse Landstriche, die im Alterthum infolge des
meisterhaft durchgeführten Kanalnetzes nie an Wasser
Mangel litten, liegen jetzt wegen der Vernachlässigung
der Kanäle wüst. Bis das Erdreich genügend gesättigt
ist, muss es wenigstens ein bis zwei Wochen unter
Wasser bleiben; es folgt aus diesem Umstand, dass die
Bewässerung nicht überall gleich vollständig ist. Die
dem Flusse am nächsten gelegenen Ländereien werden
am ersten und bleiben am längsten vom Wasser bedeckt;
hier setzt sich eine ergiebige Schicht von Nilschlamm
ab, die, wenn sie trocknet, graue Lagen von 6—8 Linien
Dicke bildet. Je weiter die Strecke ist, welche das
Wasser vom Fluss in das Land hinein zurücklegen muss,
desto geringer ist die Quantität der befruchtenden
Schlammschicht, welche es dem Boden mittheilen kann;
besonders muss sich in den langen, meistens in mannichfachen Windungen dahinziehenden Kanälen, wo die
Strömung sehr langsam ist, der grösste Theil des
Schlamms durch Ablagerung ausscheiden. Das noch den
Schlamm in Fülle enthaltende Nilwasser ist bräunlich-
gelb; je mehr es aber an Schlamm verliert, desto heller

ist es. Die höher am Fluss hinauf liegenden Gründe werden unstreitig reichlicher mit Schlamm gedüngt als die tiefern. Sobald nämlich der Strom in Oberägypten zu steigen beginnt, werden die Kanäle und Wasserbehälter geöffnet, und erst, wenn diese gefüllt sind, das Land hinreichend überschwemmt und gesättigt ist, lässt man das Wasser wieder in den Strom zurückfliessen, der später und nachdem ihm schon weiter oben erhebliche Schlammquantitäten entzogen worden sind, die untern Gegenden bewässert.

Selbst wenn der Nil den höchsten Punkt seines Steigens erreicht hat, ist nicht, wie eine häufig gebrauchte Redensart lautet, das ganze Land ein See; denn obgleich einzelne Landstriche ganz unter Wasser stehen, so sind doch die Fluten überall durch Dämme eingeengt und zertheilt, sodass selbst der Verkehr zwischen den Dörfern selten ganz gehemmt ist.

Der ganze Feldbau zerfällt in zwei grosse Kategorien, den Winter- und Sommerfeldbau, auf welche wir noch ausführlicher zu sprechen kommen werden. Uebrigens nehmen die Aegypter ungeachtet der befruchtenden Eigenschaften des Nilschlamms oft den Dünger zu Hülfe, so besonders in den Gärten und bei den Baumwollpflanzungen. In der Umgegend der grossen Städte pflegt man auf die Baumwollgründe den Schutt zu vertheilen, der sich an Orten vorfindet, die einige Zeit hindurch nicht mehr von Menschen bewohnt waren. Es ist kaum zu bezweifeln, dass, wenn der Fellah ein beharrliches System des Düngens annehmen wollte, die Agricultur noch bedeutend grössere Resultate zu liefern im Stande sein würde.

Bei den Hindernissen, welche sich einer vollständigen Bewässerung aller Culturgründe des Nilthals durch die Ueberschwemmung entgegenstellen, leuchtet es von

selbst ein, dass nichts von grösserer Wichtigkeit für das
Land sein kann, als die Instandhaltung und Vervollstän-
digung des Kanalnetzes, durch welches das Wasser des
Nil in alle Theile des Thals und des Delta, stellenweise
bis in die Wüste hinein geleitet wird und somit sowol
fruchtbares Land stets neu befruchtet, als auch wüste
Strecken der Cultur erobert Die alten Bewohner Aegyp-
tens hatten in dieser Beziehung nicht minder Kolossales
geleistet als in der Baukunst. Der künstlich ausgegrabene
Mörissee und der von Dahrut-esch-Scherif an bis nach
Fajum sich erstreckende Josephkanal, der in gerader
Linie eine Länge von über 45 geogr. Meilen hat, eine
Ausdehnung, die sich durch mannichfaltige Krümmungen
noch bedeutend erhöht, gehören zu dem Grossartigsten, was
je in dieser Art ausgeführt worden ist. Selbst die beiden
Arme, durch welche der Nil jetzt die Hauptmasse seiner
Gewässer ins Meer sendet, der bolbitinische und bukolische
Arm, d. i. die Arme von Rosette und Damiette, sind nicht
natürlich entstanden, sondern durch Menschenhand aus-
gegraben, wie Herodot angibt, obgleich jetzt keine Spur
eines solchen künstlichen Ursprungs mehr bemerkbar ist.
Auch unter der Herrschaft der Ptolemäer und Römer
wurde den Kanalbauten grosse Pflege gewidmet, und wenn
auch nicht grosse Arbeiten neu unternommen und ausgeführt wurden, so hielt man doch die alten in gutem
Stande. Der grosse Kanal, welcher den Nil mit dem
Rothen Meer in Verbindung setzte und den schon Herodot
kennt, ward von Ptolemäus Philadelphus wiederherge-
stellt oder, wie andere sagen, vollendet, durch Trajanus
aber neu gereinigt, zum Theil neu gegraben. Amr Ibn-
el-'As'i liess um das Jahr 640 n. Ch. den versandeten
Kanal wiederherstellen. [4]) Nach Strabo war das Kanal-
system so vortrefflich organisirt, dass das ganze Land
genügend bewässert werden konnte, sei es nun, dass die

Ueberschwemmung eine ergiebige oder spärliche war. Wenn der Fluss zur Höhe von 8 Ellen (cubitus) stieg, so- war gewöhnlich eine Hungersnoth zu besorgen; 14 Ellen stellten eine reiche Ernte in Aussicht. Als aber Petronius Präfect von Aegypten war, genügten 12 Ellen zu einer reichlichen Ernte; noch war bei blos 8 Ellen Hungersnoth zu besorgen. Die arabische Eroberung, welche den Künsten des Friedens und des Ackerbaus nicht hold war, übte sicher nur einen nachtheiligen Einfluss in dieser Beziehung aus; die Kanäle und Schleusen wurden immermehr vernachlässigt, sodass fast von Jahr zu Jahr Hungersnoth und Seuchen das Land entvölkerten. Erst seitdem Mohammed-Ali die oligarchische Regierung der Mamluken-Beis brach, die unter der nominellen Oberhoheit des vom Sultan ernannten Statthalters das Land beherrschten, wendete man etwas mehr Aufmerksamkeit dem wichtigen Fach der Kanalbauten zu.

Der Bau neuer Kanäle sowie die Instandhaltung der alten wird jetzt von den verschiedenen Dörfern getragen, durch deren Gebiet die betreffende Wasserstrasse geht. Die Arbeiten hierbei werden von den Einwohnern unentgeltlich geleistet. Dennoch geht man nicht immer mit der nöthigen Sorgfalt und Billigkeit zu Werke. Häufig benutzt der mit der Leitung der Arbeiten beauftragte Ingenieur diesen Anlass zu Gelderpressungen von den hülflosen Fellah. Vor einigen Jahren erhielt ein im Dienst der Regierung als Ingenieur verwendeter Europäer den Auftrag, den Bau eines neuen Kanals im Delta zu leiten. Derselbe begab sich ohne Verzug an Ort und Stelle, nahm die erforderlichen Messungen vor und liess die Ausgrabungen beginnen. Aber man möge sich den Schrecken der Fellah vorstellen, als sie bei fortschreitender Arbeit immer deutlicher sahen, dass der Kanal in gerader Linie auf ihr eigenes Dorf geleitet werde.

Gegen Vorstellungen, Bitten, Klagen blieb der Ingenieur unerschütterlich und führte das Werk der Zerstörung mit Beharrlichkeit näher und näher gegen das Dorf. Klingende Ueberredungsmittel halfen endlich den armen Bauern aus der Noth und bewogen den edlen Werkführer, seinem Kanal eine andere Richtung zu geben. Man fügt hinzu, dass er auf dieselbe Art auch noch ein zweites Dorf gebrandschatzt habe. Nichts geschieht häufiger, als dass die Bauern geradezu mit den Ingenieuren unterhandeln, um die Tiefe des auszugrabenden Kanals oder die Höhe des zu erbauenden Dammes um einige Fuss zu vermindern. Die Ingenieure, die, wie alle Regierungsbeamten, sehr unregelmässig ausbezahlt werden, lassen selten eine solche Gelegenheit, sich Geld zu machen, unbenutzt vorübergehen. Welche verderbliche Folgen aus solcher Nachlässigkeit entstehen können, ist leicht zu beurtheilen. Der Bau sowie die Reinigung der Kanäle wird mit den einfachsten Werkzeugen zu Stande gebracht; mit Spaten wird die Erde gelockert, dann in Körbe gefüllt, welche von den Knaben und Mädchen auf den Köpfen fortgetragen und am Rande aufgeschüttet werden. Die zu solchen Arbeiten verwendete Landbevölkerung bietet häufig einen Erbarmen erregenden Anblick. Schlecht bekleidet, schlecht genährt, müssen die Leute unter Aufsicht des Scheich-el-beled ohne Bezahlung Tage und Wochen hindurch diese mühsamen und oft der Gesundheit sehr nachtheiligen Arbeiten zu Ende führen, wobei sie manchmal tagelang im Schlamm zu stehen gezwungen sind. Dennoch verlässt sie ihre angeborene Heiterkeit nicht. Indem sie ein Lied absingen und im Takt mit den Händen klatschen, sieht man sie in langen Reihen die Erde und den Schlamm mit ihren Körben auf die angewiesenen Stellen anschütten und die geleerten Körbe mit Fleiss wieder füllen, wozu sie häufig als einzigen Werkzeugs sich der Hände

bedienen. Diese Arbeiter müssen, wenn das nächste Dorf
zu entfernt ist, auch die Nacht an dem Orte zubringen,
wo sie dann unter freiem Himmel schlafen und von Kälte
und Nachtfeuchtigkeit viel zu leiden haben. Es ist leicht
begreiflich, dass bei so mangelhafter Einrichtung die Vornahme einer Erdarbeit, die mit bessern Werkzeugen und
bei genügenderer Verpflegung der Arbeiter von wenigen
Werkleuten ausgeführt werden könnte, einen bedeutend
grössern Aufwand von Menschenhänden erfordert. Es
sind daher in dem District, wo ein Kanal gegraben oder
ausgebessert wird, die Dörfer fast ganz verlassen. Die
Einwohner eines jeden Dorfs haben eine bestimmte Strecke
zu bearbeiten und werden erst dann entlassen, wenn sie
dieselbe beendigt haben.

Der grossartigste Kanalbau, der seit den Zeiten der
Pharaonen in Aegypten vollendet ward, ist unstreitig der
Mahmudijjeh - Kanal, begonnen von Mohammed - Ali im
Jahre 1819 und von demselben vollendet und eröffnet
am 24. Januar 1820, benannt nach dem damals regierenden Sultan der Osmanen Mahmud. Nach Mengin
betrugen die Kosten $7\frac{1}{2}$ Millionen Francs, und bei
250000 Menschen waren ein Jahr hindurch beschäftigt,
ihn auszugraben, unter Leitung des Hadschi Osmān,
Oberingenieurs des Vicekönigs, der von einigen Europäern unterstützt ward. Zu hastig war jedoch die Arbeit vollendet worden, um für die Länge nützlich sein
zu können. Bald bildeten sich so starke Schlammablagerungen, dass den grössten Theil des Jahres hindurch
grössere Boote den Kanal nicht befahren konnten. Man
musste somit zur Abhülfe denselben mit Wasser aus dem
Seitenkanal von Terrāneh speisen und Schleusen an der
Ausflusstelle aus dem Nil anbringen. Ein anderer Beweis, wie schlecht die Arbeiten geleitet waren, ist der
ausserordentliche Verlust an Menschenleben, welcher die-

sem Kanal eine traurige Berühmtheit sichert. Bei 20000 Arbeiter sollen durch Krankheiten, Hunger und die Pest zu Grunde gegangen sein. Ein alter Kanal bestand schon früher auf dieser Linie, der zur Zeit der Blüte des venetianischen Handels in der Levante dazu benutzt ward, Waaren nach Alexandrien zu transportiren; er hiess Kanal von Fuah und war noch zu Savary's Zeiten im Jahre 1777 vorhanden, wenn auch fast gänzlich ausgetrocknet. Wahrscheinlich war er identisch mit dem Kanal, der im Alterthum nach Kibotos führte. ⁵) Die Ufer des Mahmudijjeh sind im höchsten Grade einförmig, die Telegraphenthürme des frühern, jetzt aufgegebenen optischen Telegraphensystems zeigen sich von Stelle zu Stelle in der endlosen Ebene, welche sich zu beiden Seiten ausdehnt. Die bei der Ausgrabung an den beiden Ufern aufgeschichtete Erde verhindert meistens die Aussicht. Nur dann und wann ist ein Blick auf das Land möglich, dessen ermüdende Fläche höchstens durch die hier und da sich erhebenden dunkeln Schutthügel unterbrochen wird, welche die Stelle einer alten Ansiedelung bezeichnen. Nur in der Nähe von Alexandrien sind die Ufer mit schönen Landhäusern und Gärten bebaut.

Die commerzielle Bedeutung des Mahmudijjeh-Kanals ist sehr erheblich. Alexandrien hat demselben allein seine jetzige Blüte und stets steigende Handelsthätigkeit zu verdanken. Während früher fast alle bedeutenden Handelshäuser in Rosette und Damiette ihre Agenten hatten und der Hauptverkehr mit dem Innern sich nach diesen beiden Häfen bewegte, ist seitdem der ganze Strom des Handels aus dem Innern nach Alexandrien abgelenkt worden. Während Rosette jetzt nicht viel über 18000 Seelen zählt, beträgt die Bevölkerung Alexandriens gegenwärtig mehr als 160000 und ist in stetem Steigen begriffen. Noch grössere Wichtigkeit erlangte aber der Mahmudijjeh, seit der Ueberlandhandel und der Verkehr mit Indien seine alte Bahn über Aegypten wieder einschlug.

Nach beliebter türkischer Art fand die ägyptische Regierung nun zwar an der vermehrten Einnahme, welche aus dem wachsenden Verkehr auf dem Kanal ihr zufloss, allerdings inniges Wohlgefallen, aber denselben in entsprechender Weise in Stand zu halten, blieb eine ganz vernachlässigte und nie in Betracht gezogene Frage. So kam es, dass er mehr und mehr verschlammte und zuletzt die Schiffahrt immer schwieriger und langwieriger ward. Gerade zur rechten Zeit ward die Eisenbahn von Alexandrien nach Kairo vollendet, welche nun den ganzen Verkehr an sich zog. Es ist ein Verdienst der Regierung Said-Pascha's, das allerdings nicht mehr aufschiebbare Werk der Kanalreinigung vorgenommen und mit nicht ungünstigem Erfolg zu Ende geführt zu haben. An 70000 Arbeiter wurden zusammengetrieben, in Arbeitercompagnien eingetheilt, deren jede ihr Standlager sowie die in Angriff zu nehmende Stelle zugewiesen erhielt. Auf je fünf Mann kam ein Spaten. Der eine handhabe diesen, der zweite füllte den Schlamm in die Körbe, die drei andern trugen die Körbe weg. Jeden Morgen bekamen die Arbeiter eine Ration Zwieback. Die Aerzte der Provinzen waren angewiesen worden, an Ort und Stelle zu sein, um bei Krankheitsfällen Hülfe leisten zu können. Auf diese Art ward die Arbeit ohne erheblichen Menschenverlust zu Ende geführt. In neuester Zeit ist durch die Errichtung von bessern Schleusen bei Atfeh sowie von andern Schleusen und einem Bassin an der Mündung des Kanals ins Meer für Erleichterung des Verkehrs gesorgt worden. Uebrigens liegt es in der eigenthümlichen Structur des Kanals, der sich in unendlichen Krümmungen bewegt, sowie in der Art seiner Ufer, die aus weichem Lehm und Alluvialboden bestehen, dass ähnliche grossartige und kostspielige Reinigungsarbeiten in verhältnissmässig kurzen Zwischenräumen stets wiederholt werden müssen. Zwar hatte schon, um den Kanal vor Verschlammung zu schützen, ein gewisser Schakir Effendi, ein Türke aus Konstantinopel, auf Befehl Mohammed-Ali's den Bau von Schleusen bei Atfeh, wo der Kanal den Nil verlässt, unternommen, doch baute er sie so eng, dass kein Nilboot passiren konnte und die Schleusen umgeändert werden mussten. Von diesem geistreichen Wasserbaumeister erzählt man sich auch Folgendes: Zum Director der Stückgiesserei in der Citadelle von Kairo ernannt, wurde er beauftragt, eine Anzahl Feldgeschütze herzustellen. Mit grossen Kosten entledigte er sich dieser Aufgabe. Mohammed-Ali, stolz auf diese Leistung seines Günstlings, bestimmte einen Tag, um die Geschütze zu probiren. Zur nicht geringen Bestürzung des Meisters und der Anwesenden fand sich aber, als man die Geschütze laden wollte, dass sie alle für das bestimmte Kaliber zu weit seien und die Kugeln herausrollten. Wüthend wollte Mohammed-Ali dem Unglücklichen den Kopf abschlagen lassen, schenkte ihm aber auf Fürbitte Mahmud-Pascha's, des Kriegsministers, das Leben. Später ward derselbe zum Gouverneur von Atfeh ernannt, wo er sich durch den Bau genannter Schleusen bemerkbar machte.

An den Mahmudijjeh-Kanal und an die Nilarme von Rosette und Damiette schliesst sich ein ganzes Netz von Kanälen an, welche das Delta durchziehen. Die bedeutendsten derselben sind der Kanal Abu Dibab in der Provinz Beheirah, der gegen Damanhûr hinzieht und sich in den Mareotis-See verliert; die Kanäle Sâideh, Menaifeh, Kallîn, Ataf (Hatatbeh), Soleimanijjeh, Gafer-

ijjeh, Merag, Mesid in der Provinz Gharbijjeh, von denen
der dritte und siebente wahrscheinlich alte Nilarme sind,
sowie der Kanal Tur'at Astun Gammaseh. In der Provinz Menufijjeh sind die Kanäle von Schibin, Sersāweh,
Far'unijjeh und Na'na'ijjeh besonders zu nennen, welche
das Land zwischen den beiden Hauptarmen des Flusses
durchkreuzen; in der Provinz Dakahlijjeh die Kanäle
Tur'at Sradi, Tur'at Aschmum und vor allen der Chalig Mu'izz, welcher dem alten tanitischen Arm entspricht;
in der Provinz Kaljubijjeh die Kanäle Filfileh und Abu
Munegga, der zwischen Kairo und dem Dörfchen Besūs
den Nil verlässt; in der Provinz Scharkijjeh endlich der
Chalig Za'ferāni, der Kanal von Salsalamūn, der alte
Verbindungskanal mit dem Rothen Meer, von dem noch
Spuren im Wadi Tumeilat sich vorfinden, woran der
Kanal von Zagazig sich anschliesst, welcher im Jahre
1861 dort, wo er in den grossen Kanal bei Zagazig ein-
mündet, mit einer neuen gutgebauten Schleuse versehen
ward. Durch Abbrechung der steinernen Brücken und
Herstellung von Drehbrücken ward er zugleich für die
Segelschiffahrt tauglich gemacht. Endlich sind die Ueberreste des Thalwegs des alten pelusischen Nilarms zu erwähnen, die im Bahr Fakus noch mit erheblichen Was-
sermassen sich bemerklich machen.

In Oberägypten ist selbstverständlich infolge der
geringern Ausdehnung des Culturlandes und der min-
dern Entfernung desselben vom Strom die Anzahl der
Kanäle viel geringer und sind dieselben nicht von solcher Länge. Eine Ausnahme hiervon macht jedoch der
Josephkanal, sowie die Kanäle Sawāki und Bagūrah.
Der von Sawāki ist identisch mit dem von Wilkinson
genannten Kanal von Suhag.

Es ist einer der grössten Vortheile des Nilthals, dass
die Früchte und Erzeugnisse, welche der überergiebige

Boden in verschwenderischer Fülle bietet, mit Leichtigkeit und mit den geringsten Kosten auf dem Strom selbst oder den von ihm genährten zahlreichen Kanälen überallhin verschifft werden können. So feindlich dem alten Aegypter das Meer erschien, das er als das typhonische Element betrachtete und nur mit Widerwillen befuhr, so vertraut war er von jeher mit dem Nil und der Flusschiffahrt. Nicht einmal die Form der Flussboote hat sich seit jener Zeit wesentlich geändert. Das Nilboot ist meistens schwerfällig gebaut, mit hohem Bord, ausgebauchten, etwas höhern und vorn in eine stumpfe Schneide auslaufenden Wänden, von geringem Tiefgang und so geformt, dass es am Vordertheil um einige Spannen tiefer geht als am Hintertheil. Diese Eigenthümlichkeit haben die Nilboote, um zu verhindern, dass sie auf den zahlreichen Sand- und Schlammbänken, die der Fluss bietet, nicht zu tief auffahren und leicht wieder flott gemacht werden können. Die Rippen sind vom Holz des Sontbaums (Acacia nilotica) oder des Maulbeerbaums, die Breter der Wände meistens aus Eichenholz. Die Masten sind mit grossen lateinischen Segeln versehen, von denen immer nur eins an jedem Mast befestigt wird. Wenn zwei solcher Segel an den beiden Masten kreuzweise aufgespannt sind, so sehen sie riesigen Fittichen gleich und treiben das Boot mit grosser Geschwindigkeit vorwärts. Da jedoch bei der höchst mangelhaften Einrichtung des Takelwerks das Einreffen nicht schnell genug ausgeführt werden kann, so kommen bei den heftigen Windstössen, denen man bisweilen auf dem Nil begegnet, Schiffbrüche nicht selten vor. Diese Bauart der Nilboote ist sich seit Tausenden von Jahren gleich geblieben, wie man aus den Monumenten und alten Modellen ersehen kann. Die Nilboote sind entweder Dschermen (germ) oder Dahabijjen und Kandschen (Kangah).

Mit dem erstern Namen bezeichnet man die grösste Gattung
von Lastbooten, die nur bei hohem Wasserstand zwischen
Kairo, Alexandrien und Rosette oder Damiette verkehren.
Sie haben oft eine Tragfähigkeit von 2000 Ardeb. Ein
Boot von blos 250 Ardeb Tragfähigkeit misst 35 Fuss in
der Länge und 10—12 Fuss in der Breite; fast alle Boote
dieser Art sind zweimastig. Sehr gefällig sehen die
Dahabijjen aus; es sind dies leichtgebaute Boote, die
vorzüglich für Reisen bestimmt sind. Mit grellen Farben bemalt, leicht gebaut, nur wenig über dem Wasser
erhaben, vorn scharf zulaufend, enthalten sie im Hintertheil eine auf das Verdeck gebaute Cabine, die oft in
mehrere Zimmer vertheilt und recht wohnlich ist. Im
Vordertheil sind die Ruder angebracht, mit denen bei
widrigem Wind oder bei Windstille das Boot weiter
bewegt wird. Die gewöhnliche Zahl der Ruder bei Dahabijjen mittlerer Grösse ist zwölf. Vom Dach der Cabine führt der Steuermann das Steuerruder. Europäische
Reisende, welche die Nilreise machen, bedienen sich solcher Dahabijjen, deren in Kairo immer eine grosse Auswahl bereit steht. Die meisten Nilreisenden sind jetzt
Amerikaner, deren allein im Jahre 1860—61 bei 60
Barken den Nil hinaufsegelten; dann folgen die Engländer und auf diese die Deutschen, die allerdings nicht
zusammen aufgeführt werden sollten, da sie unter allen
Regenbogenfarben fahren, wenngleich die Flaggen von
Mecklenburg, Braunschweig, Hessen-Darmstadt u. s. w.
den Arabern weder so bekannt sind, noch so viel Achtung einflössen, als das Georgskreuz Englands 'oder
Frankreichs ereignisschwere Tricolore. Es muss, zum
Verständniss des Vorhergehenden hinzugefügt werden,
dass die ägyptische Regierung den europäischen Reisenden, welche den Nil befahren, das Recht zuerkennt, auf
den von ihnen gemietheten Schiffen ihre Nationalflagge

aufzuhissen, und es hat dies seine nicht unerheblichen
Vortheile und ist jedem Reisenden ebenso anzuempfehlen,
wie das Registriren seines Contracts in dem Consulat.
Jedes Schiff, das europäische Flagge führt, ist frei von
jeder Beschlagnahme von seiten der ägyptischen Behörden
zum Behuf von Zwangstransporten, womit die einheimischen Nilbarken auf das rücksichtsloseste von der
Regierung belastet werden. Jeder Matrose, der zu einem
Schiff unter europäischer Flagge gehört, ist frei von
jedem Arrest und kann erst nach vollendeter Reise aufgegriffen werden; endlich sind die Lokalbehörden angewiesen, jeder Barke mit Europäern Hülfe und Vorschub
zu leisten.

Die Kandschen sind ganz so wie die Dahabijjen gebaut, nur noch leichter, gefälliger und von kleinern
Dimensionen. Sie sind zum Schnellsegeln bestimmt und
legen bei günstigem Wind 8—10 Meilen in der Stunde
zurück. Kleine Kähne (Sandal) oder grössere, offene
Passagierkähne (Maaddijeh) vermitteln den Verkehr auf
kürzern Strecken und von einem Ufer zum andern. An
den Stellen, wo der Verkehr über den Fluss am belebtesten ist, sind sogenannte Maaddijen, d. i. Ueberfähren,
eingerichtet, wo stets eine grössere Anzahl von Booten
den Dienst versieht, gegen eine fixe Taxe, die 5—10
Para für jeden Einzelnen beträgt. Diese Ueberfähren,
deren Erträgniss die Regierung gegen Bezahlung einer
jährlichen Summe an Pächter hintangibt, werfen einen
namhaften Ertrag ab; von dem Fährlohn muss der Fähr-
mann dem Pachter der Maaddijeh oder an dessen Leute
die Hälfte ablassen.

Da die Aegypter fast alle gute Schwimmer sind, er-
lauben sie sich auf der Flussschiffahrt die grösste Fahr-
lässigkeit, welche häufige Unglücksfälle zur Folge hat.
Grosse Boote werden mit Victualien oft so beladen, dass

sich ihr Rand eben nur ein paar Zoll über das Wasser
erhebt. Boote werden mit Menschen und Thieren auf
das unerhörteste überfüllt. Bei Baumwoll- oder Stroh-
frachten pflegt man zwei Boote zuerst schwer zu beladen
und dann beide nebeneinander so zu befestigen, dass sie
zusammen den Fluss hinabtreiben; natürlich ist es nicht
möglich, eine so unbehülfliche Masse zu steuern. Durch
nachlässig oder gar nicht eingereffte Segel kommen oft
Schiffbrüche vor; ebenso häufig sind die heftigen Wirbel
und Strömungen daran schuld, verbunden mit den nach-
lässigen Manövern der ägyptischen Schiffsleute. Häufig
leiden Boote dadurch Schaden, dass nachts, während sie
unter den hohen Nilufern vor Anker liegen, plötzlich
grosse Massen des von dem Wasser unterwaschenen Erdreichs herabstürzen und das Boot unter den Trümmern
versenken. Die Flussbevölkerung von Schiffern und
Bootsleuten ist ein kräftiger, arbeitsfähiger, starkge-
bauter, gegen Nässe und Kälte so wenig wie gegen Hitze
und Sonnenglut empfindlicher Schlag von Menschen,
welche tagelang rudern oder im Schlamm die Barke
weiter ziehen, ohne ihren guten Muth zu verlieren. Heitere Lieder, die besonders beim Rudern im Takt zum
Ruderschlag gesungen werden, Spässe, die immer mit
herzlichem Lachen begrüsst werden, würzen die Arbeit.
Bei den häufigen Veränderungen im Bette des Stroms
muss die Mannschaft jeden Augenblick bereit sein, ins
Wasser zu steigen und die Barke flott zu machen. Nicht
leicht aber dürfte es möglich sein, eine betrügerischere
und diebischere Zunft aufzufinden als die der Nilboots-
leute; jeder Reisende, der die Niltour gemacht hat, weiss
von ihren mannichfaltigen Kniffen, Trinkgelder zu er-
pressen, zu erzählen. Noch mehr aber hat der Kaufmann von Alexandrien und Kairo über ihre Diebereien
zu klagen. Ungeachtet der sogenannten Musaffer, d. i.

Supercargos, welche zur Ueberwachung der Fracht mit-
gegeben zu werden pflegen, ist es doch kaum möglich,
ihre Diebsgelüste zu vereiteln. Ein Boot verlässt mit
einer Ladung Victualien (Gerste, Bohnen, Korn u. s. w.)
Kairo, um nach Alexandrien zu segeln. Kaum in der
Entfernung von 2 — 3 Stunden von Kairo angelangt,
lässt der Reis (Kapitän) anhalten und verkauft einige
Ardeb der ihm anvertrauten Waare an Leute, die an
verschiedenen Stellen des Flusses eigens zu solchen
Geschäften sich aufhalten. Das abgehende Gewicht wird
dadurch ersetzt, dass man die Waare befeuchtet. Ein
gar sinnreicher Einfall, den geschehenen Diebstahl bei
Gerste oder Korn zu verdecken, ist folgender: Man
mischt gerade so viel Scheffel von Strohhalmknoten bei,
als man Waare entwendet hat; dieselben haben nicht
blos dasselbe Volumen, sondern auch das Gewicht der
entwendeten Waaren. In einigen Dörfern beschäftigen
sich Frauen und Kinder eigens zu diesem Zweck mit
dem Auslösen der Strohhalmknoten, welche sie scheffel-
weise an die Schiffsleute verkaufen, die sie dann in der
oben angegebenen Weise verwerthen. Die Dieberei der
arabischen Schiffsleute, welche besonders der Schiff-
fahrt auf dem Mahmudijjeh-Kanal nicht unerheblich
Eintrag thut, könnte bei energischerm Einschreiten der
Lokalbehörden schon nach und nach durch einzelne
strenge Bestrafungen annähernd unterdrückt werden; aber
auch hierin erhebt sich die ägyptische Justizpflege nicht
über ihre gewöhnliche Schlaffheit. Selbst Schiffbrüche
werden von den Reis absichtlich herbeigeführt. Die auf
Befehl Mohammed-Ali's begonnenen Nilschleusen, die
unter dem Namen Barrages bekannt sind und von
Mougel-Bey, einem französischen Ingenieur, mit dem
Kostenaufwand von 18—20 Millionen Francs gebaut,
aber nie zu irgendeinem nützlichen Resultat gebracht

wurden, geben übrigens genügend Anlass zu unerkünstelten Schiffbrüchen. Der genannte Ingenieur hat es dahin gebracht, dass sich an den von ihm im Strombett errichteten steinernen Pfeilern das Wasser mit Heftigkeit bricht und eine Stromschnelle bildet, an der zahlreiche Barken scheitern. Mougel-Bey, der glückliche Vollender dieser künstlichen Katarakte, ist neuerdings mit dem vollständigen Ausbau wieder beauftragt worden, wurde aber nach einigen Monaten schon des Dienstes entlassen.

Ausser den gewöhnlichen Booten befahren zahlreiche Dampfboote den Nil, die sämmtlich Regierungseigenthum sind und zu Regierungstransporten verwendet werden; auch auf dem Mahmudijjeh-Kanal sind deren mehrere stationirt.

Mit dem eben über den Nil und dessen Kanäle Gesagten hängt das innig zusammen, was wir noch über die Bewässerungsarten und die hierbei in Anwendung kommenden Vorrichtungen zu bemerken haben.

Der grösste Theil der Ländereien wird durch die Ueberschwemmung bewässert und befruchtet; wo jedoch diese nicht hinreicht, muss durch künstliche Bewässerung nachgeholfen werden. Die gewöhnlichste Vorrichtung ist das Schaduf. Zwischen zwei Pfosten oder Pfeilern ist eine Stange befestigt, die sich vertical bewegen lässt, wie bei unsern Ziehbrunnen; an dem einen Ende ist ein Gefäss angebracht, mit dem das Wasser aus der Tiefe heraufgeholt und sogleich in den Kanal, der es weiter leiten soll, geschüttet wird; am andern Ende ist als Gegengewicht, um das Emporziehen zu erleichtern, ein Lehmklumpen befestigt.

Eine andere allgemein verbreitete Bewässerungsmaschine ist das Wasserrad (Sākieh). Es besteht in einem grossen aus Holz gezimmerten, sich vertical bewegenden

Rad, das durch ein anderes horizontal in seine Zacken eingreifendes getrieben wird. An dem erstern sind Krüge an langen Seilen der Reihe nach befestigt, die bei jeder Drehung des Rades auf der einen Seite leer in den Brunnen hinabsteigen und auf der andern voll heraufkommen und ihr Wasser in ein Rinnsal giessen, aus dem es in die zu bewässernden Felder geleitet wird. Diese Räder werden durch einen oder bei grössern Dimensionen durch zwei Ochsen getrieben, manchmal aber auch nur von einem Esel oder Maulthier. Eine andere der Säkieh sehr ähnliche Maschine wird Tābūt genannt.

Die Felder werden zum Behuf der Bewässerung in kleine viereckige Stücke durch niedrige geradlinige Erdaufhäufungen und kleine Rinnsale abgetheilt. Das Wasser lässt man zuerst auf die eine Abtheilung fliessen, daselbst einige Zeit stehen, dann leitet man es weiter.

2. Der Feldbau.

Das Culturland Aegyptens verdankt seine Entstehung, wie bekannt, fast ganz den Anschwemmungen des Stroms. Die Niederschläge der jährlichen Anschwemmungen sind, wie sich bei näherer Untersuchung zeigt, aus Bänken von Sand, Gruss und fruchtbarem Nilschlamm zusammengesetzt. [6]) Dem Gesetz der Schwere zufolge setzen sich die beiden erstgenannten Stoffe unten an und der Nilschlamm bildet die oberste Schicht. Einer besondern Wirkung der jährlichen Ueberschwemmungen muss hier noch Erwähnung gethan werden, die dem Strom einen eigenthümlichen Charakter gibt. Zu beiden Seiten des Flusses haben sich häufig Erhöhungen des Bodens, Uferdämme gebildet, die dem Fluss parallel laufen. Hinter diesen vertieft sich der Boden wieder und bildet Einsenkungen, die meistens tiefer liegen als das Strombett, sodass dieses sich gleichsam auf einem grossen Damm befindet. Es ist häufig die Behauptung aufgestellt worden, dass mit dem durch die jährlichen Ueberschwemmungen regelmässig vor sich gehenden Anwachsen des Bodens zugleich auch jetzt der Nil einen viel höhern Wasserstand erreichen müsse, um das Land zu bewässern, als im Alterthum. Es darf jedoch nicht ausser Acht gelassen werden, dass mit der Erhöhung des Landes auch eine Erhöhung des Flussbettes durch die fortgesetzten Schlammablagerungen stattfindet und dass diese beiden ziemlich regelmässig fortschreitenden Bewegungen sich annähernd das Gleichgewicht halten.

Auf die allmähliche Erhebung des Bodens sich stützend, hat zuerst der Franzose Girard den mehr geistreichen, als wissenschaftlichen Vorschlag gemacht, hieraus das Alter der ägyptischen Denkmäler zu bemessen. Den Masstab für eine ähnliche Berechnung gab der alte Nilmesser auf der Insel Rodah bei Kairo, welcher, wie geschichtlich feststeht, im Jahre 847 n. Chr. unter dem Khalifen Motewakkil erbaut worden ist. Aus den an diesem Denkmal gemachten Ausgrabungen und Untersuchungen erhellt, dass sich bei Kairo der Boden seit der eben angegebenen Epoche um 1,149 Meter erhöht hat; folglich berechnet sich die Erhöhung auf das Jahrhundert zu 0,120 Meter. Aus der Betrachtung der Monumente von Theben soll sich die Bodenerhöhung zu 0,106 und aus den Anschwemmungen am Obelisk zu Heliopolis die Erhöhung zu 0,150 Meter in einem Jahrhundert ergeben haben. Girard, Hekekyan-Bey sowie mehrere andere Gelehrte machten nun aus diesen Ergebnissen Rückschlüsse, die nach ihrer Angabe ganz untrüglich sein sollten, um das Alter der Monumente zu bestimmen. Allein der wissenschaftliche Werth dieser Art von Zeitbestimmung ist wol sehr untergeordnet. Die

Monumente müssen bedeutend älter sein, als sie nach solcher Berechnung sein würden. Denn es ist kaum zu bezweifeln, dass die alten Aegypter ihre grossartigen Bauten nicht an Stellen errichteten, wo sie den Ueberschwemmungen und somit auch den Schlammanhäufungen ausgesetzt waren, oder doch, dass sie dieselben eindämmten. Sollten aber die obigen Berechnungen richtig sein, so müsste angenommen werden, dass die Denkmale gleich unmittelbar nach ihrer Entstehung dem Einfluss der Ueberschwemmung ausgesetzt gewesen seien. [7])

In Bezug auf die Ueberschwemmung werden alle Culturgründe in zwei grosse Klassen eingetheilt: Ländereien, welche von der Ueberschwemmung erreicht und bewässert werden, und Ländereien, die zu hoch gelegen sind, um von der Ueberschwemmung erreicht zu werden, und die somit künstlich bewässert werden müssen. Die erstern werden mit dem Ausdruck Rei, die andern mit dem Wort Scharaki bezeichnet. Auf Ländereien der ersten Klasse werden, sobald sich die Wasser zurückgezogen haben, Weizen, Gerste, Linsen, Bohnen, Lupinen (Wolfsbohnen), Kichererbsen u. s. w. gesäet. Man nennt dies die Wintersaat (Schitawi), und es findet auf diesen Gründen in der Regel nur eine Saat und Ernte im Jahre statt. Hingegen auf den Scharaki-Ländereien und auch auf einigen Rei-Gründen erzielt man durch künstliche Bewässerung drei Ernten im Jahre, obgleich auch nicht alle Scharaki-Ländereien dieses Resultat liefern. Die künstlich bewässerten Felder bringen zuerst ihre Winterernte hervor; sie werden meistens zugleich mit den Rei-Gründen und am allgemeinsten mit Weizen oder Gerste besäet; dann zur Jahreszeit, die Saifi oder in Unterägypten Kaidi d. i. die Sommerzeit, genannt wird, welche um die Frühlingsnachtgleiche oder ein wenig später fällt, werden sie mit Sorghum (Durrah-Saifi) oder mit Indigo, Baumwolle u. s. w. bepflanzt; endlich um die Jahreszeit, die Demīreh heisst und mit dem Steigen des Nil und der Sommersonnenwende zusammenfällt, wird abermals Gerste oder Mais (Durrah-Schāmi) u. s. w. gepflanzt und die dritte Ernte gewonnen.

In Oberägypten wird mit wenigen Ausnahmen fast ausschliesslich Winterfeldbau getrieben. [8])

Das Nilthal ist, von der ersten Katarakte bei Assuan angefangen, bis nach Kairo von einem Netz von Kanälen mit zahlreichen Wasserbecken durchzogen. Die Kanäle sind zwischen diese Wasserbehälter so eingetheilt, dass, wenn der Nil einen gewissen Höhepunkt erreicht hat, die letztern bis zur Höhe von 3—4 Meter mit Wasser gefüllt werden können. Die beste Einrichtung wäre die, dass man jeden Wasserbehälter unmittelbar mit Wasser aus dem Fluss füllen könnte. Da dem aber nicht so ist, so sieht man sich oft genöthigt, manche der untern Behälter mit dem Wasser der weiter oben gelegenen zu füllen, nachdem es einige Tage hindurch schon in diesen gestanden hat. Nach einem Zeitraum von 14 Tagen bis sechs Wochen leert man alle diese Becken in den Nil, dessen Wasserstand während dieser Zeit tiefer geworden ist als das Niveau der Felder. Es ist ermittelt worden, dass die Quantität des Nilschlamms, den der Fluss bei Kairo enthält, $8/1000$ beträgt. Dieses Verhältniss muss in Oberägypten noch viel bedeutender sein, da dort die Entfernung vom Ursprung des Stroms geringer ist.

Indem man auf die oben bezeichnete Weise das Wasser von einem Becken in das andere ablässt, bildet sich auf deren Grund eine leichte Schicht befruchtenden Schlamms, und zugleich wird der Boden bis zu einer bedeutenden Tiefe mit Wasser getränkt. Man lässt zu dieser Zeit, wenn die Erde noch vom Wasser gesättigt ist, den Samen ohne andere Vorbereitung ausstreuen und durch einen von zwei Ochsen gezogenen Baumstamm eindrücken. Hiermit ist die Arbeit des Säens beendet und es erfolgt die Ernte 3—4 Monate nachher. Der Bauer reisst die Ernte blos aus und drischt sie mit einem Paar Ochsen, welche einen kleinen Schlitten ziehen, der mit einem Dutzend Eisenzacken versehen ist, wodurch das Korn ausgetreten und das Stroh zerhackt wird. Man wirft es dann gegen den Wind, um das Stroh vom Korn zu sondern. Auf diese Art und fast ohne alle Arbeit und andere Düngung als den Nilschlamm erzielt man Ernten von ausserordentlicher Ergiebigkeit; denn man erntet vom Weizen 6 Ardeb von jedem Feddan und bei Gerste noch etwas mehr, bei Baumwolle $2\frac{1}{2}$ Kantar vom Feddan. Es ist übrigens zu bemerken, dass, je mehr man den Fluss herabsteigt, desto schwächer auch die Ernte wird. In Oberägypten baut man als Wintersaat nur Weizen, Gerste, Bohnen; Lein, Mais, Lupinen und Kichererbsen werden nur ausnahmsweise cultivirt. In diesem ganzen Landstrich kennt man weder die Koppelwirthschaft noch das Ackern und Düngen. Das Einzige, wofür der Landmann zu sorgen hat, ist, soviel als möglich Wasser in den Kanälen und Wasserbecken zu haben und es so lange als thunlich darin zu erhalten, damit der befruchtende Schlamm sich in entsprechender Menge ablagern kann.

Die Sommerculturen werden in Oberägypten wenig betrieben, denn sie erfordern die Bewässerung des Bodens. Da jedoch die Gründe 9—10 Meter im Durchschnitt über dem niedrigsten Wasserstand liegen, so muss auf künstliche Weise das Wasser bis zu dieser Höhe gehoben werden. Die einzigen Maschinen, die man hierzu verwendet, sind die sehr mangelhaft construirten Wasserräder oder Schädüf, deren 4—5 übereinander gestellt werden. Einzelne Dampfpumpen sind auf den Besitzungen der Prinzen eingeführt worden, besonders dort, wo Zuckerrohr gebaut wird. Aus diesem Grunde werden die Sommerculturen wenig gepflegt. Dieselben theilen sich in zwei Klassen: jene, welche den Boden das ganze Jahr in Anspruch nehmen, und die, welche den Boden nur zwischen zwei Winterculturen innehaben. Das Zuckerrohr, der Indigo und die Baumwolle gehören zur ersten Klasse, der Mais, der Lattich, der Saflor u. s. w. zur zweiten. Die Sommerculturen der ersten Klasse erschöpfen den Boden sehr stark, und da sie nicht in die Zeit der Ueberschwemmung fallen, so erfordern sie Düngung, wozu der Taubenmist benutzt wird, der jedoch am meisten zur Düngung der Gründe, wo Wassermelonen gepflanzt werden, gebraucht wird, zu deren Gedeihen die Düngung mit Taubenmist ganz unerlasslich ist. Man findet deshalb auch in Oberägypten zahlreiche Taubenschläge, die blos zu diesem Behuf unterhalten werden, indem man sonst die Tauben zur Kost nur sehr wenig benutzt. Man erhält bis 75 Ctr. Zucker (ein Centner zu 45 Kilogramm) per Hektare Zuckerrohr, und man kann behaupten, dass kein Land sich günstiger für Zuckerpflanzungen eignet.

In Unterägypten ist der Feldbau mannichfaltiger und reichhaltiger, sowol in den Winter- als Sommerculturen. Im Winter baut man Weizen, Gerste, Bohnen, Mais, Lein, Klee, Wolfsbohnen (Lupinen), Kichererbsen, im Sommer hingegen Reis, Baumwolle, Indigo, Zuckerrohr, Mais, Luzernerklee und mehrere Gemüse, unter welchen der Gulgas (Arum Colocasia), Bamieh (Hibiscus esculentus), Meluchieh (Corchorus olitorius), die Eierpflanze (Solanum melongena), Paradiesäpfel (Solanum lycopersicum) die Hauptrolle spielen. In einigen Theilen findet man Maulbeerbaumpflanzungen und Obstgärten von ziemlicher Ausdehnung. Man kann sagen, dass Unterägypten für alle Culturen sich eignet, die man daselbst einführen wollte. Das Klima ist fast dasselbe wie im südlichen Europa, und es gleicht dem eines grossen Theils von China. Die niedrigste Temperatur fällt nie unter $+$ 3 bis 4°, die höchste erreicht nicht 42° im Schatten; die mittlere ist beiläufig 20° (Celsius). Der Feldbau wird mit Ackern, Düngen und Bewässern betrieben, und die bessern Landwirthe befolgen auch hier ein gewisses System der Koppelwirthschaft, welches lange Erfahrung als das vortheilhafteste ihnen gezeigt hat. Vor der Ueberschwemmung schon pflegt man die Felder mit der Erde alter verlassener Wohnplätze zu bedecken. Finden sich die Ruinen alter Städte in der Nähe, so beladet man Kameele und Esel mit dem Schutt derselben und sammelt ihn in kleinen Haufen auf den Feldern auf. Um Baumwolle zu pflanzen, wählt man mit Vorliebe Felder, die früher mit Klee bepflanzt waren, indem der durch die Thiere darauf zurückgelassene Dünger hierbei besonders zu statten kommt. Wenn der Weizen, die Gerste, der Lein eine gewisse Höhe erreicht haben, pflegt man eben solche Erde darauf zu streuen; begiesst man sie dann, so soll die Pflanze sich ausserordentlich schnell entwickeln. [9])

Das Wasser braucht im Durchschnitt im Delta nur auf die Höhe von 4 Meter gehoben zu werden. Die Verdunstung ist weniger bedeutend als in Oberägypten, und die Gründe sind hier sehr schwer, alles Umstände, die den Sommerfeldbau begünstigen. Auch findet man in den zahlreichen Hügeln, welche den Dörfern jetzt als Grundlage dienen oder die Ueberreste alter Wohnungen bezeichnen, grosse Mengen von vermoderten stickstoffhaltigen Massen, die man nach dem eben Gesagten als Dünger benutzt.

Mit den jetzigen Maschinen gehoben, kommt das

Wasser per Kubikmeter auf die Höhe eines Meters zu 0,006 Fr. zu stehen und könnte bei Anwendung von Dampfkraft auf 0,001 Fr. herabgedrückt werden. [10])

Die Werkzeuge, deren sich die Aegypter zu den landwirthschaftlichen Arbeiten bedienen, sind äusserst einfach und mangelhaft. Das vorzüglichste Instrument zur Bearbeitung der Felder ist der Pflug. Derselbe hat ganz die Form, welche schon bei den alten Aegyptern gebräuchlich war, und unterscheidet sich nur wenig von dem der Römer. Er besteht aus einer Deichsel, welche die Länge von beiläufig zwei Meter und darüber hat, und an welcher vorn die Ochsen oder andere Zugthiere mittels des Joches vorgespannt werden; an dem andern Ende ist ein einwärts gekrümmtes Holzstück von der Länge von 120—136 Centimeter in einem spitzen Winkel befestigt, das oben breit und unten zugerundet und an seinem untern Ende mit einem dreischneidigen, spitz zulaufenden Eisen versehen ist. Dies ist die Pflugschar, die durch eine am obern Ende angebrachte Handhabe geleitet werden kann. Diese hält der Fellah mit der einen Hand, mit der andern aber schwingt er eine lange Peitsche, um die Thiere anzutreiben. Räder werden bei dem ägyptischen Pflug nie angewendet. Die Art und Weise, wie die Thiere vorgespannt werden, und die schlechte Construction des ihnen aufgelegten Joches haben meistens die Folge, dass sich am Widerrist breite, tiefe wunde Stellen aufreiben. Statt der Egge ist ein Werkzeug im Gebrauch, das Kumfud, d. i. Igel, genannt wird. Es besteht in einer mit Eisenharken beschlagenen Walze, welche nach der Pflügung angewendet wird, um die grössern Erdschollen zu zertrümmern. Man bedient sich desselben jedoch nur selten und zwar bei besonders sorgsamer Bearbeitung des Bodens.

Die Schar des ägyptischen Pflugs zieht nur eine

seichte Furche, das Erdreich wird nur zerrissen, nicht um-
geackert. Wo der längere Zeit hindurch brach gelegene
Boden mit Gestrüpp und Unkraut bedeckt ist, bleibt
der Pflug fast ganz ohne Einwirkung, und nur nach wie-
derholter Anstrengung, mit grossem Aufwand von Zeit
und Thieren, gelingt es, die Erde nothdürftig zu durch-
furche n. Ds einzige Instrument, welches zu den länd-
lichen Handarbeiten dient, ist die Haue, von derselben
Form wie schon bei den alten Aegyptern. An einem
Stiel ist ein etwas einwärts gekrümmtes, vorn breites
Eisen befestigt, das zugeich als Spaten und als Schaufel
gebraucht wird. Zum Abschneiden des Getreides und
des Klees wendet man eine kleine Sichel an; die Sense
ist unbekannt, häufig wird das Getreide blos mit den
Händen ausgerissen. Zum Ausdreschen hat man eine
Vorrichtung, die Nōreg genannt wird. Es ist eine Art
kleiner Schlitten aus Holz, worauf ein Mann oder Knabe
sitzt, der von einem Ochsen oder Esel gezogen wird; am
untern Theil der beiden Schlittenhölzer sind halbrunde
Eisenstücke hervorstehend angebracht, die, während der
Schlitten über das Getreide geschleift wird, es zerschnei-
den und die Körner daraus ablösen. Zur Einbringung
der Feldfrüchte sowie zu deren Weiterbeförderung, wo
die Schiffahrt auf dem Nil oder dessen Kanälen nicht
zulässig ist, bedient man sich nicht der Wagen, denn
diese sind den ägyptischen Bauern unbekannt und wären auch wegen der vielen Dämme und Kanäle, die das
offene Land durchschneiden, unanwendbar, sondern man
braucht hierzu die Lastthiere, als : Kameele, Pferde,
Esel und Maulthiere.

Uebersicht

der Agricultur-Production Aegyptens nach den verschiedenen Provinzen.

Mudirijjeh Kaljubijjeh und Scharkijjeh.

Wintersaat		Ernte	
Name der Aussaat	Feddan Landes	Ardeb	Kantar
Weizen	80000	240000	
Bohnen	70000	210000	
Gerste.	65000	260000	
Mais	74000	280000	
Linsen	5000	10000	
Kichererbsen . .	5000	10000	
Wolfsbohnen . .	700	1400	
Lein.	15000	15000	45000
	314700	1,026400	45000

Sommersaat		Ernte	
Name der Aussaat	Feddan Landes	Ardeb	Kantar
Baumwolle . . .	150000	250000	375000
Indigo.	250		500
Taback	500		1500
Durrah	7000	35000	
Sesam	20000	40000	
Hanf	500		1500
	178250	325000	378500

Gesammtertrag:

Bebautes Land: 492950 Feddan, 1,351400 Ardeb, 423500 Kantar.

Mudirijjeh von Rodât-el-Bahrein.

Winterssaat		Ernte	
Name der Aussaat	Feddan Landes	Ardeb	Kantar
Weizen	150000	600000	
Bohnen	80000	320000	
Gerste	120000	600000	
Mais	100000	420000	
Kichererbsen	10000	30000	
Lein	28125	28125	54375
Linsen	10000	30000	
	498125	2,028125	54375

Sommersaat		Ernte	
Name der Aussaat	Feddan Landes	Ardeb	Kantar
Baumwolle	250000	500000	750000
Reis	40000	200000	
Indigo	2250		6750
Taback	2250		5750
Durrah	2500	12500	
Hanf	2500		7500
Sesam	25000	50000	
	324500	762500	770000

Gesammtertrag:

Bebautes Land: 498125 Feddan, 2,790625 Ardeb, 824375 Kantar.

Mudirijjeh von Dakahlijjeh.

Name der Aussaat	Wintersaat Feddan Landes	Ernte Ardeb	Ernte Kantar
Weizen	20000	80000	
Bohnen	15000	40000	
Gerste	16000	75000	
Lein	24750	24750	74250
Mais	25000	100000	
Kichererbsen . .	5000	10000	
Linsen	2000	8000	
	106750	337750	74250

Name der Aussaat	Sommersaat Feddan Landes	Ernte Ardeb	Ernte Kantar
Baumwolle	90000	190000	280000
Reis	40000	200000	
Indigo	1250		3750
Taback	1500		4000
Hanf	350		1050
Sesam	10000	20000	
	143100	410000	288800

Gesammtertrag:

Bebautes Land : 249850 Feddan, 747750 Ardeb, 363050 Kantar.

Mudirijjeh von Behēreh.

| Winterssaat | | Ernte | |
Name der Aussaat	Feddan Landes.	Ardeb	Kantar
Weizen	40000	160000	
Bohnen	20000	60000	
Gerste.	20000	100000	
Mais	50000	150000	
Linsen	10000	30000	
Kichererbsen . .	12000	36000	
Lein	20000	20000	60000
Wolfsbohnen . .	2000	4000	
	174000	560000	60000

| Sommerssaat | | Ernte | |
Name der Aussaat	Feddan Landes	Ardeb	Kantar
Baumwolle	15000	20000	30000
Reis	20000	100000	
Indigo	2000		6000
Taback	1000		3000
Durrah	6000	30000	
Hanf	500		1500
Sesam	10000	20000	
	54500	170000	40500

Gesammtertrag:

Bebautes Land: 228500 Feddan, 730000 Ardeb, 100500 Kantar.

190

Mudirijjeh von Gizeh und Atfih.

Winterssat		Ernte		Sommersaat		Ernte	
Name der Aussaat	Feddan Landes	Ardeb	Kantar	Name der Aussaat	Feddan Landes	Ardeb	Kantar
Weizen	70000	280000					
Bohnen	60000	240000					
Gerste	70000	280000					
Mais	80000	320000		Durrah	5000	15000	4500
Linsen	10000	30000		Taback	500	15000	1500
Kichererbsen .	8000	24000		Indigo	1000		3000
Lein	20000	30000	60000				
Saflor	10000	40000	10000				
Wolfsbohnen .	4000	12000					
	332000	1,256000	70000		6500	15000	4500

Gesammtertrag:

Bebautes Land : 338500 Feddan, 1,271000 Ardeb, 74500 Kantar.

Mudirijjeh von Beni Suef und Fajum.

Wintersaat

Name der Aussaat	Feddan Landes	Ernte	
		Ardeb	Kantar
Weizen	60000	240000	
Bohnen	50000	200000	
Gerste	100000	400000	
Mais	60000	240000	
Linsen	15000	45000	
Kichererbsen . .	10000	30000	
Lein	25000	37000	75000
Saflor	11000	44000	11000
Wolfsbohnen . .	5000	15000	
	336000	1,251000	86000

Sommersaat

Name der Aussaat	Feddan Landes	Ernte	
		Ardeb	Kantar
Indigo	2000		6000
Taback . . . . . :	1000		3000
Durrah . . . . :	21000	100000	
Baumwolle . . .	3000	5000	8000
	27000	105000	17000

Gesammtertrag:

Bebautes Land.: 363000 Feddan, 1,356000 Ardeb, 103000 Kantar.

Mudirijjeh von Minjeh und Beni-Mezar.

Name der Aussaat	Wintersaat Feddan Landes	Ernte Ardeb	Ernte Kantar	Name der Aussaat	Sommersaat Feddan Landes	Ernte Ardeb	Ernte Kantar
Weizen	50000	200000					
Bohnen	50000	200000					
Gerste	30000	150000					
Mais	50000	250000		Zuckerrohr . . .	3000		57000
Linsen	10000	30000		Durrah	9000	54000	
Kichererbsen . .	5000	15000		Taback	5000		15000
Lein	10000	15000		Indigo	15000		45000
Saflor	10000	40000	10000				
Wolfsbohnen . .	4000	16000	30000			54000	117000
	219000	916000	40000		32000		

Gesammtertrag:

Bebautes Land: 251000 Feddan, 970000 Ardeb, 157000 Kantar.

Mudirijjeh von Sint und Girgeh.

Wintersaat

Name der Aussaat	Feddan Landes	Ernte Ardeb	Ernte Kantar
Weizen	50000	250000	
Gerste	30000	150000	
Bohnen	40000	200000	
Mais	50000	180000	
Linsen	5000	20000	
Kichererbsen . .	2000	8000	
Lein	4000	8000	12000
Saflor	3000	12000	3000
Wolfsbohnen . .	2000	6000	
	186000	834000	15000

Sommersaat

Name der Aussaat	Feddan Landes	Ernte Ardeb	Ernte Kantar
Indigo	6000		15000
Durrah	10000	40000	
Taback	3000		9000
Lattich	8000	16000	
Mohn	4000		1500
Zuckerrohr . . .	2000		38000
	33000	56000	63500

Gesammtertrag :

Bebautes Land : 219000 Feddan, 890000 Ardeb, 78500 Kantar.

Mudirijjeh von Kenne und Esne.

Wintersaat				Sommersaat			
Name der Aussaat	Feddan Landes	Ernte		Name der Aussaat	Feddan Landes	Ernte	
		Ardeb	Kantar			Ardeb	Kantar
Weizen	80000	240000		Indigo	6000		18000
Bohnen	60000	220000		Taback	6000		18000
Gerste	40000	200000		Durrah	10000	60000	
Mais	100000	360000		Lattich	10000	15000	
Linsen	10000	30000		Mohr	6000		2000
Kichererbsen . .	4000	16000		Zuckerrohr	10000		190000
Saflor	6000	12000					
Wolfsbohnen . .	3000	9000	6000				
Ricinus	700	2500					
	303700	1,089500	6000		48000	75000	228000

Gesammtertrag:

Bebautes Land: 351700 Feddan, 1,164500 Ardeb, 234000 Kantar.

Allgemeine Uebersicht.

Wintersaat		Ernte	
Name der Aussaat	Feddan Landes	Ardeb	Kantar
Weizen	600000	2,290000	
Bohnen	445000	1,690000	
Gerste.	490000	2,215000	
Mais	589000	2,300000	
Linsen	77000	233000	
Kichererbsen . .	61000	179000	
Wolfsbohnen . .	20700	63400	
Lein	146875	177875	410625
Saflor	40000	148000	40000
Ricinus	700	2500	
	2,470275	9,298775	450625

Sommersaat		Ernte	
Name der Aussaat	Feddan Landes	Ardeb	Kantar
Baumwolle . . .	508000	965000	1,443000
Indigo	35750		104000
Taback	20750		60750
Durrah	70500	346500	
Sesam	65000	130000	
Hanf	3850		11550
Reis	100000	500000	
Zuckerrohr . . .	15000		285000
Lattich	18000	31000	
Mohn	10000		3500
	846850	1,972500	1,907800

Totalsumme:

Bebautes Land: 3,317125 Feddan, 11,271275 Ardeb, 2,358425 Kantar.

13*

Dieser Darstellung der Agriculturproduction Aegyptens reihen wir noch die der Seidencultur an, welche sich in den letzten Jahren beträchtlich gehoben hat.

Uebersicht
des Ertrags der Seidencultur in Aegypten.

Provinz.			Jährlicher Ertrag. (Drammen [Dirhem] Seidenraupeneier.)
Kairo			3500
Damiette			800
Rosette			300
Kaljubijjeh			3500
Dakahlijjeh			5000
Rodat-el-Bahrein	Menufijjeh	4000	7000
	Gharbijjeh	3000	
Gizeh . . . . , ...			500
Alexandrien			400
			21000

Im Durchschnitt verzehrt ein Dirhem Samen, wenn die Raupen ausgekrochen sind, im Verlauf von 50—60 Tagen bis zur Einpuppung 90 Occa Maulbeerblätter. Jeder Dirhem Samen gibt durchschnittlich eine Occa Seidencocons bis 1 Occa und 100 Dirhem. Obige 21000 Dirhem Samen geben 21—25000 Occa Seidencocons; jede Occa Cocons gibt 9 Occa Seide. Zieht man hingegen die Cocons zum Samen, so gibt jede Occa Cocons 20—25 Dirhem. In Aegypten zieht man meistens blos den Samen, der fast gänzlich nach Syrien verkauft wird. Von den Cocons ist der Preis für die Occa gewöhnlich 35—60 Piaster. Vom Samen kostet der Dirhem 2—4 Piaster, je nach der grössern oder geringern Nachfrage. Der gelbe Same ist 20—40 Para weniger werth als der weisse.

3. Die Culturpflanzen.

Wie der Mensch überall im innigsten Zusammenhang
mit der Natur steht, so ist es vor allem die Pflanzenwelt, deren nach den Himmelsstrichen und Bodenbeschaf-
fenheiten verschiedenartige Entwickelung auf die menschliche Gesellschaft den massgebendsten und entscheidend-
sten Einfluss ausübt. Der Pflanzenwelt entnimmt der
Mensch den grössten Theil seiner Nahrungsmittel, sie
kleidet und beschützt ihn vor Hitze und Kälte; sie gibt
ihm Stoff zum Bau seiner Wohnplätze, sie mildert und
mässigt die Sitten; sowie blosse animalische Nahrung
meistens rohen, wilden Charakter mit sich bringt, so
ruft vegetabilische das entgegengesetzte Resultat hervor,
und erst die massvolle Verbindung beider, der anima-
lischen und vegetabilischen Nahrung, bezeichnet den
Standpunkt der entwickelten Gesittung. Indem die Pflanze
durch hundertfache Frucht, die sie dankbar dem spen-
det, welcher sie pflegt und heranzieht, den Menschen
zuerst zu den friedlichern und ruhigern Beschäftigungen
des Landbaus einlud, ist sie die erste und gütigste Leh-
rerin und Erzieherin der Menschheit. Die Allmutter
Natur umfasst alle ihre Kinder mit gleicher Liebe, aber
nicht auf denselben gleichförmigen Bahnen zieht sie dieselben gross. Was sie dem einen nicht gewähren konnte,
ersetzt sie ihm durch Gaben, die wieder den andern
fehlen. Wagte man es aber schon, sie der Parteilichkeit
anzuklagen, so wäre dies mehr als irgendwo in Aegypten gerechtfertigt. Wo belohnt sie mit üppigerer Ernte
die kleinste Saat, wo bietet sie der geringsten Anstrengung der Menschenhand reichern Lohn, wo ist der Boden fruchtbarer [11]), wo die Bewässerung leichter, wo
endlich ist das Land mehr zum Ackerbau geschaffen als in

Aegypten, wo ein Fluss mehr für ein Culturland geeignet als der Nil? Die Tropenländer prangen im Schmuck der herrlichsten Vegetation; riesige Bäume, von duftenden Blumen und Schlingpflanzen umhüllt, immer schattige Wälder, ewig grüne Laubmassen, endlose Ebenen mit mannshohem, wucherndem Gras und Schilfwuchs, herrliche Früchte von schärfstem Aroma und betäubendem Duft vereinigen sich, um dem Menschen den Ausruf abzuringen: Hier ist es am schönsten auf Erden! Aber die segenschwangern Saatfelder Aegyptens, die endlose wogende gelbe Fläche von fruchtschwer niederhangenden Aehren, die frischgrünen Triften, beweidet von einem Schlag rüstiger Hausthiere, die einförmigen, aber süsse Frucht spendenden Palmenhaine, die ruhigen, trüben, aber befruchtenden und fischreichen Fluten des Nil bieten zwar allerdings ein einfacheres, bescheideneres, nicht in so glühenden Farben prangendes landschaftliches Bild, rufen aber in dem besonnenen Beschauer die Ueberzeugung hervor, dass es keinen reichern, besonders in Betreff des Ackerbaus gesegnetern Erdstrich geben könne als das Nilland. Nicht mit unnützem Flitter hat es die Natur ausgestattet; aber fast keine der Pflanzenarten, die für den Menschen von wesentlicher Bedeutung sind, liess sie hier fehlen. In den Tropenländern hat die Natur ein romantisches Gedicht voll Blütenduft und Waldesdunkel im Geschmack der neuen Schule gedichtet; in Aegypten hingegen hält sie uns eine etwas trockene, eintönige, aber höchst belehrende und nutzbringende Vorlesung über die Entwickelung und praktische Anwendung der Agricultur. Kein Land ist in der That mehr auf den Ackerbau angewiesen als Aegypten; hier gibt es keine Wälder, keine Berge und Thäler, keine Seen und Quellen, alles ist eine grosse Ebene, mitten vom Nil durchschnitten, dürr und wüste, wo dessen befruchtendes

Wasser mangelt, üppig und wuchernd, wo Bewässerung
ist. Aegypten war daher schon im Alterthum die Korn-
kammer Griechenlands und Roms, wie in der Gegenwart
Englands und Frankreichs. Wenn wir hier vom Alterthum sprechen, so verstehen wir die Zeiten, in welche
geschichtliche Erinnerung zurückreicht, denn ursprünglich war Aegypten ohne Zweifel, wie der geistreiche
wiener Botaniker, Professor Unger, nachweist, ein Wald-
oder Weideland. [12]) Aegypten hat keine seiner Culturpflanzen wild wachsend. Wenn daher das Nilthal im
eigentlichen Sinne ein Acker- oder Gartenland ist, so ist
es erst in der Zeitfolge dazu geworden, nachdem die
ursprüngliche Vegetation daraus verdrängt worden. Die
ersten Bewohner Aegyptens, sagt Professor Unger [13]),
müssen jedenfalls ein üppiges Weideland vorgefunden
haben, das, mit Waldgruppen vermischt, ohne Zweifel
auch einer grossen Menge Wild, namentlich zahllosen
Scharen von Wasservögeln zum Aufenthalt diente.
Aegypten wird in der hieroglyphischen Schrift häufig mit
einem Namen bezeichnet, der soviel als Sykomorenland
bedeutet.

Aus den Untersuchungen des Dr. Brugsch über die
Geographie des alten Aegypten geht zur Genüge hervor,
wo wir in diesem Lande die grössten Waldbestände zu
suchen haben; es ist im Gau Arsinoites, dem heutigen
Fajum, indem dasselbe mit dem Namen des Sykomoren-
gaues nur deshalb bezeichnet ward, weil es sich durch
eine namhafte Menge von Sykomoren vor den übrigen
Gauen auszeichnete. Sowie Aegypten das Land der
Sykomoren genannt wurde, so führte es auch nach dem
turiner Todtenbuch den Namen «Land des Bek-Baums»,
worunter wahrscheinlich die Dattelpalme zu verstehen
ist, die jetzt der bei weitem vorherrschendste Baum ist,
und das schon lange gewesen sein muss. Ein dritter

Waldbaum, der nicht übergangen werden darf, da er noch jetzt mehr oder minder dichte Bestände an einzelnen Stellen der Flussufer bildet, in dem obern, dem Ursprung nähern Theil desselben Stromgebiets jedoch gegenwärtig in einer viel grössern Ausdehnung erscheint, ist der Sontbaum (Acacia nilotica L.; Schont heisst auf koptisch der Dorn). Herodot erwähnt seiner Anwendung zum Schiffsbau, wie das noch heutzutage der Fall ist, und aus Plinius' Beschreibung des Labyrinths geht hervor, dass die bei diesem Bauwerk verwendeten Stützen und Balken von «spina» (ἄκανθα) waren. Es können dieselben von keinem andern Holz als vom Sontholz gewesen sein, das sich durch seine Festigkeit, Zähigkeit und grosse Widerstandsfähigkeit gegen Fäulniss vor allen andern Hölzern ganz besonders auszeichnet.

Je mehr jedoch die Bevölkerung im Nilthal sich ausbreitete und zunahm, in demselben Verhältniss mussten die Holzpflanzen, als die für den Haushalt unentbehrlichsten, aber nicht ebenso leicht wieder ersetzlichen, sich nach und nach vermindern und in eben dem Masse die fremden, eingeführten Culturpflanzen an Ausdehnung gewinnen. Mit einem Wort, das Wald- und Weideland musste die Gestalt eines Ackerlandes annehmen. Merkwürdig ist es, wie schon zu Herodot's Zeit der Holzmangel derart um sich griff, dass man sich gemeinhin desselben Feuerungsmittels bediente wie jetzt, nämlich des getrockneten Mistes der Hausthiere.

Mit der Ausrottung der Wälder und dem Anbau der Nutzpflanzen musste Aegypten nach und nach ein ganz verändertes Aussehen erlangen. Letzterer machte eine Ableitung des Wassers in zahlreiche Kanäle unumgänglich nothwendig, wodurch das Aussehen des Landes einen noch fremdartigern Anstrich erhielt. Auch ist keine einzige von den Culturpflanzen, die in der Folge

so eigentlich den Wohlstand und die geistige Entwickelung des Volkes herbeiführten, in Aegypten einheimisch.
Alle sind in verschiedenen Zeitperioden nach und nach
eingeführt worden. Unter diesen dürften die Getreidearten sicherlich allen übrigen vorangegangen sein. Vielleicht Triticum turgidum, die noch jetzt in Aegypten am
häufigsten angebaute Weizenart, ausgenommen, sind alle
andern Getreidearten, die Gerste, die Durrah u. s. w., aus
andern Ländern dahin gekommen. Welche von diesen
Getreidearten die Aegypter bei ihrer Einwanderung etwa
mit sich brachten, wird wol ewig ein Räthsel bleiben,
obwol mit Grund zu vermuthen steht, dass sie schon in
ihren asiatischen Ursitzen mit dem Ackerbau bekannt
geworden sind. Was in einer spätern Zeit für das Nilland gewonnen wurde, ist nur dem mannichfaltigen Con-
flict mit den Nachbarländern zuzuschreiben, obgleich
Aegypten seiner Lage nach isolirter als viele andere
Länder dasteht. [14])

Von Getreidearten und Hülsenfrüchten findet man
in Aegypten an 20 Arten.

Weizen *(triticum turgidum L.)*, arabisch kamh.
Schon von den alten Aegyptern cultivirt, ist es jetzt die
am meisten angebaute Weizenart Aegyptens. Ueber dessen ursprüngliches Vaterland wissen wir nichts; doch ist
es möglich, dass Aegypten selbst seine Heimat wäre.
Südlich von Theben wird kein Weizen mehr gebaut und
dessen Stelle vertritt dort die Durrah. [15]). Man zählt in
Aegypten fünf Weizenarten auf. In Unterägypten ist die
Weizensaat mit Ende November beendigt und die Ernte
ist Anfang Mai; in Oberägypten findet beides früher
statt. Jeder Feddan braucht $1/_{12}$ Ardeb ($2/_3$ nach Delile)
Samen und gibt gewöhnlich einen Ertrag von 4—7
oder selbst 8 Ardeb.

Gerste *(hordeum hexastichon L.)*, arab. sch'aïr.

Sie wird in grosser Menge gepflanzt und dient vorzüglich als Futter für Pferde, sowie zum Brauen des Negerbiers (buzah). Man säet sie einen Monat früher als Weizen, unmittelbar nach der Bewässerung, und ebenso findet auch die Ernte früher statt. Ein Feddan bedarf zur Saat eines Ardeb und gibt einen Ertrag von 4—15 Ardeb. [16])

Reis *(oryza sativa L.)*, arab. uruzz, ist eins der bedeutendsten Producte Aegyptens und wird blos im Delta und auf den Oasen gebaut. Die Saat findet im April statt. Die Erde muss früher mehrmals bewässert und bearbeitet und die Bewässerung der Felder öfters wiederholt werden, während die Pflanze sich entwickelt. Die Ernte ist im November. Der Reis bildet einen sehr erheblichen Ausfuhrartikel, wenngleich der grösste Theil in Aegypten selbst consumirt wird.

Mais *(zea mais L.)*, arab. durrah frenki oder durrah schami, ein Hauptnahrungsmittel der untern Volksklassen, die ihn geröstet oder gekocht geniessen und auch als Mehl verbrauchen. Seiner arabischen Benennung nach soll er ursprünglich aus Syrien einge- führt worden sein und wird vorzüglich in Unterägypten gebaut. Die Körner sind gelblich und grösser als die der einheimischen Durrah. Ende Juli, wenn der Nil zu steigen beginnt, wird die Erde, nachdem sie gedüngt worden, einmal geackert; dann säet man, hierauf folgen wiederholte Bewässerungen. Die Pflanze reift in 70 Tagen. Für jeden Feddan ist ein halber Ardeb Samen erforderlich. Der Ertrag ist bei 7 Ardeb per Feddan. Auf demselben Grund erzielt man oft zwei Ernten in demselben Jahre.

Durrah *(sorghum vulgare Pers.)*, arab. durrah beledi. Die jetzt in Aegypten allenthalben angebaute Durrah, die ein schmackhaftes Brot liefert, ist ohne

Zweifel schon im Alterthum ein Gegenstand der Agricultur gewesen. Ueber das Vaterland dieser Pflanze lässt sich nichts mit Bestimmtheit angeben; doch ist es kaum glaublich, dass dieselbe, obwol sie nunmehr eine Charakterpflanze Afrikas genannt werden kann, daselbst ursprünglich einheimisch war. Sie wird im März oder August gesäet, meistens auf Kleefeldern; die Ernte findet nach 100—120 Tagen statt. Man besäet einen Feddan mit ¼ Ardeb und erzielt eine Ernte von 9—10 Ardeb. Die Durrahpflanzungen werden zum Behuf der Bewässerung in kleine, durch Dämme geschiedene Quadrate eingetheilt; das Wasser wird aus dem einen in das andere gelassen, bis das ganze Feld gehörig bewässert ist. In Oberägypten wird Durrah in bedeutender Quantität gebaut und ist das gewöhnliche Nahrungsmittel des Fellah. Man unterscheidet zahlreiche Varietäten, ausserdem die verwandten Arten: *Sorghum cernuum* (durrah 'uwēgeh), *Sorghum bicolor* (furait), *Sorghum saccharatum* (duchn); erstere kommt mit *Sorghum vulgare* zugleich, letztere nur bei Assuan, in Nubien und in den Negerländern vor.

Die **Bohne** *(vicia faba)*, arab. ful. Unter den Hülsenfrüchten spielt die Bohne die erste Rolle, indem sie nicht blos ein Hauptnahrungsmittel ist, sondern auch in grossen Quantitäten ausgeführt wird. Sowol in Unter- als Oberägypten wird sie gepflanzt und zwar gegen Ende October. Mit einem halben Ardeb wird ein ganzer Feddan bebaut. Die Ernte findet nach 4 Monaten statt.

Die **Linse** *(ervum lens L.)*, arab. 'ads. Schon die Bibel gibt die Linse als Culturpflanze Aegyptens an. Sie wird häufig gebaut und ist eine Lieblingsnahrung der Aegypter. Die Frucht ist roth und klein. Die Aussaat findet im November, die Ernte im März statt. Ein Feddan liefert einen Ertrag von 4—7 Ardeb.

Die **Wolfsbohne** *(lupinus termis Forsk.)*, arab.

tirmis. Ursprünglich in den Mittelmeergegenden und
somit auch in Aegypten wahrscheinlich einheimisch, wo
sie noch jetzt häufig, besonders in Oberägypten, gepflanzt wird. Nur in Salzwasser einige Zeit hindurch ma-
cerirt, wird sie geniessbar. Diese Frucht wird meistens
in sandigen Boden gesäet und bedarf geringer Arbeit.
Ein Feddan wird mit $^2/_3$ Ardeb besäet und gibt bis 7
Ardeb Ernte. Die Saat findet im November statt, die
Ernte 100 Tage später.

Die Kichererbse *(cicer arietinum L.)*, arab.
melāneh (die Pflanze), wird jetzt stark in Aegypten cultivirt und geröstet gegessen, woher auch der arabische
Name der Frucht: hummus. Die Aussaat findet im
November, die Ernte im März statt. Zwei Drittel Ardeb
genügen, um einen Feddan zu besäen, der 3—5 Ardeb
Ertrag gibt.

Die Erbse *(pisum arvense L.)*, arab. bisilleh,
die Platterbse *(lathyrus sativus L.)*, arab. gilbān,
beide in Oberägypten gepflanzt und in Unterägypten verbraucht.

Die Lubieh *(dolichos lubia Forsk.)*, arab. lubieh,
in ganz Aegypten gepflanzt.

Wir lassen nun die Aufzählung der Gemüse folgen,
deren vollständige Zusammenstellung wir der freundlichen
Mittheilung des Hrn. Professor Dr. Th. Bilharz zu verdanken haben.

Gemüse Aegyptens:

Zwiebel *(allium cepa)*, arab. bas'al. Winter.
Knoblauch *(allium sativum)*, arab. tōm. W.
Lauch *(allium porrum)*, arab. kurrāt. W. (Schon im
    Frühjahr gepflanzt.)
Colocasia *(arum colocasia)*, arab. kulkās. Sommer.

Möhre *(daucus carota)*, arab. gazar. W.

Rettich *(raphanus sativus)*, arab. figl. W.

Rübe *(brassica napus, var. rapifera)*, arab. lift. W.

Rothe Rübe *(beta rubra)*, arab. bangar. W.

Kohl *(brassica oleracea, var. capitata)*, arab. krumb. W.

Blumenkohl *(brassica oleracea, var. cauliflora)*, arab. karnabid. W.

Mangold *(beta vulgaris)*, arab. selk. W.

Rauke *(brassica eruca)*, arab. gergīr. S.

Lattich *(lactuca sativa)*, arab. chass. W.

Malve *(malva verticillata)*, arab. chobbeizeh. W.

Spinat *(spinacia oleracea)*, arab. sebānech. W.

Sauerampfer *(rumex acetosa)*, arab. hommeid. W.

Portulak *(portulaca oleracea)*, arab. rigleh. S.

Melochie *(corchorus olitorius)*, arab. meluchija. S.

Cichorie *(cichorium endivia)*, arab. schikurijeh, hendeba. W.

Kresse *(lepidium sativum)*, arab. reschād. W.

Fisole *(phaseolus vulgaris)*, arab. fisulieh. W.

Artischocke *(cynara scolymus)*, arab. charschuf. W.

Bamia *(hibiscus esculentus)*, arab. bamia. S.

Paradiesapfel *(solanum lycopersicum, solanum aethiopicum)*, arab. badingan kutah. W. und S.

Eierpflanze *(solanum melongena)*, arab. badingan eswed. S.

Spanischer Pfeffer *(capsicum frutescens)*, arab. filfil ahmar. S.

Langer Kürbis *(cucurbita lagenaria)*, arab. k'ar'. S.

Wassermelone *(cucurbita citrullus)*, arab. battīch. S.

Gurke *(cucumis sativus)*, arab. chijār. Frühjahr und Herbst.

Melone *(cucumis melo)*, arab. kawūn. S. *Cucumis dudaim*, arab. schammām. S. *Cucumis chate*, arab. abdellawi oder 'agūr. S.

Sellerie *(apium graveolens)*, arab. karafs. W., im Frühjahr angebaut.

Petersilie *(apium petroselinum)*, arab. ba'dūnis. W.

Dill *(anethum graveolens)*, arab. schabat. W.

Koriander *(coriandrum sativum)*, arab. kuzbarrah. W.

Kreuzkümmel *(cuminum cyminum)*, arab. kammūn. W.

Schwarzkümmel *(nigella sativa)*, arab. habbeh soda. W.

Die wichtigsten N u t z p f l a n z e n Aegyptens sind
folgende :

B a u m w o l l e *(gossypium herbaceum L.)*, arab.
kutn. Die Einführung und Entwickelung der Baumwoll-
cultur ist eins der grössten Verdienste Mohammed-
Ali's. Die Lobredner desselben behaupten zwar, er habe
dieselbe begründet; es soll jedoch schon lange vorher
die Baumwollstaude in Oberägypten und in der Umgebung von Kairo gepflanzt und daraus Gewebe bereitet
worden sein. Das Verdienst des Vicekönigs ist es, dass
er die viel ergiebigere und qualitativ vorzüglichere ost-
indische Staude nach Aegypten verpflanzte, welche die
einheimische fast ganz verdrängte.. [17])

Für die Baumwolle eignet sich am besten ein fetter,
schwarzer Boden, wie in Aegypten; nach andern soll
rother Boden besser sein. [18]) Thatsache ist es, dass
Aegypten nach Sea-Island und Santu die beste Baumwolle erzeugt. Die oberägyptische Baumwolle ist der
des Delta vorzuziehen, und es scheint also die Nähe der
See keine absolute Bedingung zum Gedeihen der Pflanze
zu sein. Eine allgemeine Beobachtung ist es, dass die
warmen Gegenden in der Nähe des Aequators die beste
Baumwolle erzeugen; die der nördlichen Gegenden ist
roh und weniger fein. In Pernambuco, wo die beste
brasilianische Baumwolle gedeiht, säet man im Monat
März in ziemlich weiten Zwischenräumen. Die Pflanze

trägt im ersten Jahre, aber noch besser im zweiten, die drittjährige Ernte ist schlechter. Dann lässt man die alten Felder brach liegen und bepflanzt neue. Im Alluvialboden des Mississippi besteht die ganze Arbeit im Ausstreuen des Samens auf den Grund. Im Jahre $18^{27}/_{28}$ ward Sea-Island zuerst in Aegypten gesäet. Grosse Sorgfalt ward während des Wachsthums, der Ernte und des Verpackens angewendet und die Baumwolle hatte viel an Qualität gewonnen. Jetzt nimmt die ägyptische Baumwolle einen hervorragenden Platz im Welthandel ein. Das 'Maximum der Baumwollernte kann jetzt für Aegypten auf 900000 bis 1,000000 Kantar,-das Minimum aber auf 500000 Kantar angeschlagen werden. Der jährliche Ertrag ist deshalb schwankend, weil nicht jedes Jahr gleichviel Baumwolle gebaut wird, sondern, je nachdem die Preise der Victualien sich stellen, der Landbauer statt Getreide und Nahrungspflanzen Baumwolle baut oder umgekehrt. Dadurch, dass jetzt in Aegypten sechs Reinigungsmaschinen bestehen, um die Baumwolle von dem Samen zu befreien, hat sich der Export der ägyptischen Baumwolle, die ursprünglich wegen ihrer Unreinheit nicht günstig beurtheilt ward, sehr gehoben. Diese Reinigungsetablissements, die mittels Dampf betrieben werden, genügen noch keineswegs für die ganze Production Aegyptens, sind aber doch schon von grossem Nutzen und ersparen eine grosse Anzahl Arbeiter, die sonst durch· die Reinigungsarbeiten dem Landbau entzogen wurden.

Der Boden Aegyptens ist, wie gesagt, für die Baumwollstaude sehr günstig; es ist ein schwerer, die Feuchtigkeit lange bewahrender Grund, wo die Staude ihre volle Entwickelung erreichen kann. Ein in der Nähe des Flusses gelegener, aber der Ueberschwemmung nicht ausgesetzter Boden wird mit Vorliebe gewählt. Durch

kleine aufgeworfene Dämme beschützt man die Pflanzungen vor der Ueberschwemmung. Im Winter bewässert man sie alle 14 Tage, im Frühling meistens einmal in 12 Tagen. In Unterägypten wird der Grund
nur einmal gepflügt, in Oberägypten zweimal, wenn er
leicht ist. Die Furchen werden in der Entfernung von
1,25 Meter und in der Tiefe von 36 Centimeter gezogen.
Nach der Pflügung wird die Scholle mit der Haue zer-
schlagen und die Erde geebnet. Dann wird der Samen
in Löcher von 3—4 Zoll Durchmesser zu je 3—4 Kör-
nern in der Tiefe von 2—3 Zoll eingelegt, nachdem
die Samenkörner früher 24 Stunden im Wasser einge-
weicht worden sind. Die Saat findet immer im März
oder April statt. Die Entfernung der Stauden voneinander ist gewöhnlich ein Meter. In der Nähe der
grössern Städte bepflanzt man die Zwischenräume mit
Gemüsen. Das Unkraut, das zwischen den Stauden nach
der Ueberschwemmung wächst, wird mit der Hand aus-
gejätet und bei Beginn des Winters zu diesem Behuf der
Pflug in grössern und die Haue in den kleinern Pflanzungen angewendet. Dieses Ausjäten findet dann statt,
wenn die Pflanze die Höhe von 3 Metern erreicht hat.
Die Staude wird mit einer Art Krummesser so stark
beschnitten, dass fast alle Zweige entfernt werden, deren
man sich zur Feuerung bedient. Die Fellah, welche
keine Gartenmesser haben, knicken die Zweige einfach
ab, ohne dass dies der Staude schadet. Im ersten und
zweiten Jahre beschneidet man sie weniger stark als im
letzten. Es sollen manche Stauden das Alter von fast
50 Jahren erreichen. Im allgemeinen steht es fest,
dass die Fruchtbarkeit der Pflanze nach dem dritten
Jahre abnimmt. Die Ernte beginnt im Juli und endet
im Februar, bei feuchter Witterung auch schon im December. Ein Arbeiter kann 4 Feddan bearbeiten,

welche an tausend Stauden enthalten. Man pflegt die Baumwolle gewöhnlich unmittelbar in demselben Jahre auf Mais, Getreide, Gerste oder endlich auf Feldern zu pflanzen, die einige Monate hindurch gerastet haben. Letzteres wird als der Pflanze am zuträglichsten betrachtet. Die Baumwollstaude bildet tiefe Wurzeln, und der Boden, worauf sie gepflanzt wird, soll dreimal, zum wenigsten aber zweimal tüchtig durchackert werden. Im letztern Fall, sowie wenn man Baumwolle auf Felder pflanzt, wo vorher Mais oder Klee stand und wo das Ackern wegen der noch im Boden haftenden Wurzeln dieser Pflanzen schwerer von statten geht, darf man keine so ergiebige Ernte erwarten.

Die Reinigung der Baumwolle von den Hülsen sowie die Entfernung des Samens, des Staubes und der Erdbestandtheile geschieht von den Bauern mit einer höchst unbehülflichen, durch Menschenkraft in Bewegung zu setzenden Maschine, die aus zwei Cylindern besteht, welche mit dem Fuss in Gang gebracht werden. Die neuestens errichteten Reinigungsmaschinen, welche mit Dampfkraft getrieben werden, sind bereits erwähnt worden. Das Verpacken der Baumwolle, das früher mittels Eintreten geschah, wird jetzt durch hydraulische Pressen nach amerikanischem System vermittelt.

Ein Feddan gibt einen Ertrag von 2½ Ardeb Samen und 2½ Kantar Baumwolle, doch gibt es Gründe, die eine Ernte von selbst 4 Kantar geben; der mittlere Ertrag dürfte 3—3½ Kantar sein. Der Samen dient zur Oelbereitung.

Lein *(linum usitatissimum L.)*, arab. kettän. Aus Lein verfertigten die alten Aegypter schon ihren berühmten Byssos. Die Leinpflanze ist übrigens in Aegypten nicht ursprünglich einheimisch, sondern erst später dahin eingeführt worden. Noch jetzt wird sie stark gepflanzt. Unmittelbar nach der Ueberschwemmung, wenn die Gründe noch durchweicht sind, findet die Aussaat statt. Wo die Bewässerung nicht so reichlich oder. gar nicht. stattfand, wird der Boden geackert, dann der Samen ausgestreut; die Schollen werden mit einer Art Egge geebnet und hierauf einmal bewässert. Der auf solche Art bebaute Boden gibt bis 3 ½ Kantar Lein per Feddan und 3 Ardeb Samen.. Wenn die Pflanze sich zu entwickeln beginnt, pflegt man die Felder mit einer leichten Schicht von Schutt zu düngen und dann zu bewässern. Die Pflanze reift im Monat März. Der Samen dient zur Oelbereitung (zeit harr). [19])

Hanf *(cannabis sativa)*, arab. scharänik (der Samen), auch haschisch (die Blätter) oder tël. Früher nur als Berauschungsmittel benutzt, wurde dessen Anbau besonders von Mohammed-Ali gehoben, der für seine Flotte desselben bedurfte, um Segel und Tauwerk zu verfertigen. Die Eingeborenen bereiten aus den Blättern der Pflanze das berauschende Haschisch.

Indigo *(indigofera argentea L.)*, arab. nileh. Er wird meistens in Oberägypten an den Ufern des Flusses und im Fajum gebaut. Die Aussaat findet Ende März statt und der erste Schnitt wird Ende Juni gemacht, in Zwischenräumen von 30 Tagen folgen noch zwei andere, der letzte Schnitt gibt den besten Indigo. Der Samen entartet dergestalt, dass man sich von Zeit zu Zeit neuen verschaffen muss, den Syrien in Menge liefert.

Saflor *(carthamus tinctorius L.)*, arab. kurtum, (die Blüte heisst 'us'fur). Er wird in beträchtlicher Menge gewonnen und sogar als Ausfuhrartikel versendet. Am meisten wird diese Pflanze um Kairo angebaut. Schon die alten Aegypter bedienten sich derselben zum Färben. Die Aussaat ist im Herbst nach der Ueberschwemmung, die Ernte im März. Der Samen dient zur Oelbereitung (Zeit hulw).

K r a p p *(rubia tinctorum)*, arab. fush. Der Ertrag der Ernte wird ganz im Lande zur Färbung der rothen- Mützen verbraucht, die in der Regierungsfabrik von Fuah verfertigt werden. Die Pflanze wird nur in Oberägypten gebaut.

H e n n a *(lawsonia alba)*, arab. henna oder vulgär tamarhenne. Wird in Unterägypten, besonders in den Provinzen Scharkijjeh und Kaljubijjeh gepflanzt. Die Ableger werden im Monat April in die Erde gesteckt, in einem Jahre hat sich der Strauch hinlänglich entwickelt. Die getrockneten Blätter werden zerrieben zum Färben der Finger und Zehen von den Frauen verwendet.

S e s a m *(sesamum orientale L.)*, arab. simsem. Er wird als Oelpflanze im Sommer gebaut (das Oel, zeit sireg). Der Samen wird zur Würze von Backwerk verwendet.

R a p s *(brassica napus, var. oleifera)*, arab. selgam. Besonders in Oberägypten gebaut. Aussaat im November.

L a t t i c h *(lactuca sativa)*, arab. chass. In Oberägypten im grossen zur Oelbereitung angepflanzt (das Oel, zeit chass). Aussaat im November.

M o h n *(papaver somniferum L.)*, arab. chaschchasch oder vulgär abu nöm, d. i. Vater des Schlafs. Besonders in Oberägypten gepflanzt, vorzüglich zum Opiumgewinn. Aussaat im November, Opiumernte März, Samenernte April.

K l e e *(trifolium alexandrinum L.)*, arab. bersim. Er dient als Hauptnahrungsmittel für die Last- und Zugthiere, welche 2—3 Monate (Februar bis April) hindurch damit gefüttert werden. Er wird meistens gesäet,

14 *

sobald sich das Wasser zurückzieht, wobei der Samen in den frischen Schlamm ausgestreut wird. Südlich von Farschut wird er nicht mehr gebaut. [20])

Hornklee *(trigonella foenum graecum L.),* arab. helbe. Er wird gleich nach der Ueberschwemmung gesäet, die Ernte folgt drei Monate später. Er dient als Futter für die Thiere; die Spitzen der Triebe werden vom Volk gegessen.

Luzernerklee *(medicago sativa),* arab. bersim higazi, wird nicht häufig angebaut.

Taback *(nicotiana tabacum* und *nicotiana rustica),* arab. duchān. Im December wird der Taback in den am Nil gelegenen Gründen gesäet. Zwei Monate später ist die Pflanze schon hoch genug, um in ein geackertes Feld umgesetzt zu werden. Die erste Ernte findet im April statt, 40 Tage darauf die zweite, die jedoch schon von schlechterer Qualität ist. Zur Zeit der Ueberschwemmung erzielt man oft noch eine dritte Ernte, wenn das Wasser die Pflanzen nicht beschädigt. Der ägyptische Taback ist untergeordneter Qualität und wird nur von den untern Volksklassen verbraucht.

Zuckerrohr *(saccharum officinarum L.),* arab. kasab-sukkar. Der Ertrag der Zuckerrohrpflanzungen ist schon jetzt recht bedeutend und nimmt mit jedem Jahre zu. Die grössten Pflanzungen sind in Oberägypten in der Umgegend von Farschut, obwol auch um Kairo verschiedene Zuckerrohrfelder sich vorfinden. Die Pflanzung findet in den Monaten März und April statt. In dem gehörig geackerten Felde werden Furchen gezogen und frische Zuckerrohrstücke eingelegt. Dann folgt die Bewässerung ununterbrochen bis zur Ernte, welche im October eintritt. Viel Zuckerrohr wird von den untern Volksklassen roh verzehrt. Das zur Zuckerfabrikation bestimmte Rohr wird erst im Januar oder Februar geschnitten. Die Pflanzung des nächsten Jahres erneuert sich durch Sprösslinge aus den Wurzeln der alten Pflanze. Es sind schon seit Mohammed-Ali verschiedene Zuckerraffinerien nach europäischem System eingerichtet worden, die ganz guten Zucker liefern, der den inländischen Bedarf deckt und selbst zum Export nach Syrien genügt. Die Zuckerraffinerien, welche jetzt bestehen, sind folgende : eine Fabrik in Kairo, der Regierung gehörig, eine weitere bei Rodah in Oberägypten, Eigenthum des Prinzen Ismail-Pascha, eine Fabrik in Minjeh, dem verstorbenen Ilhami-Pascha, dem Sohne des frühern Vicekönigs Abbas-Pascha, gehörig. Es bestand früher eine Zuckerraffinerie mittels Dampf in Farschut, sowie eine weitere in Kairo, welche aber jetzt nicht mehr arbeiten. Aus Farschut wird noch jetzt Zucker bester Qualität geliefert, der jedoch auf dem gewöhnlichen einheimischen Wege gewonnen wird, ohne europäische Vorrichtungen. Uebrigens erschöpft die Zuckercultur selbst den reichen Boden Aegyptens, und es müssen daher die Pflanzungen häufig gewechselt werden. Aber die Leichtigkeit der Bewässerung, der niedrige Arbeitspreis machen dennoch Aegypten sehr geeignet für die Cultur dieser Pflanze.

Unter den Bäumen nimmt die Palme unstreitig den ersten Platz ein. Die P a l m e *(phoenix dactilifera)*, arab. nachl, ist der verbreitetste und nützlichste Baum in Aegypten. Nicht blos seiner reichlichen, sowol schmackhaften als nahrhaften Früchte wegen, sondern auch durch sein Holz, das als Bauholz benutzt wird, durch die Blätter, die Aeste, den Bast, die zu tausenderlei Zwecken verwendet werden können, ist dieser Baum von unschätzbarem Werth für das holzarme Aegypten. In Unterägypten ist die Palme etwas verkommener und entwickelt sich nicht in ganzer Fülle, wie das schon bei Kairo und noch mehr in Oberägypten der Fall ist. Während die Stämme dort nur wenige Sprossen treiben, zählt man bei Assuan und Elephantine deren oft zwanzig und darüber, sodass die Palmen da wirklich dichte Gehölze bilden. Die Frucht dieses einzigen Baums ist nicht nur ein wichtiger Nahrungszweig. des Volks, sondern auch ein sehr erheblicher Ausfuhrartikel. Die Steuer auf Palmen gibt eine nicht unbedeutende Einkommensquelle der ägyptischen Regierung ab, sie beträgt beiläufig 1½. Piaster von jedem Baum, ist aber durch Zuschläge auf den Bast, die Aeste, das Holz u. s. w. namhaft erhöht worden. Die Befruchtung durch die Bestäubung der weiblichen Blüte ist eine der bemerkenswerthesten Eigenschaften dieses Baums. Im wilden Zustand, wo sie dicht zusammenwachsen, wird vermuthlich die Befruchtung durch die Winde übernommen, jetzt aber findet sie in den Gärten regelmässig auf künstliche Weise im April statt. Die Dattel reift erst gegen Ende Juli, in Unterägypten gibt es aber eine Gattung, die später reift, sodass bis um December frische Datteln auf dem Markt von Kairo zu bekommen sind. Im wilden Zustand werden die weiblichen Palmen durch den in der Luft. von den Winden weithin getragenen Samenstaub befruchtet. Dies genügt aber nicht für die Palmen des Culturlandes, welche der künstlichen Befruchtung durch Menschenhand nicht entbehren können. Die Frucht der Palme im wilden Zustand ist klein und von herbem Geschmack. Es gibt verschiedene Gattungen; die in Kairo am meisten bekannten sind: balah 'āmiri, die grosse rothe Dattel, die meistens gedörrt nach Europa ausgeführt wird; balah imhāt, die kleine gelbe Dattel, welche sich durch ihre Süssigkeit auszeichnet und vorzüglich von den Pflanzungen von Gizeh; Atar-en-nebi und Deir-et-Tin kommt.

Berühmt wegen ihrer Süssigkeit sind die Datteln
von Siwah, die aber nicht einzeln gedörrt, sondern nur
in Form von grössern zusammengepressten Klumpen,
meistens in Binsenmatten oder Felle eingenäht in den
Handel kommen; dieser Dattelkuchen wird 'Agweh genannt. Guter Qualität sind die Datteln von Ibrim in
Nubien. Aus Datteln bereitet man in Aegypten ganz
guten Branntwein. Der Dattelkohl, das Herz der Blät-
terkrone, ist geniessbar und soll den Geschmack von
rohen Kastanien haben. Ein Baum kann bis vier Kantar Früchte geben. Das Gewicht einer Traube ist 15 —
20 und selbst 50 Rotl. Solcher Trauben trägt eine
Palme 6 — 12. [21])

Eigenthümlich ist die Erscheinung der thebanischen
Dum-Palme *(cucifera thebaica Pers.)*, arab. dūm, mit
ihren gabelförmigen Aesten. Sie beginnt bei Girge.

Der Oelbaum *(olea europea L.)*, arab. zeitūn,
befindet sich in ausgedehnten Pflanzungen in der Provinz Fajum, die jährlich an 40000 Okka Oel expor-
tiren soll. Dennoch wird im ganzen die Cultur dieses
Baums in Aegypten nicht in entsprechender Ausdehnung
betrieben. Um Kairo befinden sich einzelne grössere
Pflanzungen (bei Kubbeh).

Der Feigen-, Orangen-, Citronen-, Pfir-
sich-, Mandel-, Aprikosen-, Quitten-, Maulbeer-
und Granatbaum sind die nächstwichtigen Fruchtbäume, für deren Veredelung jedoch beinahe gar nichts
geschieht. Das Pfropfen der Obstbäume wird mit Erfolg getrieben, aber nur in Gärten, welche Europäern
gehören, häufiger angewendet, allerdings nicht in der
merkwürdigen Weise, wie sie ein englischer Tourist schildert, der sonst nicht ganz unzuverlässig ist : «Bogos-
Bey» — sagt er — «besitzt eine elegante Villa innerhalb der Stadtmauern von Alexandrien, umgeben von

einem grossen Garten, der eine seltene Auswahl von exotischen Bäumen und Pflanzen enthält, worunter die Nelken vielleicht die schönsten sind, die man irgendwo sehen kann. Hier zeigte man mir einen ausserordentlichen Obstbaum, der durch ein geniales Verfahren erzielt worden war. Drei Reiser von einem Citronen-, einem Orangen- und einem Limonienbaum waren, nachdem man die Rinde auf der einen Seite sorgfältig entfernt hatte, fest zusammengebunden und in die Erde gesetzt worden. Daraus entstand ein Baum, dessen Frucht die Eigenschaften der drei Obstarten in einer Schale aufwies, in der Frucht selbst ist die Abtheilung vollkommen sichtbar und der Geschmack einer jeden so verschieden, als wären die drei Obstarten ganz unvermischt. Dieses eigenthümliche Verfahren ist von Bogos-Bey aus seiner Vaterstadt Smyrna, wo es schon längst im Gebrauch ist, eingeführt worden.» [22])

Die Sykomore (*ficus sycomorus*), arab. gummeiz. Dies ist der Baum, welcher in Aegypten alle andern durch die Grösse seiner Dimensionen übertrifft. Das Holz ist dauerhaft und ward schon von den alten Aegyptern zu zahlreichen Holzarbeiten, besonders zu Mumienkästen verwendet. Die Frucht, die Eselsfeige, wird von armen Leuten genossen.

Der Nabak (*ziziphus spina Christi L.*) ist vereinzelt und in kleinen Gehölzen nicht selten.

Der Labach (*acacia Lebbek*) ist der schönste, laubreichste und verbreitetste Baum, der herrliche Alleen bildet.

Der dornige Sontbaum (*acacia nilotica*) gedeiht vorzüglich in Unterägypten, obwol er auch in Oberägypten nicht selten ist. In der Thebais und weiterhin in Nubien, dem Sudan und auf der Sinaitischen Halbinsel gewinnt man davon Gummi, wie von der *acacia seyal* und *acacia gummifera*, arab. talh. Die Härte des Holzes macht es besonders zum Schiffsbau geeignet. Die Frucht wird von den Gerbern zum Beizen der Felle verwendet.

Die T a m a r i s k e *(tamarix africana L.)*, arab. etl, und *tamarix gallica*, arab. tarfeh oder hatab ahmar, gedeiht am Rande der Wüste und an sandigen Stellen und dient kaum zu etwas anderm als zum Brennen. Mit seinem feinen, durchsichtigen Laub bildet dieser Baum eine charakteristische Zierde der ägyptischen Landschaft.

Die W e i n c u l t u r, wegen welcher Aegypten im Alterthum berühmt war, ist jetzt sehr gesunken. Die alten Aegypter zogen den Weinstock in Lauben und bildeten schattige Rebengänge in ihren Gärten. Besonders war der Wein vom Mareotis-See berühmt. Der Islam mit seinem strengen Weinverbot mag zum Verfall des Weinbaus viel beigetragen haben. Zusammenhängende grössere Rebenpflanzungen gibt es nirgends. Die Weinrebe, welche eine mächtige Entwickelung erlangt und sich oft bis auf die Dächer der Häuser hinaufrankt, steht meistens vereinzelt und ihre Trauben werden nur selten zur Weinbereitung verwendet. Man hat schwarze und weisse Trauben mit grossen Beeren von ausserordentlicher Süssigkeit, aber sie sind mehr fleischig als saftreich.

Die Gärtnerei im europäischen Sinn des Wortes wird in Aegypten fast gar nicht gepflegt, Blumenzucht ist ganz vernachlässigt. Der einzige schöne Park ist der Garten von Schubra, jetzt dem Prinzen Halim-Pascha gehörig. Ein kleinerer, aber schöner Garten, wo auch auf Blumenzucht gesehen wird, ist der des verstorbenen Suleiman-Pascha (Colonel Sèves) in Alt-Kairo, der von einem österreichischen Gärtner sehr nett gehalten wird. Auf der Insel Rodah bei Alt-Kairo hatte Ibrahim-Pascha

einen grossen Park anlegen lassen und beabsichtigte daselbst eine Pflanzschule für exotische Bäume zu errich-
ten; verschiedene indische Palmarten, andere Pflanzen
Indiens, namentlich der Teakbaum, gediehen vortrefflich;
aber mit dem Tode dieses Prinzen ging alles zu Grunde.
Der Park ist jetzt theils zerstört, theils verwildert, theils
in Ackerland umgewandelt, und nur ein paar indische
Palmen sind die einzigen Ueberreste der frühern Herr-
lichkeit. In Alexandrien sind einige schöne Privatgärten,
die aber dort im sandigen Boden nur mit grosser Mühe
und mit ausserordentlichen Kosten herangezogen werden
können. Wir dürfen nicht vergessen, der Rosencultur
im Fajum Erwähnung zu thun, in welcher Provinz zum
Behuf der Bereitung des Rosenwassers und Rosenöls aus-
gedehnte Rosenpflanzungen unterhalten werden.

Ein Feddan Land gibt eine Ernte von 6—7 Kantar
Rosen. Die Ernte findet im Januar oder Anfang Februar statt. Am frühen Morgen vor Sonnenaufgang werden die noch mit frischem Thau bedeckten Rosen ge-
pflückt und dann gleich 6 Stunden hindurch destillirt,
um das Oel zu gewinnen.

Eine Zierde der ägyptischen Gärten bildet mit ihren
breiten Blättern die Banane, deren Früchte zu den
besten Obstarten Aegyptens gehören. Eine andere edle
Frucht ist die R a h m f r u c h t *(anona squamosa)*, arab.
kischteh.

Der Charakter der ägyptischen Landschaft ergibt sich
von selbst nach dem Vorhergehenden. Wie die Vegetation ganz die eines Acker- und Gartenlandes ist, so hat
auch das Land das Aussehen eines unabsehbaren Acker-
und Feldercomplexes, unterbrochen von wenigen Baum-
gruppen und Dattelpalmenwäldern. So wenig malerisch
auch der Anblick der einzelnen Palme ist, so machen
doch grössere Bestände dieser Baumart einen Eindruck,

der nicht ohne Reiz ist. Die schlanken, 40—50 Fuss emporsteigenden, schuppenartig gerippten Stämme mit der einförmigen fahlgrünen Krone von gleichmässig abstehenden Blattstielen, die schon bei leisem Luftzug sich mit leichtem Säuseln hin und her wiegen und an das holde Rauschen unserer heimischen Nadelholzwälder erinnern, bilden eben deshalb, weil ein Baum in Form und Aussehen dem andern vollkommen ähnlich ist, eine gleichförmige, compacte Masse. Da der Stamm der Dattelpalme, wenn er reichlich Frucht bringen soll, stets von den untern Aesten befreit sein muss, so bietet ein Dattelpalmenhain dem Auge ziemlich freien Durchblick, bis wo die dichter und dichter sich gruppirenden Stämme die Aussicht hemmen. Das für die Sonnenstrahlen überall durchdringliche Laubdach lässt helle Lichtstreifen durchbrechen und gibt daher dem Palmenwald einen hellen, warmen, sonnigen Anstrich, unendlich verschieden von dem feierlichen, kühlen Halbdunkel der europäischen Wälder.

Ausser Turteltauben, Käuzchen, Falken und Schwärmen von Krähen nisten auffallend wenig Vögel in dem ungastlichen Geäst der Palme. Einen schönen Anblick gewährt sie dann, wenn aus den Endknospen ihrer Blattkrone die grossen Datteltrauben golden und purpurfarben herabhängen. Ein Baum hat leicht an 10 Rispentrauben rings um seine Blattkrone hängen, deren jede bis 2000 köstliche Datteln enthalten mag. Darf es uns daher wunder nehmen, wenn der Araber die Palme als eine besondere Gabe Gottes betrachtet, womit er die Länder des Islam vor allen andern auszeichnen wollte? Der Araber vergleicht die Palme dem Menschen wegen ihrer geraden, schlanken, aufrechten Gestalt, die das Haupt zum Himmel emporträgt, wegen der Scheidung in zwei Geschlechter, wegen der Befruchtung mittels Vereinigung der männlichen und weiblichen Blüten. Schlage man der Palme den Kopf ab, d. h. die Endknospe, so sterbe sie. Ihre Zweige, wenn abgebrochen, wachsen ebenso wenig nach wie die Arme des Menschen; ihre Fasern und Netzgewebe umhüllen sie wie die Haare den menschlichen Körper. Unter den Krankheiten der Palme wird von den Arabern auch die Liebe, Ischk, genannt. Sie besteht darin, dass die weibliche Palme den Pollen ihres männlichen Nachbars aus Apathie nicht aufnimmt, aber unter den fernstehenden sich einen Liebling auswählt und sich dann dahinwärts neigt, womit aber eine Verkümmerung und ein Verwelken verbunden sein soll, das sich nur durch ein Verbinden mit einem Strick aus Palmenfasern heben lässt, sowie durch Uebertragung des Pollens des einen auf die Blüte des andern Stammes. [23])

Nach den Palmen, welche die ausgedehntesten Gehölze in der ägyptischen Landschaft bilden, sind es die Labach, die indischen Akazien *(acacia Lebbek)*, mit ihrem dunkelgrünen massigen Laubdach, das von weitgestreckten, vielgekrümmten Aesten getragen wird, welche grössere Laubpartien zeigen. Die Sykomore mit ihrer dichten Krone erscheint meistens einzeln und unterbricht gefällig die Einförmigkeit der Saatebene. Sontgebüsche sind am Rande der Wüste häufig und bilden oft kleine lichte Gehölze, besonders in der Nähe der Dörfer, oder ziehen sich in langen Reihen zwischen den Feldern hin, deren grüne Fläche häufig von den Dämmen der Kanäle und Wasserbehälter durchschnitten ist. Die Ackerebenen des Nilthals sind je nach der Jahreszeit üppig grün, gelb von reifen Saaten, braun von der Sonne verbrannt, oder halb von Wasser bedeckt; in gewissen Zwischenräumen ragen, soweit das Auge reicht, graugrüne Massen hervor, die in der Ferne wie dunkle aus der grünen See emporsteigende Inseln sich ausnehmen. Es sind dies die Palmenhaine, welche sich bei den meisten Dörfern vorfinden. Hier und da streckt sich ein gelber Streif in die reiche Saat hinein — der Sand der Wüste, der in das Culturland eingedrungen. Dort, wo Pfützen von der Ueberschwemmung her zurückgeblieben sind, da beleben unzählige Scharen von Wasservögeln die Gegend; wo das Wasser sich zurückgezogen hat, erscheint der unbebaute Boden schwarz und von tiefen, durch die Sonnenhitze entstandenen Rissen durchzogen. In der heissen Jahreszeit verleiht der grelle Glanz des Sonnenlichts der Landschaft eine eigenthümliche Schärfe, selbst bis in die entferntesten Umrisse. Wo die von den Sonnenstrahlen erhitzte Luft sich verdünnt, zeigt sich dem Auge ein Flimmern und Glänzen, welches oft Wasserflächen mit hervorragenden Gegenständen darstellt, aber bei der Annäherung verschwindet — es ist die Fata-Morgana, der trügerische Sirāb der Wüste. An heissen Sommertagen entstehen oft wirbelartige Luftströmungen, welche die Staubmassen in einer hohen Säule aufraffen. Sie ziehen lange über die Ebenen hin, schon von fern sichtbar. Zoba'ah nennt sie der Araber und hält sie für bösartige Riesengeister. So belebt sich die Monotonie der Nillandschaft auch durch herrliche Lufteffecte, die besonders bei Tagesanbruch und Sonnenuntergang an Pracht alles übertreffen, was man in Europa sehen kann. Der Leser, der Weiteres über den landschaftlichen Habitus Aegyptens zu erfahren wünscht, möge die Wirklichkeit studiren, gegen welche jede auch noch viel weitläufigere Schilderung nur ein schwaches, farbloses Schattenbild ist.

4. Die Nutzthiere.

Das am allgemeinsten verbreitete und nützlichste Lastthier ist der Esel. Mit auffallendem Undank er-

wiesen die sonst dem Thierdienst so holden alten Aegypter dem brauchbaren und jetzt so allgemein benutzten
Lastthier nicht die geringste Vorliebe, sie betrachteten
sogar den Esel als ein dem bösen Princip, dem Typhon,
geweihtes Thier [24]), sowie Typhon selbst durch das Bild
eines liegenden Esels in den Hieroglyphen bezeichnet
wird. [25]) Dieses Thierbild erscheint auf hieroglyphischen Darstellungen aus dem alten Reiche häufig, seltener auf solchen aus dem neuen. Der Esel war im
Alterthum nicht minder in Aegypten verbreitet als jetzt.
Man benutzte ihn auch zum Austreten des Getreides.
Ein Individuum wird auf einer hieroglyphischen Darstellung als Besitzer von 760 Eseln angeführt. [26]) Der
ägyptische Esel ist gewöhnlich von mittlerer Grösse, eher
klein, grau mit einem schwarzen, die Länge des Rück-
grats und quer über den Widerrist hinablaufenden Streifen, oder röthlichbraun, mit weissem Bauch und röth-
lichem Haar an den Nüstern und Ohren, am häufigsten
schwarz mit hellerm Bauch. Er wird mit trockenen Bohnen, Stroh und Klee genährt und häufig nur einmal
des Tages gefüttert. Dieses Thier dient dem Fellah nicht
nur zum Transport von Lasten auf bedeutende Entfernungen, sondern trägt auch ihn selbst; ohne Zügel, mit
einem Stäbchen oder nach der Stimme selbst lässt es
sich lenken und wird häufig ohne Sattel geritten, wobei
der Bauer, um bequemer zu sitzen, ein Stück groben
Zeugs oder seinen Mantel ihm über den Rücken legt.
Ist er zu alt, um Lasten zu tragen oder zum Reiten zu
dienen, so lässt man ihn eine Mühle drehen. In den
Städten vertreten die Esel die Stelle der Fiaker und
Droschken. Unter der Aufsicht und Begleitung kleiner
Knaben stehen sie an den belebtesten Stellen bereit, für
einen mässigen Lohn nach jedem noch so entlegenen
Stadtviertel sich in Bewegung zu setzen. Reisende wer-

den von diesen Eseltreibern förmlich verfolgt, welche schreiend und lärmend ihre Dienste antragen. In Kairo sind die Miethesel am besten, trefflich gesattelt und gezäumt und selbst auf grössern Ausflügen sehr ausdauernd. Uebrigens treiben die reichen Eingeborenen einen wahren Luxus mit ihren Eseln. Besonders geschätzt sind in Kairo die hohen, starken, ganz weissen Esel, welche von jemenischer Abkunft sein sollen und oft bis 100 Pf. St. im Preise stehen. In Kairo reiten die angesehensten Eingeborenen beiderlei Geschlechts mit Vorliebe auf Eseln, besonders aber die Frauen, welche eigene sehr hohe Sättel haben, die noch meistens mit einem kleinen Teppich überdeckt werden. In den Städten bedient man sich der Esel zum Transport von Wasser in Schläuchen, von Holz, Kohlen, Klee, Getreide, Stroh u. s. w. Die herzlose Grausamkeit, womit diese Thiere behandelt werden, die oft durch schlechte Beladung schwer verwundet sind, ist empörend anzusehen. Als die beste und dauerhafteste einheimische Art gilt die von Oberägypten, besonders von Siut. Dieses Thier ist äusserst frugal in seiner Nahrung und geniesst fast alles; es wird mit sehr geringen Kosten (bei 2 Piaster für den Tag) erhalten. Die Lebensdauer überschreitet nicht die Grenze von 15—20 Jahren.

Das K a m e e l ist nach dem Esel sicher jetzt das nützlichste und verbreitetste Lastthier. Um so erstaunlicher ist es, dass man eine Abbildung desselben nie auf den hieroglyphischen Denkmälern antrifft; es kann kaum ein im alten Aegypten fremdes Thier gewesen sein, indem es schon unter den Geschenken angeführt wird, die Abraham von Pharao erhielt. Dennoch ist es auffallend, dass das Wort, womit die koptische Sprache dieses Thier bezeichnet, gamul, offenbar semitisch ist. Vielleicht ward es als ein mit den semitischen Nomaden, welche die Erbfeinde der Aegypter waren, in innigstem Zusammenhang stehendes Thier für unrein gehalten. Dass seit der arabischen Eroberung dieses nützliche Thier im Nilthal in grosser Anzahl zu Hause ist, darf uns nicht wunder nehmen, obwol eigentlich Aegypten am wenigsten dem Kameel entspricht, wegen seiner zahlreichen Wasserstrassen, Bewässerungen und Moräste, die dem Kameel ebenso verhasst und zuwider sind, als es im Sand der Wüste sich wohl und heimisch fühlt. Dessenungeachtet gedeiht das Kameel vollkommen in Aegypten und ist die ägyptische Rasse ganz gut. Das ägyptische Kameel ist gross, stark, hochbeinig und unterscheidet sich nicht wesentlich von dem syrischen, was bei dem steten Karavanenverkehr zwischen beiden Ländern leicht erklärlich ist. Das Kameel der Sinaitischen Halbinsel ist kleiner und weniger hochgestellt. Die Kameelrasse Oberägyptens, Nubiens und des Sennar wird der unterägyptischen vorgezogen. Hier, wie in ganz Vorderasien, ist nur das einbuckelige Kameel bekannt. Das Dromedar ist nichts anderes als ein Reitkameel.

Zwar gedeiht das Kameel auch im Nilthal, aber schon als Mohammed-Ali, um dem stets grösser werdenden Mangel an Kameelen abzuhelfen, Heerden davon aus dem Sennar nach Aegypten bringen liess, zeigte es sich, dass dieses Wüstenthier sich dennoch nicht so leicht an das üppige Leben im Culturland gewöhnt, denn der grösste Theil der importirten Thiere starb. [27])

Nur durch sorgfältige Zucht im Lande selbst lassen sich die grossen Lücken füllen, welche die Kriege, die unbarmherzige Behandlung, die sorglose Verpflegung, der grosse Verbrauch für Regierungstransporte dem Kameelstand gemacht haben. Zwar hat der Ausbau der Eisenbahn von Alexandrien bis Suez sowie einiger Zweigbahnen eine grosse Anzahl entbehrlich gemacht, hinge-

gen fallen jährlich Scharen dieser nützlichen Thiere als
Opfer der unaufhörlichen Militärtransporte und forcirten
Märsche, welche der jetzige Statthalter im Uebermass
veranlasst.

Nur im Gebiet der freien, herrenlosen Wüste fühlt
sich das Kameel heimisch und gedeiht zu voller unge-
hinderter Entwickelung. Denn damit dieses merkwürdige
Thier zur ganzen Lebenskraft sich entfalte, scheinen ihm
Mühsal und Entbehrung nothwendig zu sein. Hingegen
findet es auch bei dem Bewohner der Wüste die liebevollste, sorgsamste Pflege. Für ihn ist ja das Kameel
alles in allem. Es trägt ihn durch ungeheuere Entfernungen in gleichmässigem, sanftem Schritt, es nährt ihn
mit seiner Milch, sein Fleisch ist für ihn der köstlichste
Festschmaus und besonders der Höcker (sinām) ein
hochgeschätzter Leckerbissen. Aus seinen Haaren webt
er seine Kleider und sein Zeltdach (beit scha'r, d. i.
Haus von Haaren, ist der gewöhnliche Ausdruck für
Beduinenzelt); durch das Kameel wird er erst zum freien,
unabhängigen, jedes Herrn spottenden Nomaden. Daher
fehlt fast in keinem arabischen Beduinengedicht die
Schilderung und die Lobpreisung des Kameels. So singt
der alte Beduinendichter Alkamat-Ibn-Abdeh (lebte um
545 n. Chr.) im ersten Gedicht seines Divan: [28])

8. Wenn ihr mich befragt, wie es steht ums Weibervolk, nun
denn —
Gar kundig bin ich fürwahr der Mängel der Weiber, bin Arzt
hierin :
9. Wenn grau ward des Mannes Haupthaar und schwand sein
Besitzthum hin,
Da hat er an ihrer Liebe nimmer des Antheils Glück.
10. Sie wollen des Reichthums Ueberfluss; wo sie den erspähn,
Und Blüte der Jugend, die ist ihnen ein hochwerth Gut.
11. Nun denn lass ab! — Trost biete dir ein Kameel voll Kraft,
Das willig den Hintermann und dich trägt im Passchritt hin.

12. Die hurtige Kameelin, abgehärmt ist ihr Reitersmann,
Und ihr Buckel durch die Glut des Mittags und des Eilritts
·Noth.

13. Am Morgen, nach hart durcheilter Nacht, ist sie so frisch, wie
Dasteht eine Antilope, die schlau den Weidmann merkt.

14. Versteckt lag er im Artagesträuch; auch die Männerschar,
Sie naht, doch nicht holt die Meute sie, noch ein Pfeilschuss ein.

15. Zu Harith, dem Spendengeber, lenk' ich mein Reitthier hin,
Dass Bug ihm und Schulterblätter sich schwingen stets ruhlos.

16. Es trage mich zum Wohnsitz eines Mannes, der fern wol war,
Doch Nachtritte näherten nun deiner Huld mich jetzt.

17. Zu dir, fern sei Fluch von dir ²⁹), erging seines Trabes Lauf,
Durch Schrecknisse, deren Grauen waren zu sehn schreckvoll.

18. Es folgte des Abends Schattenstreifen dahin am Wege,
Auf Fusspfaden, eng und knapp, dem stramm gezogenen
Brunnseil gleich.

19. Mich leitete zu dir hin des Ferkedan's Doppelstern,
Am Heerweg, wo des Weges Zeichen stehn auf der Anhöhn
Stirn.

20. Es liegen die Gerippe der gefallenen Kameele da,
Die Knochen sind weiss, vom Sonnenbrand ist die Haut kohl-
schwarz.

21. Ich tränkte mit Wasser es, es war dessen Flut verfault
Und herb, wie wenn mit Sabib man hätte vermischt Henna.

22. Es muss weiden am Tränkplatz die Abfälle; will es nicht,
Dann ist seine Doppelfütterung Tagsritt und Nachteilzug.

Der Beduine besitzt in seiner reichen Sprache eine
Unzahl Wörter, die sich auf das Kameel beziehen.
Jede besondere Eigenschaft, jeden Zustand, jede Bewegung, jedes äusserliche Abzeichen des Kameels bezeichnet
er mit einem eigenen Wort. Allerdings besteht wol nirgends sonst eine innigere Verbindung zwischen Mensch
und Thier, als in der Wüste zwischen dem Beduinen und
seinem Kameel. Palme und Kameel sind die beiden
Grundbedingungen für den Lebensunterhalt und die
Existenz des Wüstenbewohners; beide werden von ihm
als besondere Gaben Gottes betrachtet, wie auch Palme
und Kameel so recht das entscheidende Merkmal der

arabischen Länder und des patriarchalischen Nomaden-
thums sind. Der Reichthum eines Beduinenhäuptlings wird
nicht nach Gold und Silber, sondern nach der Menge
seiner Heerden bestimmt, worunter die Kameele den
ersten Rang einnehmen; die Macht eines Stammes schätzt
man nach der Menge der Kameelreiter (rakib) [30]), die
er stellen kann. Das Wort Fahl, welches Kameelhengst
bedeutet, wird als gleichbedeutend mit «Held, Recke» im
lobpreisenden Sinne gebraucht. Das Blutgeld für einen
Ermordeten, wodurch sich der Mörder von der Blutrache
loskauft, wird in Kameelen bestimmt. Mohammed setzte
die Sühne für die Blutrache auf 100 Kameele für einen
Mann und 50 für ein Weib fest. Hekatomben von Kameelen opferten die heidnischen Araber der höchsten
Gottheit Allah. Bei Heirathen wird die Mitgift und die
Morgengabe in nichts anderm als in Kameelen berechnet; hoch auf dem Kameel in einer schönen, mit bunten
Lappen geschmückten Sänfte sitzend, wird die Braut
zum Zelt des Bräutigams geführt. Auf dem Kameel wird
der Todte hinaus in die Wüste zur letzten Ruhestätte
getragen. Auf der Flucht rettet das schnelle Reitkameel
Weib und Kinder, Hab und Gut des Beduinen; im Kriege
kämpft er vom Kameel herab oder lässt es niederliegen
und richtet auf den Gegner das Feuer seiner Lunten-
flinte, geschützt durch den Körper des Kameels und dessen hohen hölzernen Sattel, der ihm als Brustwehr dient.
Solche Gefechte der Beduinen, wo sie auf ziemliche Entfernungen hinter den liegenden Kameelen hervorfeuern,
dauern oft stundenlang ohne erheblichen Schaden; das
geduldige und stets gehorsame Thier ist am meisten den
Verwundungen ausgesetzt. [31]) Geht ein Beduinenstamm
ins Gefecht, so pflegt man das schönste und muthigste
Mädchen des Stammes in eine Sänfte (haudeg) zu setzen,
die von einem Kameel getragen wird, das man ins dich-

teste Kampfgewühl leitet. Während die Feinde sich der
schönen Beute zu bemächtigen suchen, wird sie von den
Ihrigen vertheidigt. Sie spricht denselben Muth ein, be-
lobt tapfere, vor ihren Augen vollführte Thaten und ver-
spricht dem Tapfersten der Tapfern ihre Hand; so wird
dann der Kampf um sie herum am heftigsten. Auf diese
Sitte gründet sich auch der Gebrauch, dass bei der Pilgerkaravane der Koran unter einem Zelt von einem
edlen Kameel, das kostbar aufgeputzt ist, getragen wird.
Man nennt dies das Mah'mal. Dasselbe soll der Sam-
melpunkt sein, um den sich im Fall des Angriffs der
Karavane die Kämpfenden zu scharen haben, um ihr
Heiligstes zu vertheidigen. ³²) So trägt das Kameel selbst
im Kampf dem Beduinen seine Standarte vor, und es
gibt keine Gelegenheit im Verlauf des täglichen Lebens,
wobei ihm das Kameel nicht dienend und helfend zur
Seite stände. Darf es uns dann wundern, wenn er es
das Schiff der Wüste nennt, welches ihn über das öde
Sandmeer rettend hinüberträgt, wie das Schiff aus Holz
den Schiffer über die Salzflut? Darf es uns wundern,
wenn ihm das Kameel nach Weib und Kind das Theu-
erste und Werthvollste ist, wenn er ein seinem Kameel
angethanes Leid als ihm selbst zugefügt betrachtet und
nicht ungerächt vorübergehen lässt?

Der Gehorsam, die Duldsamkeit und Langmuth sind
ebenso bekannte Eigenschaften des Kameels wie die
Ausdauer und Genügsamkeit. Ohne Zügel lässt es sich
mit dem Wort oder durch eine Hand- oder Fussbewe-
gung, mit einem dünnen Stäbchen lenken; ein Knäblein
führt das gewaltige Thier, das ruhigen, gemessenen
Schritts folgt. Der regelmässige, immer gleichbleibende
Kameelschritt dient daher zum ziemlich richtigen Mass
der in der Wüste zurückgelegten Entfernungen. Die in
langen Reihen hintereinander wandelnden Kameele der

Karávane sind die einzige lebende Staffage in der Oede
der Wüste, und nicht ohne tiefe Naturanschauung singt
von Gott ein arabischer Dichter, dieses Bild vergegen-
wärtigend: «Der, welcher Wolken als geordnete Kameel-
reihen des Himmels lenkt.» Die Dromedare sind etwas störriger und haben daher auch meistens einen
Nasenring, an welchem ein Halfter befestigt ist, womit
der Reiter sie lenken und anhalten kann. Nur während
einer kurzen Epoche im Jahr wird das Kameel bösartig
und ist durch die Wunden, welche sein furchtbares Gebiss machen kann, gefährlich. Das Maul ist ihm dann
mit reichlichem weissen Schaum bedeckt, und die Zunge,
oder richtiger eine beutelförmige Verlängerung des Gau-
mensegels, hängt als eine aufgeschwollene rothe Masse
heraus, während es ein widerliches Kollern hören lässt.
Solches Kollern stösst es auch aus, wenn es zum Nie-
derknien gezwungen wird, was es meist ungern thut,
da es dabei die ganze Last seines gewichtigen Körpers
auf die Knie werfen muss und bei hartem, steinigem
Boden ihm dies Schmerz verursacht. Dennoch genügt
fast immer der herkömmliche Laut: Nach, Nach! des
Beduinen, um es zum Niederliegen zu bestimmen. Dem
liegenden Thier wird dann, um es am Aufstehen zu verhindern, der Vorderfuss mit der Halfter fest an den
Schenkel angebunden und ihm dann das Futter vorgeworfen. Wenn es beladen wird, zeigt das liegende Kameel einen eigenthümlichen Mismuth, gibt seinen Zorn
durch häufiges Kollern zu erkennen, wobei es den Kopf
gegen seinen Führer herumwendet, als wollte es ihn
beissen. Beim Aufstehen wirft es sich zuerst auf die
Knie, setzt dann einen Fuss aus und erhebt sich langsam und mit grosser Vorsicht mit dreimaligem vor- und
rückwärts gerichteten Stoss. Bürdet man ihm zu schwere
Last auf, so soll es sich geradezu weigern, aufzustehen.

Das Auf- und Abpacken geschieht mit grosser Leichtigkeit, indem das Thier überall gehorsam neben seiner
Bürde sich niederlegt, sodass ein paar Männer im Stande
sind, im Zeitraum einer halben Stunde ein Viertelhun-
dert zu belasten und wieder zu entladen. Seine Nahrung findet das Kameel überall, auch auf der nacktesten
Fläche in dem härtesten und holzigsten Wüstengestrüpp,
in den Salzpflanzen, den Disteln und Sontbaumdornen
(*acacia nilotica L.*), die jedes andere Thier unberührt
lässt, wie im steinigen Dattelkern durch die zermal-
mende Kraft seiner Zähne und sein knorpeliges Gebiss. [33]) Futter wird ihm in der Regel nicht gereicht,
und nur einige Stunden Freiheit gestattet man ihm, sich
selbst im Sand und Gestein die sparsame Nahrung zu
suchen, welche von andern Thieren verachtet wird. Der
Trank ist ihm, wie bekannt, eine längere Reihe von Tagen
hindurch kein Bedürfniss. Vor Antritt grösserer Reisen pflegt man die Kameele mit Klössen von Kleie (kir-
senneh) [34]) förmlich zu mästen, um sie für die bevorstehen-
den Anstrengungen zu stärken. Das H'amud', d. i. Bit-
terkraut (*zygophyllum*), eine in der Wüste sehr häufig
vorkommende Pflanze, die kein anderes Thier berührt,
ist seine Lieblingskost.

Grössere Heerden von Kameelen findet man im eigentlichen Nilthal — ich spreche hier nicht von der
Wüste — nur in den Hauptstapelplätzen, von wo aus
der Handel ins Innere durch Karavanen betrieben wird.
Ausser Alexandrien und Kairo, wo viele Kameele immer
zu Regierungszwecken in Bereitschaft gehalten werden,
trifft man grosse Scharen in Siut, von wo aus der Verkehr mit den Oasen und Darfur vermittelt wird, in
Kenne, von wo die grosse Handelsstrasse nach Kosseir
an das Rothe Meer geht. Als Beweis der Leichtigkeit,
mit welcher man noch immer Kameele auftreiben kann,

möge die Nachricht dienen, dass im März 1861 auf
die Vermuthung, der Vicekönig Saïd-Pascha könne seine
Rückreise aus Arabien über Kosseir antreten, im Verlauf weniger Wochen 600 Kameele in letzterm Orte
concentrirt waren, um zum Transport des Militärs und
des Trosses zu dienen. Grosse Kameelmengen finden
sich immer in Korosko in Nubien vor, von wo die Reise
durch die Nubische Wüste geht.

Das ägyptische Kameel theilt sich in zwei Rassen,
Beledi und Saïdi, wovon die erstere als die gemeinere
angesehen wird. In Syrien kennt man deren drei:
Dschudi, Chuwär und Nu'mani. Das arabische Kameel
ist etwas kleiner, das sinaitische von langem Leib und
niedriger gestellt. Die gewöhnliche Tragfähigkeit ist
auf der Reise 2—3 $\frac{1}{2}$ Kantar und auf kurze Strecken
auch darüber. Am berühmtesten durch Adel und Rasse
ist das Bischari-Kameel.. Die Lebensdauer ist schwer zu
bestimmen; anstrengende Wüstenreisen kosten vielen
noch kräftigen Thieren das Leben. Jedenfalls lebt es
in der Wüste länger als im Culturlande. Als Maximum
dürfte man wol 20—25 Jahre annehmen.

Das P f e r d spielt schon seit dem entferntesten Alterthum eine bedeutende Rolle in Aegypten. [35]) Es
diente unter den Pharaonen zu Kriegszwecken, zum Reiten und zur Bespannung der Streitwagen. Dennoch ist
nicht unbemerkt zu lassen, dass das Pferd auf hieroglyphischen Monumenten nicht vor der XVIII. Dynastie erscheint.- Das ägyptische Pferd ist im ganzen von etwas
mehr als mittlerer Höhe, fleischigen, runden Formen,
der Kopf schwer, eckig, lang, die Ohren meist garstig
angesetzt, die Augen klein, die Nüstern abgeplattet, der
Nacken gewöhnlich gerade, selten gekrümmt; noch seltener ist ein Hackenhals. Die Brust ist breit, der Widerrist selten stark entwickelt, die Croupe abfallend; die

Schwanz- und Halsmähnen sind grob und reichlich, die
Häcksen und Knie breit, der Bauch stark vortretend, der
Huf breit und ausgehöhlt. Die gewöhnlichsten Farben
sind : lichtbraun, kastanienbraun, eisengrau; schwarz ist
ausserordentlich selten.

Das oberägyptische Pferd ist höher gestellt, weniger
dick und länger als das unterägyptische. Ersteres ist
geschätzter; auch die Pferde der Provinz Scharkijjeh
sind als gut bekannt. Im ganzen ist das gemeine ägyptische Pferd stark, kräftig, ausdauernd und arbeitsfähig,
entbehrt aber jedes Adels. Es ist daher auch erklärlich,
warum der Aegypter vor allem fremde Pferde schätzt
und solche in grosser Menge einführt. Mit dem Ausdruck «husān masri» oder «husān beledi» bezeichnet er
selbst ein gemeines Landpferd.

Die fremden Rassen, welche man in Aegypten am
häufigsten antrifft, sind folgende :

Das Dongolah-Pferd: sehr hoch gestellt, die Farbe
meistens schwarz oder schwarz und weiss gefleckt, alle
vier Beine oder nur zwei unten weiss, der Kopf lang und
ramsnasig, mit meistens schönen Blessen, der Nacken
krumm, schwanenhalsartig, selten gerade. Das Dongolah-
Pferd ist ein guter Renner und brauchbar in seinem
Heimatlande, schlecht und schwach aber, wenn exportirt.
Man hält diese Rasse im allgemeinen für böse und stü-
tzig. Mit Negd-Stuten sich kreuzend gibt es schöne, aber
werthlose Sprösslinge. Die Aegypter schätzen das Dongolah-Pferd gar nicht.

Das syrische Pferd theilt sich in mehrere Rassen.
Das gemeine syrische Gebirgspferd, welches zum Waarentransport verwendet wird, ist klein, kräftig, ausdauernd;
fast alle sind Wallache. Man bezeichnet sie mit dem
türkischen Namen Beigir. Das feinste syrische Pferd
ist das Anezi, welches von dem gleichnamigen Beduinen-

stamm benannt wird. Die Orientalen sowol als Europäer betrachten die Anézi-Pferde als die beste Rasse nach den Negdi.

Die Charakteristik des Anezi ist: mittlere Höhe, oft auch darüber; die gewöhnliche Farbe hellgrau oder Brandfuchs. Rappen sind nie beobachtet worden. Das Aussehen des Anezi spricht Kraft und Stärke aus. Die Formen sind etwas eckig, der Körper kurz; das ganze Wesen zeigt grosse Energie. Der Blick ist wild, die Augen sind gross und feurig. Die Form des Kopfes ist die einer gestürzten Pyramide, die Nasenspitze schmal, die Nüstern sind breit, wie auch die Stirn, welche manchmal gewölbt erscheint. Der Nacken ist gerade, der Widerrist hervorstehend, Rücken und Croupe kurz, Schwanzansatz hoch. Häcksen und Knie sind breit; der Huf ist klein und trocken, der Bauch von geringem Umfang. Das Anezi-Pferd widersteht lange den Anstrengungen und lebt an 30—40 Jahre. Es hat zum Kennzeichen ein gestürztes Dreieck auf der äussern Seite der beiden Ohrmuscheln eingebrannt. Seine Nahrung besteht in seiner Heimat aus Kameelmilch, Datteln, Gerste, Stroh und Wüstengräsern. Für besonders zuträglich halten die Beduinen die Kameelmilch, welche sie den Füllen und ausgewachsenen Pferden nach einem starken Ritt geben. Sie werden blos zum Reiten benutzt, und die Stuten sind höher geschätzt als die Hengste. Fast immer stehen sie gesattelt neben dem Zelt des Beduinen.

In Aegypten werden sie nach der Landessitte genährt und setzen daher mehr Fleisch und Fett an, womit ihre Fähigkeit zu langen Ritten und Anstrengungen abnimmt. Dessenungeachtet bewahrt das Anezi-Pferd selbst unter solchen entnervenden Einflüssen seine vortrefflichen Eigenschaften lange Zeit hindurch, und auch seine Sprösslinge haben noch einen grossen Werth. So zähe und unverwüstlich ist die Natur dieser Rasse.

Das Negdi-Pferd ist in Aegypten erst seit Mohammed-Ali's Eroberungszügen in Hocharabien (Negd) bekannt. Es ist das edelste seiner Art, sowie das schönste und flüchtigste.

Die Negdi theilen sich in verschiedene Klassen. Das Kuheil-Pferd führt seine Genealogie bis auf den Propheten Mohammed zurück; das Saklawi ist seiner Ausdauer wegen berühmt; dann folgen die Zehijjeh, Dehmān und Ubejjeh. Unter den Kuheil macht man zwei Unterabtheilungen, die man Kuheil agūz und Kuheil gẹdīd, d. h. alte und junge Kuheil, nennt, die sich jedoch nur durch die Schnelligkeit und Ausdauer unterscheiden.

Das Negdi-Pferd hat eckige Formen. Die häufigste Farbe ist hellgrau, schmuziggrau, hechtgrau, Brandfuchs und hellbraun. Negdi-Rappen sind ausserordentlich selten. Die Muskeln dieses Pferdes sind sehr sichtbar, die Muskelabstände klar ausgesprochen, die Haltung ist stolz. Ausser dem Stall präsentirt es sich vortrefflich, trägt den Kopf hoch; sein Blick drückt grosse Lebenskraft aus, sowie eine allen andern Rassen überlegene Intelligenz. Der Kopf ist fleischlos und hat die Form eines unregelmässigen Vierecks oder einer umgestürzten Pyramide. Die Ohren sind sehr klein, die Augen gross, die Nüstern hochliegend und sehr weit. Die Stirn ist breit und mächtig. Das untere Ende des Kopfes kann mit einer Hand bedeckt werden. Der Nacken ist meistens gerade, nicht gekrümmt, der Widerrist hoch, die Croupe auffallend kurz, die Mähne lang und fein; die Beine sind mager, die Häcksen breit, der Huf ist klein, der Schwanzansatz hoch. Den Schweif trägt dies Pferd sehr hoch, sobald es sich bewegt. Der Bauch ist sehr klein. Seine Lebensdauer ist besonders lang. Mit 25 Jahren hat es noch nicht gealtert und lebt bis 50. Hengste von 30 Jahren belegen noch ohne Anstand. Die Statur ist von mittlerer Grösse; doch kommen hohe Pferde nicht selten vor.

Die Nahrung dieser Thiere besteht aus Kameelmilch, gekochtem Fleich, Fleischbrühe, Mehl, Kuchen aus Mehl und zerriebenem gedörrten Fleisch, Datteln in Milch und Gräsern. Grünfutter lässt man sie 40 Tage lang im Jahr weiden. Das Negdi-Pferd trägt, als besonderes Abzeichen, drei und mehr feuerfarbene runde Punkte auf dem Hinterbacken von oben nach unten. Die Aegypter brennen häufig mit der Absicht zu betrügen diese Zeichen ihren Pferden ein; doch ist der Betrug leicht erkennbar. Auf die Fortpflanzung der reinen unverfälschten Rasse wird in Arabien sehr viel gehalten. Füllen, deren Vater unbekannt ist, werden gleich nach der Geburt getödtet, die Belegung findet vor Zeugen statt. Die Bewohner von Negd dulden kein fremdes Pferd unter sich. Das Pferd gehört bei ihnen zur Familie, es lebt mit im Zelt unter den Kindern und Weibern, die es mit Kameelmilch nähren. Vierzig Tage von der Geburt an pflegen die Beduinen den Schweif des jungen Thieres ein paar mal des Tages zu kneten, sowol oben als unten, wobei sie denselben nach oben ganz umbiegen. Dieses Verfahren hat wahrscheinlich darauf Einfluss, dass das Negdi-Pferd den Schweif so schön trägt.

Diese Rasse dient blos zum Reiten, legt ohne Nahrung weite Strecken zurück und zeichnet sich durch seltene Gelehrigkeit und Intelligenz aus. Sein natürlicher Gang ist der Schritt oder Galop, der Trab ist ihm meistens unbekannt. Das echt arabische Pferd folgt seinem Herrn auf das Wort. Bei seinem Zelt angekommen, springt der Beduine vom Pferd, nimmt den Sattel ab und lässt es stehen. Es wälzt sich im Sand, springt dann empor und erwartet seinen Reiter, auf dessen Ruf es herbeiläuft und sich satteln lässt. Er besteigt das-

selbe und, seinem Winke gehorchend, setzt es sich mit
ihm in Bewegung. Reiter und Ross verstehen sich und
bilden gleichsam erst zusammen ein Ganzes.

In Aegypten wird das Negdi-Pferd nach Landessitte
genährt. Die Türken und Aegypter suchen ihre Stuten
von Negdi-Pferden belegen zu lassen. Die Sprösslinge
sind vortrefflich. Das Negdi-Pferd leidet an keinen Krankheiten, welche der Mangel erzeugt, wie am Rotz und am
Wurm. Das arabische Pferd ist der Stolz seines Stammes
und wird mit unablässiger Sorge gepflegt; es liebt seinen
Herrn und lebt mit ihm.

Die Verpflegungsart der ägyptischen Pferde ist
folgende: Von Januar oder Februar bis Ende Mai
lässt man sie entweder auf den Feldern selbst oder
im Stall frischen Klee (bersīm) fressen. Während dieser
Zeit werden sie weder gereinigt noch geputzt und nur
selten geritten. Diese Cur hat meistens ungünstige Folgen, aber die Eingeborenen halten mit Hartnäckigkeit
daran fest. Es täuscht sie hierbei der äusserliche Anblick des Pferdes, welches infolge des Grünfutters zu-
nimmt. Fett setzt sich an verschiedenen Stellen unter
der Haut an und das Pferd erhält so ein wohlgenährtes
Aussehen. Dennoch gewinnt es dadurch nicht an Kraft.
Pferde in diesem Zustand schwitzen stark bei der geringsten Anstrengung und ermüden sehr schnell. Das
Blut des ausschliesslich mit Grünfutter genährten Pferdes
ist viel wässeriger als sonst. Die Unthätigkeit, in welcher
es während der ganzen Epoche verweilen muss, trägt
viel zu seiner Entartung bei. Vom Mai bis zum Januar
oder Februar ist das Futter Gerste und gehacktes Stroh
und zwar 10—11 Pfund Gerste täglich, Stroh nach Belieben. Doch nur selten erhalten sie diese volle Ration.
In Ermangelung der Gerste gibt man manchmal Mais.
Geschwächte Pferde füttert man oft mit Bohnen. Die

mittlere Lebensdauer eines ägyptischen Pferdes ist 18 Jahre. Es dient sowol zum Reiten als zum Fahren, zu letzterm jedoch nur in Kairo und Alexandrien. Zum Reiten wählt man lieber die Stuten. Schon im Alter von zwei Jahren wird das Füllen geritten.

Die hippiatrischen Kenntnisse der Aegypter sind sehr mangelhaft. Sie können zwar im ganzen und grossen die Schönheit eines Pferdes beurtheilen, die Rassen unterscheiden, aber ein richtiges Urtheil über einen einzelnen Krankheitsfall abzugeben ist ihnen ganz fremd. Ein schlechtes Pferd wird oft von ihnen zu hohem Preise geschätzt, weil es irgendein in ihren Augen glückverheissendes Zeichen trägt, einen Stern auf der Stirn, eine Lanze oder einen Säbel am Halse. Die Türken theilen ganz dieselben Vorurtheile. Dennoch würde es sich lohnen, die hippiatrischen Werke der Araber etwas näher zu studiren, indem manches Nützliche daraus gewonnen werden könnte. Das berühmteste und in Aegypten am meisten geschätzte Werk ist das Buch «Kämil es-san'atein» (d. i. das Vollendete in den beiden Künsten, der Pferdeheilkunde und der Abrichtungskunst), welches Abu-Bekr, Ibn-Bedr, einer der Veterinärärzte des ägyptischen Sultans Nasir Ibn-Kilaün, zu Ende des 13. Jahrhunderts in Aegypten schrieb. [36])

Jetzt sind die Aegypter und Türken im allgemeinen kaum im Stande, das Alter eines Pferdes zu erkennen, das 8 Jahre überschritten hat. Zahlreich sind die Vorurtheile, die sie in Betreff der Pferde haben; am meisten wird das böse Auge gefürchtet, gegen das man durch eine Menge Amulete sie zu schützen sucht. Das beliebteste besteht aus zwei mit einem Silberband in Halbmondform zusammengefassten Eberhauzähnen, die an einer Schnur dem Pferde umgebunden werden, sodass sie auf die Brust zu hängen kommen. Man liebt es auch, in den Ställen junge Wildschweine zu halten, die ganz zahm werden und sich sehr an die Pferde gewöhnen, wie diese an sie. Nie wird ein Aegypter ein Pferd loben, ohne zugleich «Ma-scha-Allah», d. i. was Gott will, zu sagen, um den bösen Blick abzuwenden. Ein eigenthümlicher Gebrauch ist es bei den Aegyptern und Türken, dass sie einige Monate nach der Geburt dem Füllen die Knorpel der Nasenflügel herausschneiden, welche sie für schädlich halten, ebenso, wie manchmal die Nickhaut des Auges. Mit 5 oder 6 Monaten entwöhnen sie die Füllen von der Muttermilch.

Für die Veredelung der einheimischen Rasse thut die ägyptische Regierung nichts. Ein Pferdeausfuhrverbot, das zu Zeiten Abbas-Pascha's erging, erleidet häufige Ausnahmen. Während des Krimkriegs sowie während des indischen Aufstandes kauften englische Offiziere eine erhebliche Anzahl ägyptischer Pferde mit Erlaubniss der Regierung. Erst neuerlich haben zwei sardinische Offiziere bei 50 Stück Pferde gekauft, angeblich zur Verbesserung der Rasse auf der Insel Sardinien. Unterdessen hat sich der jetzige Statthalter selbst genöthigt gesehen, für seine Gardecavalerie an 300 Pferde aus Ungarn kommen zu lassen. Die an ägyptische Behandlung nicht gewöhnten europäischen Pferde gingen aber sehr schnell zu Grunde. Einzelne edle Pferde werden häufig in Aegypten für europäische Souveräne angekauft. Das schönste Privatgestüt hatte der verstorbene Vicekönig-Statthalter Abbas-Pascha; welches fast 300 der edelsten arabischen Vollblutpferde von unzweifelhafter Abstammung enthielt. Nach dessen Tode ging es in den Besitz seines Sohnes Ilhami-Pascha über und ward im December 1860 und Januar 1861 versteigert. Bei dieser Gelegenheit kauften europäische Pferdekenner im Auftrag verschiedener Regierungen zu namhaften Summen und versicherten, nie etwas Schöneres und Edleres gesehen zu haben, als einige dieser schon alten Negdi-Pferde, von welchen für Frankreich, Oesterreich und Würtemberg das Beste angekauft wurde.

Das reichste, jetzt in Aegypten bestehende Privatgestüt ist das des Ali-Bey, des Sohnes von Scherif-Pascha in Kairo, welches an 50 der edelsten arabischen Pferde enthält, unter denen sich mehrere Negdi aus Abbas-Pascha's Stallungen befinden. In geringerer Zahl oder einzeln sind edle Pferde im Besitz des Vicekönig-Statthalters und mehrerer ägyptischer Grossen.

Die ägyptische Cavalerie ist im ganzen schlecht beritten. Die Pferde sind nicht gut assortirt, gar nicht eingeritten, schlecht gehalten, oft verwahrlost und durch rohe Behandlung verdorben. Eigenthümlich und kaum glaubhaft, aber nichtsdestoweniger wahr ist es, dass der ägyptische Cavalerist nicht reiten kann. Er hält sich zwar auf dem Pferde, weiss dies zu lenken und zu bändigen, was bei dem furchtbar scharfen arabischen Gebiss gar nicht schwer ist; aber vom Reiten im europäischen Sinne des Worts hat er ebenso wenig einen Begriff wie irgendein anderer Araber oder Türke. Verderblich für die ägyptischen Pferde ist das allgemein übliche Geridspiel, ein Ueberrest der Turniere des Mittelalters. Gerid heisst auf arabisch ein dürrer Palmzweig. Das Spiel hat diesen Namen erhalten, weil man sich jetzt anstatt der stumpfen Wurfspiesse, die man ehemals brauchte, dürrer Palmstäbe bedient. Sie haben die Länge von 6 Fuss. Die Reiter sprengen im vollen Rennen hintereinander daher, einer den andern verfolgend. Der Verfolgte zieht seinen langen Mantel auf den Kopf herauf, um sich vor dem Wurf zu schützen und legt sich dabei ganz auf den Hals des Pferdes vor, damit der Wurfspiess von ihm abpralle, oder er beugt sich auf die eine Seite des Pferdes

so tief hinab, dass dessen Leib ihm als Schild dient.
Durch häufige plötzliche Wendungen, wobei das Pferd
mit aller Kraft herumgerissen wird, sucht man dem Ge-
schoss zu entgehen. Oft sieht man Geridwerfer, welche
den Stab mit grosser Kraft und Sicherheit bis auf sehr
bedeutende Entfernungen schleudern. Sobald der Verfolgte
sieht, dass der Gegner seinen Wurf gethan hat, kehrt
er jählings um und tritt nun seinerseits angreifend auf.
Dass bei diesem Spiel oft sowol Menschen als Pferde
Schaden leiden, ist selbstverständlich. Manche haben
grosse Geschicklichkeit, den Wurfspiess mit einem Stab
zu pariren oder ihn im vollen Rennen vom Boden auf-
zuraffen. Wenn man diesem Turnierspiel zusieht und
die Kämpfer mit den Turbanen, flatternden Mänteln und
weiten Gewändern auf den feurigen Pferden durch die
Staubwolken daherfliegen sieht, glaubt man wirklich
eine mittelalterliche Sarazenenhorde vor sich zu sehen,
wie sie aussahen, als sie Spanien eroberten oder mit den
Kreuzfahrern stritten. Ein ähnliches Spiel ist das Lanzenspiel (rammāhah). Es besteht in Folgendem: Der
Reiter hat eine bei 15 Fuss lange Stange; diese stemmt
er auf den Boden und behält das eine Ende in der
Hand. Die Kunst des Reiters besteht nun darin, dass
die Lanze nicht von der Stelle verrückt werde, wo er
sie auf den Boden gestemmt hat, obgleich sein Pferd
im vollsten Rennen ist, und somit einen Kreis beschrei-
ben muss, dessen Durchmesser höchstens 30 Fuss beträgt.
Eine Hauptfertigkeit in diesem Lanzenspiel besteht noch
darin, sich einander zu verfolgen, ohne sich zu überren-
nen. Es ist dabei nöthig, dass, sowie der erste Reiter
eine Volte macht, auch der andere augenblicklich dieselbe Wendung nachähmt. Dies wird im schnellsten
Lauf auf sehr engem Platz mit bewundernswerther Geschicklichkeit und Kühnheit ausgeführt. [37]) Es kann

nicht überraschen, dass bei so anstrengenden Uebungen, die mit aller Rücksichtslosigkeit gegen das Thier vollbracht werden, die Mehrzahl der Pferde besonders auf den Vorderbeinen struppirt ist. Nicht wenig leiden sie auch dadurch, dass man sie gewaltsam zum Passchritt (rahwān) gewöhnt, indem man immer einen Vorder- und einen Hinterfuss auf jeder Seite mit einem Strick zusammenbindet, und so das Thier zwingt, im Passchritt zu gehen. Häufige Beschädigungen an den Fussgelenken entstehen aus der Art, wie man die Pferde anbindet. Selbst im Stall wird das Pferd nicht mittels der Halfter, sondern mit einem durch eine Schlinge an der Fessel des Vorder- oder Hinterbeins oder beider zugleich befestigten Seil angebunden. Durch die Reibung wird das Fussgelenk gerade an der empfindlichsten Stelle leicht verletzt.

Der Boden im Nilthal ist meistens lehmige, weiche Erde, und aus diesem Grunde pflegt man häufig die Pferde gar nicht oder wenigstens auf den Hinterbeinen nicht zu beschlagen. Nur in den Städten und bei Pferden, die grössere Strecken zurückzulegen haben, bedient man sich zum Beschlagen des breiten türkischen Hufeisens, das den ganzen Huf bis auf eine kleine Oeffnung am innern Rand der Höhlung bedeckt und vortrefflich gegen Sand und Steine schützt.

Das Maulthier ist besonders in den grossen Städten recht häufig, wo es von den Vornehmen, namentlich den Religions- und Gesetzesgelehrten, mit Vorliebe zum Reiten benutzt wird. Die gemeine ägyptische Stute gibt vortreffliche Maulthiere. Man nährt sie mit gestossenen Bohnen, Stroh und frischem Klee. Die mittlere Lebensdauer ist 12 Jahre. Die Maulthiere werden auch zur Geschützbespannung verwendet. Der jetzige Vicekönig-Statthalter liess zu diesem Behuf mehrere hundert

Stück aus Spanien kommen. Die zum Reiten dienenden haben alle den Passchritt und sind ausserordentlich flink. Für längere Reisen ist das Maulthier besonders anzuempfehlen. Auf dem flachen Lande trifft man es seltener an.

Das R i n d. Nicht alle Provinzen haben gleich gutes Rindvieh. In den Provinzen Kaljubijjeh, Behëreh und Gharbijjeh findet man einen sehr kräftigen Schlag von Ochsen, Stieren und Kühen. In der Provinz Scharkijjeh hingegen ist das Rind klein und bedeutend weniger kräftig. Das Hornvieh Oberägyptens wird sehr gepriesen; es ist im ganzen gross, von feinem, glattem Fell, kurzem Haar, zeichnet sich durch grosse Hörner, kleinen Kopf und dicke hängende Wammen aus. Die Stiere sind besonders schön, kurzhalsig, von viereckigem Kopf und scharf ausgesprochenen Formen. Der Ochse ist gross, sein Hals lang, der Rücken, die Flanken und die Croupe sind in die Länge gezogen. Letztere besonders läuft in einer fast horizontalen Linie bis zum Schweif aus. Die Kuh ist kleiner als der Ochse. In der Provinz Behëreh sollen übrigens die Kühe fast ebenso gross sein. Sie haben lange Euter mit vier länglichen Zitzen und sind sehr milchreich.

Man nährt das Rindvieh mit gestossenen Bohnen, Stroh, grünem und getrocknetem Klee; den Kühen gibt man oft Leinmehlklösse und behauptet, dass dadurch die Milchbildung befördert werde, ebenso auch Trigonella foenum graecum (helbeh).

Die Ochsen werden zum Karrenziehen, zum Ackern, zum Bewegen der Wasserräder u. s. w. verwendet. Denselben Arbeiten unterzieht man auch die Kühe. Im allgemeinen überladet man jedoch die Thiere mit Arbeiten, die ihre Kräfte übersteigen. Es scheint, als sollten die Nachkommen jetzt das sühnen, was im Alterthum ihre Urahnen verbrochen hatten, die als Apis und Mnevis in den Tempeln von Memphis und Heliopolis ein wahres Schlemmerleben geführt haben.

Das Fleisch des Ochsen und der Kuh dient den Eingeborenen nur ausnahmsweise zur Nahrung, die Haut wird verarbeitet. Junge Stiere werden gewöhnlich im Alter von zwei Jahren verschnitten. Die Verpflegung des Viehs ist über alle massen mangelhaft. Häufig sind die Ställe mit Schmuz und Unflat überladen; oft muss das Vieh ganz im Freien übernachten. Von einer Reinigung der Thiere selbst ist keine Rede, sie sind daher mit Schmuz bedeckt und mit Zecken übersäet. Es ist klar, dass die Rasse auf diese Art in den Händen des Fellah abnimmt und sich verschlechtert. Die Mästung der Ochsen ist unbekannt. Nur zur Zeit des frischen Grünfutters erholt sich das Vieh ein wenig, vorausgesetzt, dass man ihm zugleich Ruhe gönnt; im entgegengesetzten Fall verkommt es schnell.

Der Büffel ist in Aegypten sehr verbreitet, wo er überall Pfützen und Wasserplätze genug findet. Er ist nicht so bösartig und wild wie in andern Ländern, vielmehr so sanft, dass er von kleinen Knaben geführt wird, die auch oft auf ihm reiten. Er nährt sich von Schilf und Wasserpflanzen, die er in den Morästen findet, und wird ausserdem mit Bohnen, Stroh und Klee gefüttert. Er gibt zwar reichlichere, aber nicht so gute Milch als die Kuh. Man spannt ihn auch vor den Pflug und lässt ihn Wasserräder drehen. Sein Fleisch wird gegessen, ist aber minder gut als das des Rindes. Das Fell des Büffels ist gesucht. Seine mittlere Lebensdauer ist nahe an 12 Jahre. Im Alterthum scheint der Büffel in Aegypten unbekannt gewesen zu sein, denn er erscheint nie auf den Monumenten.

Der Hammel zerfällt in zwei Rassen, den Hammel der Wüste und den des Culturlandes. Die Kenn-

zeichen des ersten sind: hohe Beine, länglicher Ramskopf, länglicher Nacken, dicker Fettschwanz; die des
zweiten: kleiner Kopf, kurzer Hals, niedrigere Statur,
kurze Beine.

Beide Rassen sind sehr wollreich. In der Wüste
nähren sie sich von Wüstenkräutern, im Culturlande von
Gräsern, Gerste, Bohnen, Stroh. Die Wolle dient zur
Verfertigung der groben braunen Mäntel (za'būt), welche
der Bauer trägt. Die Beduinen verwenden auf ihre
Heerden viel grössere Sorgfalt als die Bauern. Fajūm
und Behĕreh sind die Provinzen, welche am meisten für
Schafzucht sich eignen.

Die Z i e g e ist sehr zahlreich verbreitet; Stadt- und
Landleute halten Heerden davon. Sie sind leicht zu
ernähren. Die Ziegen aus Oberägypten sind geschätzt;
für die besten gelten die der Barbareskenküste, die hoch
sind und einen stark ausgesprochenen Ramskopf, hängende Ohren und keine Hörner haben. Die untere Kinn-
lade steht bei denselben stark über die obere hervor.
Die Euter sind sehr entwickelt. Die ägyptische Ziege
ist weniger kräftig, die Milch aber sehr nahrhaft, und
Heerden von Ziegen werden jeden Morgen durch die
Strassen von Kairo getrieben, wo die Milch gleich frisch
verkauft wird.

Als nützlicher Hausthiere muss ich noch der Gänse,
Tauben und Hühner Erwähnung thun, die selten bei
einer Bauernwohnung fehlen. Die Gänse sind mager und
schlecht, die Hühner klein und geschmacklos, mit Ausnahme der Gattung Denderawi, die aus Denderah kommt
und sehr gross und schmackhaft ist. Die Ausbrütung
der Eier findet in eigenen Brütöfen statt, besonders im
Dorfe Gizeh bei Kairo. Die Truthühner sind vortrefflich,
brüten aber in Unterägypten weniger als in Oberägypten;
die Hausenten sind minder gut als in Europa.

Auch Kaninchen werden in Aegypten gegessen. Grosse Mengen von Strassenhunden, die sich in den grössern Städten Aegyptens befinden, handhaben mit Eifer die Sanitätspolizei und entfernen gesundheitsschädliche und verpestende Ueberreste.

Die Katze, die einst im alten Aegypten so hohe Ehren genoss, dass ihr Tod einen Trauertag im Lande zur Folge hatte, wird auch jetzt noch gut behandelt und als reines Thier betrachtet, laut der Ueberlieferung Mohammed's, der sie so sehr liebte, dass einmal eine Katze ihre Jungen in dem Aermel seines Rockes zur Welt brachte, während er sich still hielt, um die Wöchnerin nicht zu stören. Noch jetzt ist die Katze ein beliebtes Hausthier, das sorgsam gepflegt wird und die aufgespeicherten Feldfrüchte vor den überall in Menge vorhandenen Mäusen schützt.

5. Der Bauernstand und Grundbesitz.

Wir haben nun die Agriculturzustände, soweit es unser Zweck gestattet, besprochen; die Bewässerung, die Verschiedenheit der Sommer- und Winterfeldarbeiten, die vorzüglichsten Nahrungs- und Nutzpflanzen, die Hausthiere, welche dem Menschen bei seinen mannichfachen Arbeiten hülfreich zur Seite stehen, sind nacheinander der Gegenstand unserer Schilderung gewesen. Es möge nun zum Schluss noch eine Skizze des bürgerlichen Zustandes des Fellah folgen, sowie der Art und Weise, in welcher vom politischen und administrativen Standpunkt die Culturgründe Aegyptens eingetheilt werden.

Mehr als in jedem andern Lande bildete der Bauer in Aegypten von jeher den wichtigsten Theil der Bevölkerung; auf ihm beruht der Reichthum, die Macht und die Wohlfahrt des Landes. Und dennoch gibt es kein Land, wo, soweit geschichtliche Ueberlieferung zurückreicht, der ackerbautreibende Stand in so strenger und drückender Abhängigkeit lebte. In der Bibel steht geschrieben: «Es war aber kein Brot in allen Landen; denn die Hungersnoth war sehr schwer, dass das Land Aegypten und das Land Kanaan verschmachteten vor der Hungersnoth. Und Joseph brachte alles Geld zusammen, das im Lande Kanaan und im Lande Aegypten vorhanden war, um das Getreide, das sie kauften; und Joseph that das Geld in das Haus des Pharao. Da nun das Geld ausging im Lande Aegypten und im Lande Kanaan, kamen alle Aegypter zu Joseph und sprachen: Schaffe uns Brot! Warum sollen wir vor dir sterben? Denn das Geld ist zu Ende. Und Joseph sprach: Schaffet euer Vieh her, so will ich euch Brot um euer Vieh geben, wenn das Geld zu Ende ist. Da brachten sie ihr Vieh dem Joseph, und er gab ihnen Brot um ihre Pferde, um ihr Kleinvieh und Rindvieh und Esel. Also unterhielt er sie dasselbe Jahr mit Brot um all ihr Vieh.

Da nun dieses Jahr um war, kamen sie zu ihm im zweiten Jahr und sprachen zu ihm: Wir wollen's meinem Herrn nicht verhehlen; fürwahr, das Geld und die Viehheerden sind dahin an meinen Herrn, sodass nichts übrig ist vor meinem Herrn, als unser Leib und unser Land.

Warum sollen wir vor deinen Augen hinsterben, beide, wir und unser Land? Kaufe uns und unser Land ums Brot, dass wir und unser Land leibeigen seien dem Pharao, und gib uns Saatkorn, dass wir leben und nicht sterben, und das Land nicht wüste werde. Also kaufte Joseph dem Pharao alles Land Aegyptens. Denn die Aegypter verkauften ein jeglicher seinen Acker, weil die Hungersnoth ihnen zu stark war. Also kam das Land an den Pharao. Und Joseph verpflanzte das Volk aus einer Stadt in die andere, von einem Ende der Mark Aegyptens bis an das andere. Nur der Priester Land kaufte er nicht; denn den Priestern war ein Bestimmtes vom Pharao ausgesetzt und sie assen ihr Bestimmtes, das der Pharao ihnen gab; darum verkauften sie ihr Land nicht. Da sprach Joseph zum Volk: Siehe, ich habe jetzt gekauft euch und euer Land dem Pharao. Da habt ihr Saatkorn, so besäet das Land. Und von dem Ertrag sollt ihr den Fünften dem Pharao geben, vier Theile sollen euer sein, zu besäen das Land zu euerer und euers Haushalts Speise und zur Speise für euere Kindlein. Sie aber sprachen: Du hast uns das Leben erhalten, lass uns Gnade vor meinem Herrn finden, so wollen wir dem Pharao leibeigen sein. Also machte Joseph zum Gesetz bis auf diesen Tag über das Land Aegyptens, dem Pharao den Fünften zu geben; nur allein der Priester Land war nicht eigen dem Pharao.» [38])

So war es damals und so ist es noch jetzt. Des Staatsministers Joseph finanzielles Talent führte eine grosse Massregel durch; der freie Bauer sank nun zu des Königs Fronarbeiter herab. Hiermit erreichte die königliche Macht ihren Gipfelpunkt. Unter den fremden Beherrschern ward das schwere Joch, welches die einheimischen Könige der Landbevölkerung auferlegt hatten, nicht erleichtert. Schon unter den Römern scheint der ägyptische Bauer durch den Jahrtausende auf ihm lastenden Druck so verthiert gewesen zu sein, dass nach Ammianus Marcellinus' Zeugniss die Steuer nur durch Schläge von ihm erpresst werden konnte. Auch unter der arabischen und türkischen Regierung blieb das alte Grundgesetz aufrecht erhalten und ward als Princip der Grundsatz hingestellt, dass der Sultan allein oberster Herr alles Grundes und Bodens sei, der eben nur an die Bebauer die Gründe verpachte, wofür sie einen gewissen Theil des Ertrags als Pachtschilling zu entrichten hätten. Aller Grund und Boden des mohammedanischen Staates ist in der Hand des Khalifen, aber keineswegs als sein gesetzliches Eigenthum, mit welchem zu walten und zu seinem eigenen Nutzen zu schalten ihm freisteht, sondern als Gemeingut für den Bedarf des Gemeinwesens, dessen oberster Vorsteher der Imam, das religiöse Oberhaupt des Volkes, ist. ³⁹) Allerdings nahmen es die Sultane mit der durch das Interesse des Gemeinwesens der Moslems gebotenen Einschränkung ihres Eigenthumsrechts nicht so genau. Bekanntlich bestand schon im alten Perserreich die Sitte, dass für ausgezeichnete öffentliche Dienste das Einkommen einer Stadt oder eines Dorfes angewiesen ward. Die Pforte verfuhr ganz auf ähnliche Weise, und Mohammed-Ali fand auf diese Art sein Staatseinkommen so geschmälert, dass er zu dem energischen Mittel greifen musste, alle auf diese Art verliehenen Ländereien neuerdings für Staatseigenthum zu erklären und die Eigenthümer derselben durch Jahresrenten aus dem Staatspensionsfonds (ruznämeh) zu entschädigen. Der ägyptische Bauer ist somit jetzt ebenso wenig wie zu Joseph's Zeit Eigenthümer des von ihm bebauten Grundes, sondern er hat nur gegen Entrichtung der Steuer das Recht zur Nutzniessung. Die moderne ägyptische Gesetzgebung sagt: «Obgleich es nach dem religiösen Gesetz feststeht, dass die steuerpflichtigen Gründe nicht vererbt werden können, sondern bei dem Tode des Inhabers an das Beit-el-Mal (den Staatsschatz) heimfallen, so sind doch in solchem Fall die Erben des frühern Inhabers besonders zu berücksichtigen.» Von einem Eigenthumsrecht ist somit keine Rede. Während aber die Steuer im Alterthum blos ein Fünftel betrug, war seit

der mohammedanischen Herrschaft deren Höhe ganz
der Willkür der Regierung anheimgegeben. Doch selbst
unter der anarchischen Wirthschaft der Mamluken, die
während der schwachen Oberherrschaft der Pforte das
Land unter sich theilten und nach Belieben brand-
schatzten, erreichte das Elend der ackerbautreibenden
Bevölkerung nie eine solche Höhe wie zu der Zeit, als
Mohammed-Ali sein Monopolsystem einführte und über
ganz Aegypten zur Durchführung brachte. Nirgends gab
es im vollsten Sinn des Worts mehr eine « misera con-
tribuens plebs» als in Aegypten. Und wenn der Zweck
jedes staatlichen Gemeinwesens. nach Aristoteles der ist,
gut zu leben (εὖ ζῆν), d. i. glücklich und würdig zu
leben [40]), so ist kein Land diesem Ziel des griechischen
Weltweisen ferner geblieben als Aegypten. Die grösste
und durch ihre Beschäftigung wichtigste Anzahl der
Landesbewohner, der Bauernstand, lebt nicht blos un-
glücklich, sondern auch in der tiefsten Erniedrigung.
Allerdings darf nicht verschwiegen werden, dass unter
dem jetzigen Vicekönig-Statthalter sich die Lage der
ackerbauenden Klasse gebessert hat. Selbst unter Mohammed-Ali's eisernem Regiment, wo zum Behuf seiner
kostspieligen Kriege das Land ausgepresst und die Fellah in einer Art behandelt wurden, dass ganze Dörfer
vor Elend ausstarben oder sich in die Wüste und in
unwegsame Gegenden flüchteten, war ein Fortschritt
bemerkbar gegen das Willkürsystem der Mamluken; er
bestand darin, dass des Vicekönigs Finanzmassregeln,
so drückend sie auch waren, ein bestimmtes System verfolgten und im Princip gleichmässig für alle in Anwendung gebracht werden sollten, und hiermit der allmähliche Uebergang zu gesetzlichern und geregeltern Verhältnissen angebahnt ward. Der Vicekönig-Statthalter
erhob zwar von allen Ständen dieselbe Steuer, und die

Folge davon war die Verödung einer Menge von Cultur-
gründen, deren Bebauung bei dem zu hohen Steuersatz
nicht einträglich genug blieb; aber wie sollte man dem
türkischen Fürsten ein System zum Vorwurf machen, das
von der Ostindischen Compagnie ungeachtet der sicht-
baren Verödung von Millionen Morgen Landes mit eiser-
ner Beharrlichkeit durchgeführt worden ist? Uebrigens
unterscheiden sich die ägyptischen bäuerlichen Zustände
und die des ganzen mohammedanischen Orients in einem
Punkt von den Verhältnissen des europäischen Bauernstandes, der allerdings auch nicht immer auf Rosen ge-
bettet war. In den Ländern des Islam war die Leibeigenschaft des Bauernstandes im ganzen und grossen
nie bekannt; es gab keine glebae adscripti, keine an die
Scholle Gebundenen; es mochte die Freizügigkeit er-
schwert werden, wie dies unter Mohammed-Ali der Fall
war, der für jedes Dorf die ursprünglich festgesetzte
Steuer erheben liess, gleichviel ob die Anzahl der Bevölkerung abgenommen hatte oder nicht; aber es gab keine
gesetzlich anerkannte Leibeigenschaft, ausser der der
Sklaven, deren Stellung jedoch, wie später gezeigt werden soll, eine ganz andere ist als die der Leibeigenen
oder der amerikanischen Plantagenarbeiter.

Das Gesetz des Koran brachte es mit sich, dass
die Landbevölkerung der eroberten Länder, die sich zum
Islam bekehrte, als vollkommen gleichberechtigt in den
Staatsverband aufgenommen wurde; derjenige Theil aber,
der beim christlichen Glauben ausharrte, ward gegen
Entrichtung der Kopfsteuer (gizjeh) und der Grundsteuer (charäg) in dem Besitz seiner Ländereien belassen.
Das Verhältniss des Bauers im mohammedanischen Staat
war und ist daher das des Pachters zum Grundherrn, wo
die Steuer die Stelle des Pachtschillings vertritt und zugleich der Grundsatz festgehalten wird, dass bei regel-

mässiger Bezahlung der Steuer die Pacht nicht aufge-
kündigt werden kann. Dies ist wenigstens der jetzt in
Aegypten herrschende Grundsatz, der sich auch in der
hierauf bezüglichen Gesetzgebung deutlich ausspricht.

Das berüchtigte Monopolsystem Mohammed-Ali's bestand darin, dass er nicht nur die an und für sich schon
sehr hoch gestellten Abgaben in natura von den Bauern
bezahlen liess, sondern auch dieselben zwang, alles, was
sie ernteten, an die Regierung zu verkaufen, welche
überall ihre Magazine hatte und daselbst die landwirthschaftlichen Producte zu dem von ihr selbst festgestellten
Preis aufkaufte. Es ist leicht begreiflich, dass durch die
Unredlichkeit der mit der Uebernahme und Wägung der
Feldfrüchte beauftragten Beamten · die Bauern von dem
ohnehin schon nicht günstig gestellten Preis noch erheblich verloren. Dasselbe Schicksal traf sie bei der Bezahlung ihrer Steuern, die sie, wie gesagt, in natura erlegen
mussten. Die peinlichste Einmischung der Regierung in
alle Agriculturangelegenheiten hinderte jede freie Bewegung des Bauers und machte ihn zum elend bezahlten
Tagelöhner der Regierung. Auf diese Art concentrirte
Mohammed-Ali in seiner Hand die ganze Production
Aegyptens und verfügte nach Belieben über sie; er hatte
durch deren Verkauf stets Mittel, sich · die grossen zu
seinen weitreichenden politischen Planen erforderlichen
Geldsummen zu verschaffen. Aber von einer Gewalt-
massregel ging er zur andern über. Es gab in Aegypten eine grosse Menge von Grundstücken, die gewissen
Familien als Erblehen (iktā'; rizkah) oder als Fami-
lienstiftung (irs'ād) gehörten, oder auch Grundstücke,
die zu frommen Stiftungen hinterlassen worden waren.
Alle diese Grundstücke confiscirte er und erklärte
sie für sein Eigenthum; die Besitzer aber entschä-
digte er durch Anweisungen auf Jahresrenten an

den Pensionsfond (ruznämeh). Viele Dörfer, grosse
Strecken Culturlandes waren entvölkert worden und blieben unbebaut, indem die Landbevölkerung sich dem auf
ihr lastenden Druck durch die Flucht entzog, oft aber
auch durch die Fronarbeiten, die Rekrutirungen zum
Heer und zur Flotte, durch Noth und Krankheiten zersprengt ward. Auch diese verlassenen Gründe nahm er
als sein Eigenthum in Anspruch und nannte alle auf
solche Art erworbenen Güter Tschiftlik (gewöhnlich in
Aegypten Schiflik ausgesprochen), mit welchem türkischen
Wort man gemeiniglich eine Landwirthschaft, ein Gehöft
bezeichnet, das aber in Aegypten soviel als vicekönig-
liches Privatgut bedeutete. Zur Verwaltung dieser grossen
Privatgüter ward ein eigener Divan errichtet, welcher Di-
wan-esch-Schefalik genannt wurde. Diese Güter cultivirte
man durch Fronarbeiten der Landbevölkerung unter
der Leitung von meistens ganz unbefähigten oder grund-
satzlosen Regierungsbeamten. Der Vicekönig selbst befahl von seinem Divan aus, auf welchem Schiflik Baumwolle, wo Mais, wo Durrah, wo Bohnen u. s. w. gebaut
werden sollten. Da aber Befehle des Vicekönigs und
Berichte seiner Verwalter im Wege der bureaukratischen
Correspondenz gewechselt wurden, so ging oft die beste
Zeit zur Saat und Ernte verloren, und die Erträge der
Schiflik waren in jeder Beziehung kläglich zu nennen.
Die Bauern, die mit Gewalt zu den Feldarbeiten auf den
Schifliks angehalten wurden, aber die versprochene Bezahlung meistens durch die Schuld der diebischen Beam-
ten nicht erhielten, entsprangen, wo sich nur eine Gele-
genheit darbot. Ungeachtet der höchst unbefriedigenden
Ergebnisse fuhr Mohammed-Ali fort, die Anzahl seiner
Schifliks auf das eifrigste zu vermehren. Im Jahre 1841
zählte man in der Provinz Gharbijjeh allein 100000 Feddan Schifliks, in den Provinzen Scharkijjeh und Dakah-

lijjeh 80000 Feddan, dieselbe Anzahl in der Behēreh, 12000 in der Menufijjeh und 4—6000 in der Provinz Kaljubïjjeh. [41]) Nicht minder ausgedehnt waren die Schifliks, die Ibrahim-Pascha, der Sohn des Vicekönigs, besass. Es schien fast, als wollte Mohammed-Ali Aegypten zu einem grossen Schiflik machen, um, wenn er endlich dem Drängen der europäischen Mächte zur Aufhebung des Monopols nachzugeben genöthigt wäre, dies thun zu können, ohne damit aufzuhören, die ganze Ernte Aegyptens in seinem unbeschränkten Besitz zu haben und damit, wie bisher, nach seinem Belieben Handelsgeschäfte zu machen. Selbst auf die wichtigsten Nahrungsmittel, wie Fleisch, Fische u. s. w., war das Monopol einige Zeit hindurch ausgedehnt worden. Wie vortheilhaft für des Paschas Beutel dieses System war, erhellt daraus, dass er z. B. Weizen in Oberägypten zu 25 Piaster per Ardeb ankaufte und für 120 Piaster in Kairo verkaufte. Nicht zufrieden damit, auf diese Art den grössten Theil der Bevölkerung des Landes zu seinen Tagelöhnern gemacht zu haben, die fast nie ihres Lohnes theilhaftig wurden, liess er sie auch noch mit grösster Strenge zu den Kanalbauten treiben, wobei durch mangelhafte Verpflegung eine grosse Anzahl umkam. Um das Elend des Bauers zu vollenden, fanden zur Ausfüllung der Lücken im Heer und in der Flotte fortwährende Rekrutirungen statt. Vor nichts aber hat der Fellah einen tiefern Abscheu als vor dem Kriegsdienst. Um sich demselben zu entziehen, schnitten sich die jungen Bauern den Zeigefinger der rechten Hand ab, rissen sich die Schneidezähne aus, ja blendeten sich sogar am rechten Auge.

Endlich musste die ägyptische Regierung dem europäischen Einfluss nachgeben, und das Monopolsystem ward aufgehoben. Dennoch besserte sich dadurch die Lage der Landbevölkerung nicht sogleich. Noch zu Abbas-

Pascha's Zeit, der doch offen erklärte, mit dem Monopolsystem für immer gebrochen zu haben, erhielten die
Gouverneure der Provinzen geheime Weisungen, directen
Handelsverbindungen europäischer Kaufleute mit den
Fellah alle möglichen Hindernisse in den Weg zu legen.
Durch das ungeschickte Auftreten einiger Beamten, welche mit zu grossem Eifer diesem Befehl nachkommen
wollten und gegen Europäer sich tractatwidrige Ueber-
griffe erlaubten, entstanden Klagen auf Schadenersatz
von seiten europäischer Unterthanen und Schutzgenossen
und musste die ägyptische Regierung hierfür beträcht-
liche Summen zahlen. Unterdessen wurden die Bauern,
die nach und nach ihre Producte direct zu verkaufen
begannen, die Beute listiger Unterhändler, welche mit
Benutzung der steten Cursschwankungen oder durch Vorschüsse an Geld dem Bauer seine Ernte für ein Gerin-
ges abdrückten. Die Regierung suchte dem dadurch ent-
gegenzutreten, dass sie eine Verordnung erliess, laut
welcher sie alle Kaufverträge auf den Halm, d. h. auf
noch grüne Feldfrüchte, für null und nichtig erklärte
und kund machte, keinen Klagen wegen Einbringung von
Vorschüssen, die an die Fellah gemacht worden seien,
Folge geben zu wollen.

Der erste nachhaltige Schritt zur Hebung der bäuerlichen Zustände war die Verfügung, dass der Bauer
nicht mehr verpflichtet sei, die Steuer in natura zu erlegen, sondern es ihm freistehe, sie in Geld zu bezahlen.
Mit dem Tode Abbas-Pascha's fielen die letzten, wenn
auch versteckten, doch widerstandskräftigen Schranken,
welche dieser schlaue Fürst der freien Handelsbewegung
entgegengestellt hatte. Der Bauer konnte nun ungehin-
dert seine Producte verkaufen und fand durch den daraus für ihn erwachsenden Gewinn genügende Aneiferung
zu fleissigem Anbau seiner Gründe, deren Mehrertrag nun

ihm und nicht mehr, wie früher, der Regierung zu
statten kam.

Ein anderer Krebsschaden, an dem die Landbevölkerung zu leiden hatte, war die grosse Machtvollkommenheit, mit der die Scheich-el-beled (Dorfschulzen)
bekleidet waren. Ihnen stand es frei, die tauglichen
Individuen zu den öffentlichen Arbeiten, zum Militärdienst zu bestimmen; sie vertheilten die Steuern auf
die Dorfbevölkerung und das ganz willkürlich. Da unter
Mohammed-Ali fast alle Dörfer mit ihren Steuern im
Rückstand waren, während die Bewohner jedes Dorfs
solidarisch füreinander verantwortlich gemacht wurden,
und somit dieselbe Summe zu entrichten war, gleichviel
ob die Einwohnerzahl sich vermehrt oder vermindert
hatte, so konnte niemand wissen, wieviel von der Steuer
auf ihn käme, und der Scheich-el-beled konnte die einzelnen Steuerquoten ganz nach Willkür erheben, wobei er zuerst seinen Seckel bedachte. Die Eintreibung
wusste er durch Schläge, Gefängniss, Verkauf des Vieh-
standes und ähnliche Gewaltmassregeln zu bewirken, sodass das Elend der Bauern immer zunahm. Der Scheich-
el-beled, als der Reichste und Erste im Dorfe, hatte
auch durchreisende Fremdlinge zu beherbergen und erhielt hierfür unter dem Titel Masmüh'-el-Mastabbah [42)
eine Entschädigung in der Steuerbefreiung für eine gewisse Anzahl von Grundstücken. Der Uebermuth der
Scheich-el-beled gegen den Fellah überstieg wirklich
häufig alle Grenzen, und sie erlaubten sich oft mehr
Gewaltthaten als die herrschenden Türken. Unter Said-
Pascha's Regierung ward ihre Macht glücklicherweise
bedeutend verringert. Die Erhebung und Vertheilung
der Steuern ward in die Hände der Mudirijjeh, d. i. der
Provinzialregierung, gelegt, die bisherigen Rückstände
wurden gestrichen und eine neue Rechnung begann. Die

Steuern werden nun für jedes Individuum von der Mudirijjeh festgesetzt. Ein anderer Umstand erschütterte die Macht dieser Dorftyrannen sehr. Als kurz nach Said-Pascha's Regierungsantritt eine Rekrutirung stattfand, traf das Los auch Söhne von verschiedenen Scheichel-beled; dieselben weigerten sich jedoch, gestützt auf ihre Väter, sich zu stellen. Der über diesen Widerstand aufgebrachte Prinz gab nun Befehl, alle Söhne der Scheich-el-beled ins Militär einzureihen, und bildete aus ihnen eine eigene Compagnie. Grosse Strenge bei vorkommenden Misbräuchen ist nicht minder nützlich, zur Verhinderung von fernern Uebergriffen, angewendet worden. Erst im Januar 1861 liess der Pascha in Menüf das Todesurtheil an einem Scheich-el-beled vollziehen, der verschiedener gesetzwidriger Bedrückungen überwiesen war. Dessenungeachtet ist die Machtvollkommenheit des Scheich noch immer sehr bedeutend. Er hat die zu Wasserbauten erforderlichen Arbeiter aus den Dorfbewohnern zu stellen, die Altersklassen, welche zum Militärdienst berufen werden, auszuscheiden; er hat, was vielleicht das Wichtigste ist, bei der jährlichen Vermessung der vom Nil überschwemmten Gründe das entscheidende Wort in Betreff entstandener Grenzstreitigkeiten.

Wie sehr sich nun auch die Stellung des Bauernstandes nach dem Gesagten in den letzten Jahren verbessert hat, so ist sie doch noch lange nicht mit der des Bauers in Europa, mit Ausnahme Russlands, zu vergleichen. Es ist aber nicht zu leugnen, dass durch die stets sich steigernde Ausfuhr von Ackerbauproducten aus Aegypten nach Europa, besonders seit dem Krimkrieg, der Bauernstand sich bedeutend gehoben hat und eine gewisse Wohlhabenheit sich hier und da bemerkbar zu machen beginnt. Grössern Fortschritten zum Guten stellt allerdings die gegenwärtige Finanzverwaltung ein nicht unbedeutendes Hinderniss entgegen, indem sie nicht blos die Steuern wesentlich erhöht hat, sondern sie selbst sechs Monate und darüber im voraus erhebt. Das System der Zwangsarbeiten, wobei meistens die Bezahlung nicht erfolgt, hat leider auch jetzt noch nicht aufgehört. Wehrlose Bauern werden unversehens überfallen und zu was immer für einer Regierungsarbeit gepresst. Von dem nächsten besten Dorfe werden so und so viel Mann requirirt, und gewöhnlich wird die geringe Bezahlung, welche die Regierung für ihre Arbeit festsetzt, durch die Schuld der untergeordneten Beamten vorenthalten.

Wir haben bereits früher der Schifliks genannten Gründe Erwähnung gethan; es erübrigt noch, zwei anderer Klassen von Grundstücken zu gedenken, deren Existenz ebenfalls aus Mohammed-Ali's ereignissreicher Epoche stammt. Es sind die Gründe, welche 'Uhdeh und Ib'ādijjeh heissen. Die 'Uhdeh entstanden auf folgende Art. Unter Mohammed-Ali's Regierung verarmten viele Dörfer und Districte derart, dass sie ihre Steuern nicht mehr bezahlen konnten. Er belehnte nun mit diesen Dörfern und Districten wohlhabende Leute, welche die Verpflichtung der Bezahlung der fälligen Steuern übernahmen und sich dafür nach und nach von den Steuerpflichtigen bezahlt machten, denen sie die etwa erforderlichen Vorschüsse zum Behuf der ordentlichen Bebauung der Felder gaben, wogegen sie bei der Ernte ihren Antheil einhoben. Die Regierung hatte in Betreff der Steuern nur mit dem Inhaber der 'Uhdeh zu thun. Eine solche 'Uhdeh könnte nicht weiter verkauft und von der Regierung auch zurückgenommen werden.

Das Wort Ib'ādijjeh ist ein Name, womit man jene Brachgründe bezeichnet, die Mohammed-Ali als Geschenke zur Urbarmachung vertheilte. Diese Gründe sind volles Eigenthum der Besitzer und wurden allmäh-

lich urbar gemacht, sodass die meisten jetzt als vollkommen fruchtbares Land anzusehen sind. Unter Said-
Pascha's Regierung belastete man sie mit einer Steuer
von zehn vom Hundert, nachdem sie früher ganz steuer-
frei gewesen waren.

Alle übrigen Culturgründe Aegyptens werden als
Eigenthum des Staatsschatzes (miri) angesehen, und wer
sie bebaut und die Abgaben davon bezahlt, erhält auf
dieselben ein erhebliches Nutzniessungsrecht (athar).
Man nennt daher die Grundstücke, welche den grössten
Theil des Landes ausmachen, steuerpflichtige Miri-Gründe
(atjan-charagijjeh mirijjeh oder auch atharijjeh).

Ein volles Eigenthumsrecht im europäischen Sinne
des Worts besteht somit nur bei den Schifliks, welche
aber alle in den Händen der Prinzen der Familie sind,
und bei den Ib'ädijjeh. Alle übrigen Gründe sind mehr
vererbliche Pachtgründe, auf welche der Bebauer das
Nutzniessungsrecht hat, solange er bebaut und Steuern
zahlt.

Es ist ein Verdienst der Regierung des jetzigen
Statthalters, eine besondere, die Verhältnisse des Bauers
und des Grundbesitzes regelnde ausführliche Verordnung
erlassen zu haben. Da aus diesem bisher nur wenig
bekannten Actenstück das jetzige System des Grundbesitzes in Aegypten vollständiger als irgendwoher entnommen
werden kann, so lassen wir aus dieser Verordnung Nr.
145, welche das Datum vom 24. Du-l-Higgeh des Jahres
1274 trägt, nachstehende Notizen folgen.

Die steuerpflichtigen Gründe können nicht vererbt
werden, da sie nach den Gesetzen des Koran beim Tode
des jeweiligen Inhabers an das Beit-el-Mâl, d. i. den gemeinsamen Schatz der Moslems, fallen sollen. Dessenungeachtet haben bei dem Todesfall des Besitzers solche
Gründe an dessen Erben beider Geschlechter in gesetz-

liche rErbfolge überzugehen, unter der Bedingung jedoch,
dass sie im Stande seien, die Gründe zu bebauen und
den Charag, d. i. die Grundsteuer, zu bezahlen, sei es
nun selbst oder durch ihre Bevollmächtigten oder Vor-
münder. Stirbt aber der Inhaber eines Grundstücks
ohne Erben, so fällt es an das Beit-el-Mal. Die auf
solche Art dem Beit-el-Mal zufallenden Gründe sind von
der Mudirijjeh (Provinzialregierung) wieder zu vergeben;
die Einwohner des am nächsten gelegenen Dorfes haben
hierauf das Vorrecht. Die Verleihung geschieht mittels
einer Besitzumschreibungstaxe von 24 Piastern Tarifgeld
für jeden Feddan Landes.

Da die Gründe (el-arad'i-el-mirijjeh) nicht vernachlässigt werden dürfen, so ist es erforderlich, falls
bei dem Tode des Besitzers der Nächstberechtigte ab-
wesend ist und nicht binnen kurzem und noch vor der
Saatzeit sich einstellen kann, dass diese Gründe, um
nicht die Saatzeit unbenutzt vorübergehen zu lassen,
demjenigen der Nächstberechtigten verliehen werden, der
anwesend ist.

Auch in Aegypten eingeborene Frauen haben das
Recht auf solchen Grundbesitz. Die steuerpflichtigen
Regierungsgründe sind nicht Eigenthum der Bebauer,
sondern diese haben nur das Recht der Nutzniessung,
welches sie verlieren, sobald sie fünf Jahre hindurch die
Bebauung unterlassen. Auswanderer, die aus ihrem Dorfe
gehen, werden ihrer Gründe verlustig; wenn aber zur
Zeit ihres Weggehens nicht Saatzeit ist, soll ihre Rückkehr bis kurz vor der Saat abgewartet werden; dann
aber sind die Gründe zu vergeben, damit aus der Vernachlässigung des Ackerbaus dem Schatz kein Schaden
entstehe. Auch die Verpfändung von Steuergründen
mittels des Gharukah-Vertrags wird gestattet. Derselbe
besteht darin, dass, wenn jemand starke Steuerrückstände

hat, die er nicht bezahlen kann, er seine Gründe einem
Zweiten übergibt, der sie bewirthschaftet, die rückstän-
digen Steuern abzahlt und die Gründe so lange in seinem
Besitz behält, bis der ursprüngliche Besitzer seine Schul-
den ihm abgezahlt hat. Sind verpfändete Gründe nach
15 Jahren nicht ausgelöst worden, so bleiben sie Besitzthum des Pfandinhabers. Den Besitzern von Gründen
steht es frei, dieselben zu verpachten; der gesetzlich bestimmte Zeitraum ist auf drei Jahre festgesetzt, nach deren
Ablauf der Vertrag erneuert werden kann. Diese Pacht-
verträge müssen jedoch vor der Behörde abgefasst werden, um gesetzlich gültig zu sein.

Der Inhaber von steuerpflichtigen Gründen kann
das Nutzniessungsrecht darauf auch verkaufen. Wenn jemand auf Gründen, deren Nutzniessung er hat, Bäume
pflanzt, Wasserräder errichtet, Brunnen gräbt oder Gebäude aufführt, so gehören dieselben dem, der diese
Arbeiten unternommen hat, sowie seinen Erben zum
freien unbeschränkten Eigenthum.

Die Ib'ādījjeh und jene Gründe, welche im Verlauf
der Zeiten dem Culturlande zuwachsen, ohne in dem alten
Kataster des Culturlandes (zimām-el-ma'mūr) eingetra-
gen zu sein, werden von der Regierung von Zeit zu Zeit
versteigert und gehören dem Meistbietenden mit vollem
Nutzniessungsrecht, solange er die Steuern bezahlt. Wer
solche Grundstücke brach liegen lässt, verwirkt sein
Recht darauf und sind dieselben weiter zu versteigern.
Alle diese Versteigerungen sind jedoch der Art, dass nicht
eine bestimmte Summe für das Grundstück, sondern
ein niedrigerer oder höherer Steuersatz dafür gebo-
ten wird.

Die Ib'ādījjeh, d. i. Brachgründe, die zur Urbarmachung grössere Auslagen erfordern, sind als Eigenthum demjenigen, der darum ansucht, zu verleihen, und

zwar mit voller Steuerfreiheit drei Jahre hindurch, nach Ablauf welcher Frist sie steuerpflichtig werden.

Falls zum Behuf der Bewässerung oder zum Bau von Dämmen, Brücken und öffentlichen Gebäuden Grundstücke weggenommen werden, so wird dafür die Steuer zwar gestrichen, aber keine Entschädigung gezahlt. Nur für eigenthümliche Gründe (amläk) ist eine entsprechende Geldentschädigung zu leisten. Es kommt jedoch diese Verfügung ebenso wie vieles Andere nicht zur Anwendung, und ich selbst kenne Fälle, wo Grundstücke zum Eisenbahnbau weggenommen wurden, aber dessenungeachtet die Steuer dafür eingetrieben wird.

Es ereignet sich nicht selten, dass die Landleute gewisse Gründe in Gemeinschaft bebauen und die Regierungsauflagen sowie die Arbeiten gemeinschaftlich von ihnen zu gleichen Theilen geleistet werden. In Betreff solcher Gründe hat die Behörde ein nach genauer Untersuchung der gegenseitigen Ansprüche aufgesetztes Theilungsdocument abzufassen, welches am Mehkemeh und bei der Mudirijjeh zu bestätigen und einzuregistriren ist. Auf Ansuchen ist jedem Einzelnen der ihm zuerkannte Antheil mit dem Nutzniessungsrecht dafür zuzuweisen.

Den auf unbestimmte Zeit beurlaubten, der Reserve eingereihten Soldaten sind je 2 Feddan und jedem Unteroffizier 3 Feddan Land zu dem allgemeinen Steuersatz zu übergeben.

Eine auch in anderer Beziehung bemerkenswerthe Angabe enthält Artikel XV des genannten Gesetzes. Nach demselben bezeichnet man in Unterägypten mit dem Namen Hôd' einen Complex von Grundstücken, der nicht unter 50 und nicht über 150 Feddan umfasst. In Oberägypten hingegen heisst ein solcher Grundcomplex Kabâleh, und der Name Hôd' wird hierselbst nur auf einen grossen Umfang von Gründen angewendet, der beiläufig 15000 Feddan beträgt.

Diese eigenthümliche Eintheilung, welche jetzt vorzüglich vom finanziellen Standpunkt Bedeutung hat, indem die Regierung immer die in einem Hōd' gelegenen Gründe mit einem und demselben Steuersatz belegt, stammt aller Wahrscheinlichkeit nach, wie fast alles auf den Ackerbau Bezügliche, aus dem höchsten Alterthum, und vielleicht wäre es nicht allzu gewagt, das Wort Hōd', das nach der arabischen Bedeutung Becken, Wasserbehälter, Teich bedeutet, mit dem altägyptischen got (piscina, receptaculum lapidibus exstructum) in Verbindung zu bringen, welches Wort mit verschiedenen Zusammensetzungen in altägyptischen Ortsnamen erscheint und also vielleicht schon damals eine ähnliche Grundeintheilung bezeichnet haben mag. [43])

Anmerkungen und Berufungen zum dritten Buch.

---

1) Darf es uns dann noch wundern, wenn die Aegypter zum Dank dem Gott des Flusses, den sie mit Osiris identificirten, das kostbarste der Opfer weihten und alljährlich eine mit Geschmeide und werthvollen Gewändern geschmückte Jungfrau in seinen Wellen begraben haben sollen? Selbst das Christenthum konnte dieses heidnische Opfer nicht abschaffen und erst der Islam soll demselben ein Ende gemacht haben. Sujuti in seiner „Geschichte der Khalifen" (arabische Handschrift, in meinem Besitz, Fol. 73) berichtet hierüber Folgendes: Als Amr-Ibn-el-As'i Aegypten erobert hatte, kamen eines Tages die Grossen des Landes zu ihm und sprachen: „Der Nil wird dieses Jahr nicht steigen, wenn wir ihm nicht sein Opfer bringen." Als Amr sie hierüber befragte, theilten sie ihm mit, dass es Sitte sei, am 12. Tage eines gewissen Monats (August) eine Jungfrau nach erkaufter Einwilligung ihrer Aeltern mit den herrlichsten Kleidern bedeckt und mit dem kostbarsten Geschmeide angethan in den Fluss zu stürzen. Amr erklärte aber, dass der Islam ein solches Menschenopfer nicht gestatte. Die Wahrscheinlichkeit dieser Erzählung leidet übrigens durch die geringe Glaubwürdigkeit der arabischen Chronisten, sowie dadurch, dass keiner der griechischen und lateinischen Autoren dieser jährlichen Menschenopfer an den Nil Erwähnung thut.

Bemerkenswerth ist es, dass noch jetzt bei dem Durchstich des Kanals von Kairo, der gewöhnlich am 12. August stattfindet, es üblich ist, eine Erdsäule stehen zu lassen, bis das Wasser sie wegreisst, welche vom Volk el-'arūseh, d. i. die Braut, genannt wird. Vielleicht beruht auf diesem alten Brauch die Erzählung von dem Opfer der Jungfrau.

2) Geographische Mittheilungen, Ergänzungsheft Nr. 6, Karte und Memoir von Ostafrika, 1861, S. 11 fg.

3) Auf Münzen aus der Zeit der Kaiser Trajan, Hadrian,
Antoninus Pius und Aurelian erscheint der Nil oft als Gottheit in
liegender Stellung auf einem Krokodil mit dem Schilf in der
einen und dem Füllhorn in der andern Hand als unfehlbaren
Attributen. Immer aber steht darüber die Zahl IΣ = 16, welche
sich auf die Wasserhöhe von 16 Pik (cubitus) bezieht, die man
als die zu einer ergiebigen Ueberschwemmung erforderliche
Höhe des Wasserstandes betrachtete. Plinius (Hist. nat.,
V, 9)
sagt: Justum (Nili) incrementum est cubitorum sexdecim: mi-
nores aquae non omnia rigant, ampliores detinent, tardius re-
cedendo.

4) Seetzen, Reisen, III, 140 fg., gibt zwei interessante
Notizen aus arabischen Schrifstellern über diesen Kanal.

5) Wilkinson, Modern Egypt and Thebes, I, 165.

6) Ueber die Zusammensetzung des Nilschlamms vgl. Russegger, Reise, I, 253.

7) Russegger, I, 257.

8) Lane, The manners and customs of the modern Egyptians, II, 32.

9) Hamont, L' Egypte sous Mehmet-Ali (Paris 1843), I, 174.

10) Mougel, Journal des deux mers (Paris 1856), S. 36.

11) Justin. Histor., II, 1: Aegyptum ita temperatum sem-
per fuisse, ut neque hiberna frigora, neo aestivi solis ardores
incolas ejus premerent; solum ita foecundum, ut alimentorum in
usum hominum nulla terra feracior fuerit.

12) F. Unger, Botanische Streifzüge auf dem Gebiete der Cul-
turgeschichte: IV. Pflanzen des Alten Aegypten (Separatab-
druck aus den Sitzungsberichten der mathematisch-naturwissen-
schaftlichen Klasse der kais. Akademie der Wissenschaften, Bd.
XXXVIII, 1859), S. 69.

13) Unger, S. 8 fg.

14) Unger, a. a. O.

15) Description de l'Egypte, XIX, 45. Wilkinson, I, 458.

16) Mengin, Histoire de l'Egypte, II, 347.

17) Hamont, I, 175. Delile, Description etc., S. 97, führt
sie unter den Culturpflanzen auf. Auch Forskål, Flora aeg.-arab.,
S. LXX, fand sie in Kairo in den Gärten.

18) Report from the Lords, Juli 1830. Carather, Report etc., S. 320 fg.

19) Mengin, II, 364.

20) Ueber die Kleecultur vgl. Delile, S. 59 fg.

21) Schon Strabo (XVII, 818) bemerkt, dass die Palmen
im Delta nur ganz ungeniessbare Früchte tragen; was übrigens
nicht ganz richtig ist, indem auch die Datteln des Delta nicht

schlecht sind. Bei Rosette gedeihen Datteln von guter Qualität. Die grosse Dattel, welche meistens nach Europa exportirt wird und in Aegypten 'Amiri heisst, kommt aus der Provinz Scharkijjeh. Berühmt sind die Datteln von Kenne sowie die der Oase Siwah. Ueber die Palme vgl. Delile, S. 435.

22) St. John, Egypt and Mohammed-Ali (London 1834), I, 363.

23) Ritter, Erdkunde von Arabien, I, 761 fg.

24) Plutarch., De Iside et Osir. c. 30.

25) Brugsch, Alte Geographie von Aegypten, I, 165.

26) Wilkinson, Ancient Egyptians (London 1854), II, 231.

27) Hamont, I, 545.

28) Die Gedichtsammlung dieses wenig bekannten altarabischen Dichters, welche sehr selten ist, befindet sich in meinem Besitz. Die angeführten Verse sind dem Versmass Tawil des Originals nachgebildet.

29) Diese Worte sind der übliche Gruss, mit dem die Könige von Hireh nach der damaligen Hofetikette angeredet zu werden pflegten.

30) Räkib bezeichnet den Kameelreiter im Gegensatz zu Fâris, dem Reiter zu Pferde. Bei Raub- und Kriegszügen reiten auf jedem Kameel zwei Männer, von denen der Hintermann mit dem Wort „zemîl" bezeichnet wird, das gewöhnlich Gefährte bedeutet. Für beide Reiter zusammen hat man den Ausdruck „merdûf". Vgl. v. Kremer, Mittelsyrien und Damascus, S. 201.

31) v. Kremer, S. 202.

32) v. Kremer, S. 114.

33) Ritter, II, 614.

34) v. Kremer, S. 116.

35) Hamont, I, 523.

36) Dr. Perron hat im Auftrag des französischen Kriegsministeriums eine ähnliche Arbeit unternommen, die, wie ich glaube, das angeführte Werk zum Gegenstand hat. Der Titel seiner Arbeit ist „Le Naçiri". Nähere Angaben kann ich hierüber nicht machen, da mir in meiner ägyptischen Abgeschiedenheit das Buch nicht zur Hand ist.

37) v. Kremer, S. 108.

38) Genesis 47, 13 fg., nach Bunsen's Uebertragung.

39 J. v. Hammer, Ueber die Länderverwaltung unter dem Khalifate (Berlin 1835), S. 129. In dieser Abhandlung scheint Hammer das Wort Fellah als leibeigener Bauer aufzufassen und stützt sich hierbei auf Silvestre de Sacy, Mémoire sur la nature et les révolutions du droit de propriété territoriale en Egypte (Mémoires de l'Institut Royal de France, V, 72). Wie irrig diese

Ansicht ist, erhellt aus dem Gesagten. Der Fellah ist nichts
anderes als ein freier, aber steuerpflichtiger Bauer.

40) Aristot., Polit., III, 5, 13.

41) Hamont, I, 82.

42) Mastabbah heisst die von Erde aufgemauerte Bank vor
den arabischen Bauerhäusern, worauf man den Fremdlingen
den Platz anzuweisen pflegt.

43) Brugsch, I, 166.

Berichtigungen.

Zum richtigen Verständniss der Uebersicht der Agriculturproduction Aegyptens
(I, 186) wird hier bemerkt, dass dieselbe nach Angaben eingeborener Kaufleute
in Kairo zusammengestellt worden ist und daher auch nur approximative Ab-
schätzungen gibt.

Seite 11, Zeile 11—14, v. o., statt: Im Osten bildet die Grenze das Rothe Meer ...
gegen Westen die Libysche Wüste, lies: Im Osten bildet das
Rothe Meer ... gegen Westen die Libysche Wüste die Grenze

» 23, » 6 v. u., st.: anlangt, l.: anbelangt
» 38, » 8 v. o., st.: I, 2, 287, l.: II, 1, 287
» 42, » 5 v. o., st.: Pervaz um 616 n. Chr., l.: Perwiz zwischen 614—616
n. Chr.
» 93, » 17 v. u., st.: sollte, l.: sollten
» 134, » 2 v. o., st.: Beräisch, l.: Beräiseh
» 134, » 1 v. u., st.: negen, l.: engen
» 151, » 20 v. u., st.: Gashali's, l.: Ghazali's
» 154, » 16 v. u., st.: verlasslich, l.: verlässlich
» 154, » 2 v. u., st.: Mariette, l.: Herrn Mariette
» 182, » 15 v. o., st.: unerlasslich, l.: unerlässlich

Druck von F. A. Brockhaus in Leipzig.

www.ingramcontent.com/pod-product-compliance
Lightning Source LLC
Chambersburg PA
CBHW020830210326
41598CB00019B/1863